高职高专家具设计与制造专业系列教材

家具 AutoCAD 基础教程

张禹增　主　编
谌学君　潘速圆　江功南　胡华锋　副主编

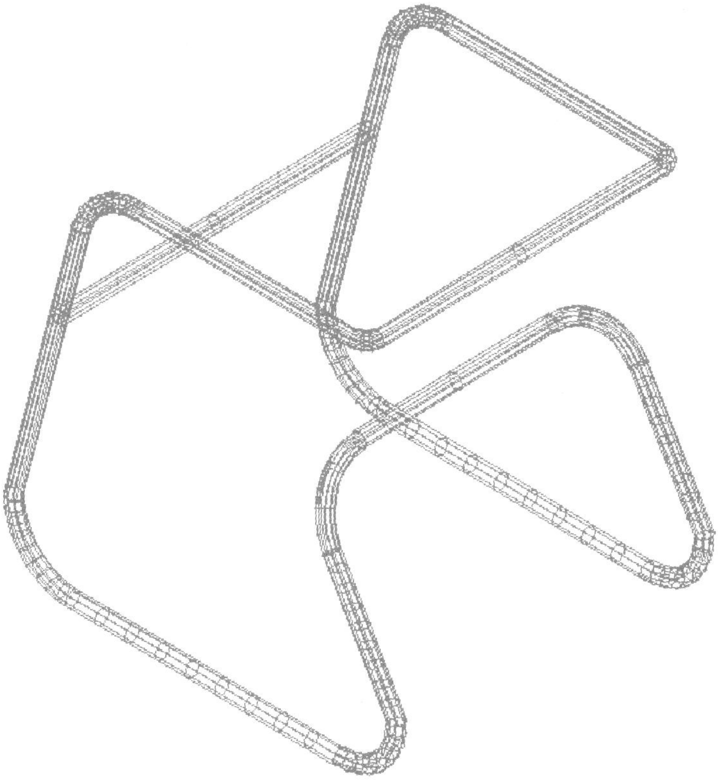

中国轻工业出版社

图书在版编目（CIP）数据

家具 AutoCAD 基础教程/张禹增主编 .—北京：中国轻工业出版社，2026. 1
ISBN 978-7-5184-2439-9

Ⅰ. ①家… Ⅱ. ①张… Ⅲ. ①家具—制图—AutoCAD 软件—教材
Ⅳ. ①TS664-39

中国版本图书馆 CIP 数据核字（2019）第 068303 号

责任编辑：陈　萍
策划编辑：陈　萍　　责任终审：张乃柬　　封面设计：锋尚设计
版式设计：砚祥志远　　责任校对：晋　洁　　责任监印：张　可

出版发行：中国轻工业出版社（北京鲁谷东街 5 号，邮编：100040）
印　　刷：北京君升印刷有限公司
经　　销：各地新华书店
版　　次：2026 年 1 月第 1 版第 2 次印刷
开　　本：787×1092　1/16　印张：14. 25
字　　数：330 千字
书　　号：ISBN 978-7-5184-2439-9　定价：42. 00 元
邮购电话：010-85119873
发行电话：010-85119832　010-85119912
网　　址：http：//www. chlip. com. cn
Email：club@ chlip. com. cn

252192J2C102ZBW

前 言

《家具 AutoCAD 基础教程》是针对职业院校家具设计专业学生、家具企业从业人员的一本 AutoCAD 软件基础应用工具书，本书以 AutoCAD2009 版为基础进行讲解，其他版本用法大同小异。通过学习本书每部分的章节内容，能大幅度地提高专业软件的运用技能，能完成并学习到 AutoCAD 软件的更多专业知识。

本书的内容包括：AutoCAD 操作应用基础，AutoCAD 绘图前的准备，直线、圆、正交模式、捕捉、修剪、延伸、移动、复制及偏移，椭圆、椭圆弧、多段线、样条曲线、倒角、圆角，矩形、多边形、圆弧、阵列、镜像，文字、删除、旋转、缩放、拉伸、拉长、夹点，点、面域、图案填充、分解、徒手画，多线、构造线、射线、图块、打断，尺寸标注，图形的打印与输出，家具三维知识，用 AutoCAD 绘制床头柜图纸集。

编者结合自己 13 年的家具企业工作经验和 12 年的教学经验，从家具设计过程中需要掌握的实用知识和技能出发，以“家具图样”为主线，着重示范了使用 AutoCAD 绘制家具三视图、剖视图、装配图、零件图等相关图样，能够切实提高读者使用 AutoCAD 绘制家具图样的技能，深浅适度，繁简相宜，便于教师讲解和学生学习，具有一定的科学性和先进性。

本书由龙江职业技术学校张禹增老师主编，龙江职业技术学校谌学君老师、东莞职业技术学院潘速圆老师、东莞职业技术学院江功南老师、东莞市轻工业学校胡华锋老师担任副主编。全书由张禹增老师统稿并定稿。

由于编者水平有限，不足之处必然存在，恳请使用本书的广大读者批评与指正。

张禹增

2019 年 4 月

目　录

第 11 章 家具三维知识

第 12 章 用 AutoCAD 绘制床头柜图纸集

第 1 章

AutoCAD 操作应用基础

1.1 AutoCAD 工作空间及其设置

中文版 AutoCAD 为用户提供了“二维草图与注释空间”“AutoCAD 经典”和“三维建模”3 种工作空间模式。对于习惯于 AutoCAD 传统界面用户来说，可以采用“AutoCAD 经典”工作空间，主要由标题栏、菜单栏、工具栏、绘图区域、命令行、状态栏等元素组成，如图 1-1 所示。

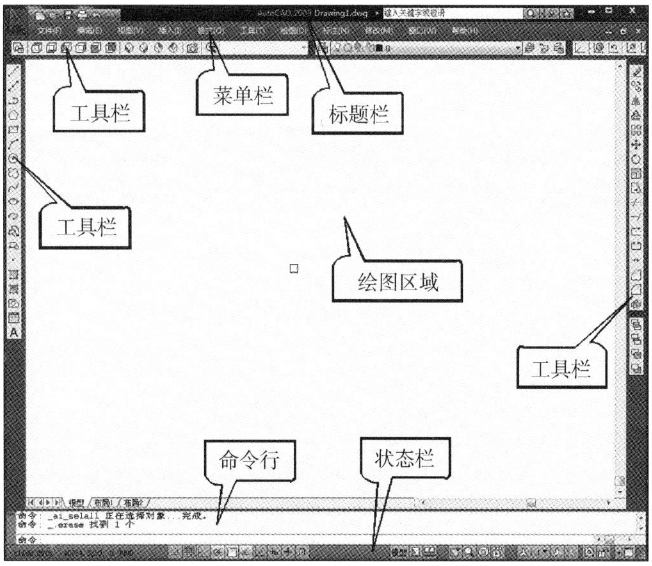

图 1-1

（1）工作空间选择

要在 3 种工作空间模式中进行选择，只需单击“菜单浏览器”按钮，在弹出的菜单中选择“工具” | “工作空间”菜单的子命令，如图 1-2 所示；或在状态栏中单击“切换工作空间”按钮，在弹出的菜单中选择相应的命令即可，如图 1-3 所示。

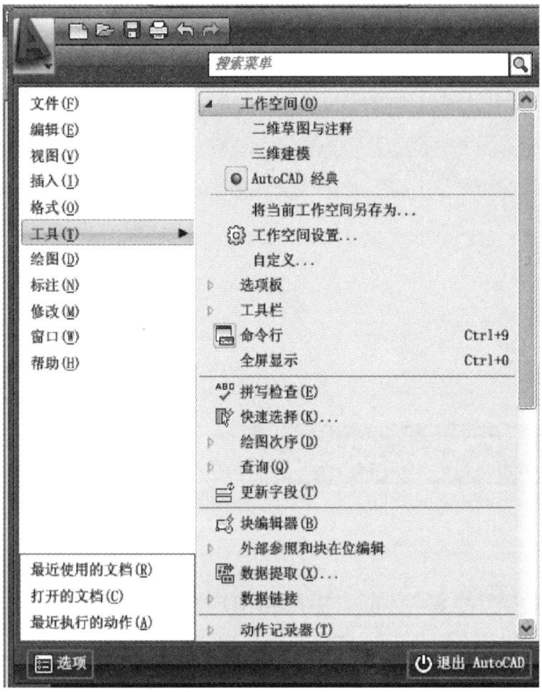

图 1-2

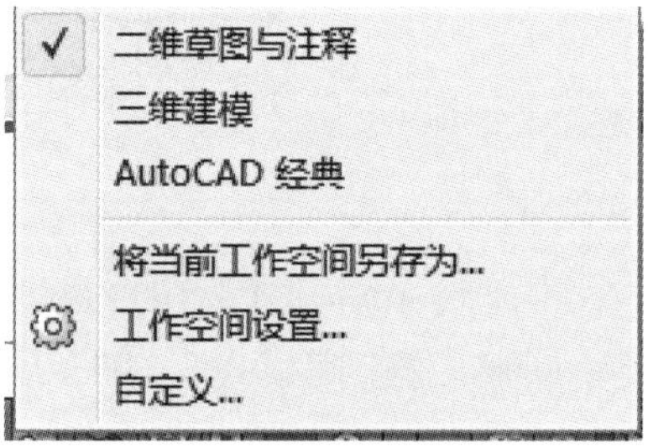

图 1-3

在状态栏中单击“切换工作空间”按钮，在弹出的菜单中选择“工作空间设置”命令，将打开“工作空间设置”对话框，可以设置菜单显示及顺序，如图 1-4 所示。

图 1-4

（2）二维草图与注释空间及其界面组成

默认状态下，打开“二维草图与注释”空间，其界面主要由“菜单浏览器”按钮、“功能区”选择板、快速访问工具栏、绘图区域、命令行、状态栏等元素组成，如图 1-5 所示。在该空间中，可以使用“绘图”“修改”“图层”“注释”“块”“特性”等面板方便地绘制二维图形。

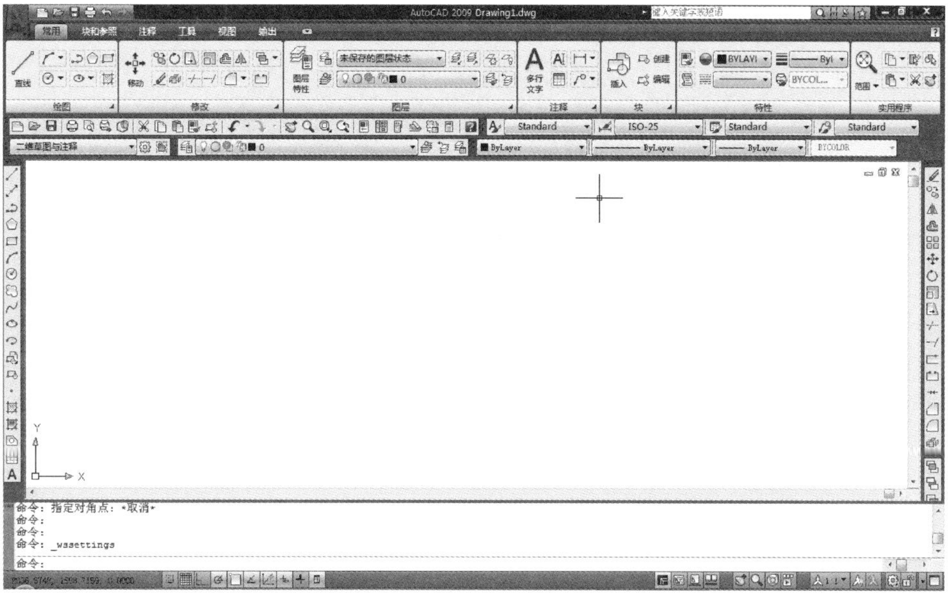

图 1-5

（3）三维建模空间及其界面组成

三维建模空间及其界面组成如图 1-6 所示。

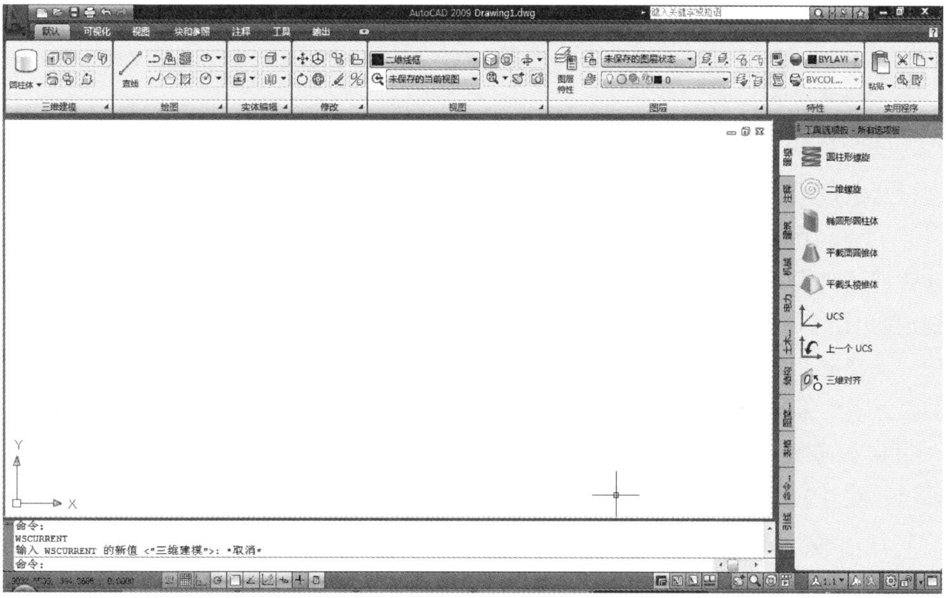

图 1-6

（4）AutoCAD 经典空间及其界面组成

对于习惯于 AutoCAD 传统界面用户来说，可以采用“AutoCAD 经典”空间。主要由标题栏、菜单栏、工具栏、绘图区域、命令行、状态行等元素组成，如图 1-7 所示。

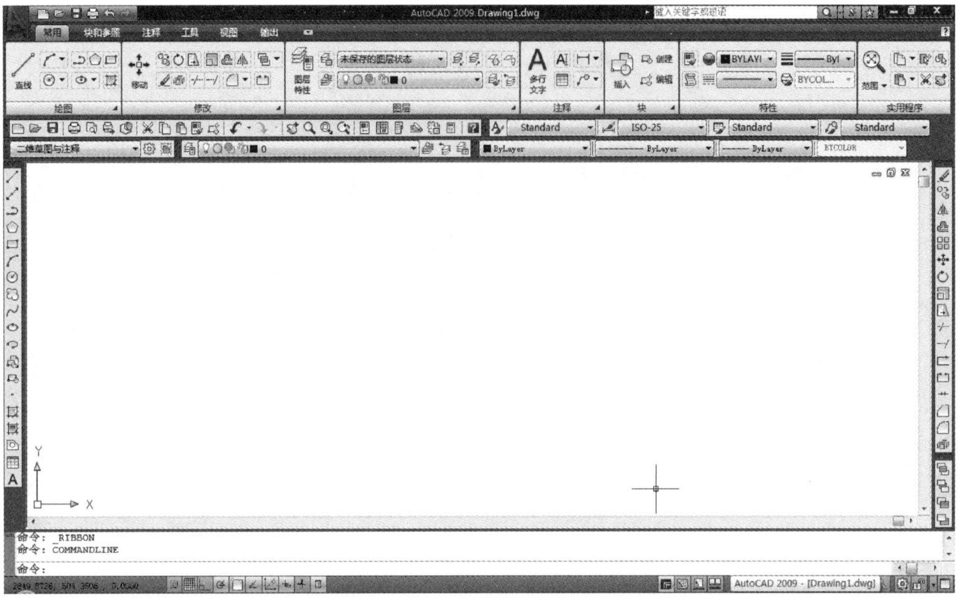

图 1-7

1.2 AutoCAD 的管理图形文件

在 AutoCAD 中，图形文件管理包括创建新的图形文件、打开已有的图形文件、关闭图形文件以及保存图形文件等操作。

（1）创建新图形文件

选择“文件” | “新建”命令（NEW），或在“标准”工具栏中单击“新建”按钮，可以创建新图形文件，此时将打开“选择样板”对话框。

在“选择样板”对话框中，可以在“名称”列表框中选中某一样板文件，这时在其右面的“预览”框中将显示出该样板的预览图像。单击“打开”按钮，可以以选中的样板文件为样板创建新图形，此时会显示图形文件的布局（选择样板文件 acad. dwt 或 acadiso. dwt 除外）。

（2）打开图形文件

选择“文件” | “打开”命令（OPEN），或在“标准”工具栏中单击“打开”按钮，可以打开已有的图形文件，此时将打开“选择文件”对话框。选择需要打开的图形文件，在右面的“预览”框中将显示出该图形的预览图像。默认情况下，打开的图形文件的格式为 . dwg。

在 AutoCAD 中，可以以“打开”“以只读方式打开”“局部打开”和“以只读方式局部打开”4 种方式打开图形文件。当以“打开”“局部打开”方式打开图形时，可以对打开的图形进行编辑，如果以“以只读方式打开”“以只读方式局部打开”方式打开图形时，则无法对打开的图形进行编辑。

如果选择以“局部打开”“以只读方式局部打开”打开图形，这时将打开“局部打开”对话框。可以在“要加载几何图形的视图”选项组中选择要打开的视图，在“要加载几何图形的图层”选项组中选择要打开的图层，然后单击“打开”按钮，即可在视图中打开选中图层上的对象。

（3）保存图形文件

在 AutoCAD 中，可以使用多种方式将所绘图形以文件形式保存。例如，可以选择“文件”|“保存”命令（QSAVE），或在“标准”工具栏中单击“保存”按钮，以当前使用的文件名保存图形；也可以选择“文件”|“另存为”命令（SAVEAS），将当前图形以新的名称保存。

在第一次保存创建的图形时，系统将打开“图形另存为”对话框。默认情况下，文件以“AutoCAD2007 图形（＊.dwg）”格式保存，也可以在“文件类型”下拉列表框中选择其他格式，如 AutoCAD2004/LT2004 图形（＊.dwg）、AutoCAD 图形标准（＊.dws）等格式。

（4）关闭图形文件

选择“文件”|“关闭”命令（CLOSE），或在绘图窗口中单击“关闭”按钮，可以关闭当前图形文件。如果当前图形没有存盘，系统将弹出 AutoCAD 警告对话框，询问是否保存文件。此时，单击“是（Y）”按钮或直接按 Enter 键，可以保存当前图形文件并将其关闭；单击“否（N）”按钮，可以关闭当前图形文件但不存盘；单击“取消”按钮，取消关闭当前图形文件操作，即不保存也不关闭。

如果当前所编辑的图形文件没有命名，那么单击“是（Y）”按钮后，AutoCAD 会打开“图形另存为”对话框，要求用户确定图形文件存放的位置和名称，如图 1-8 所示。

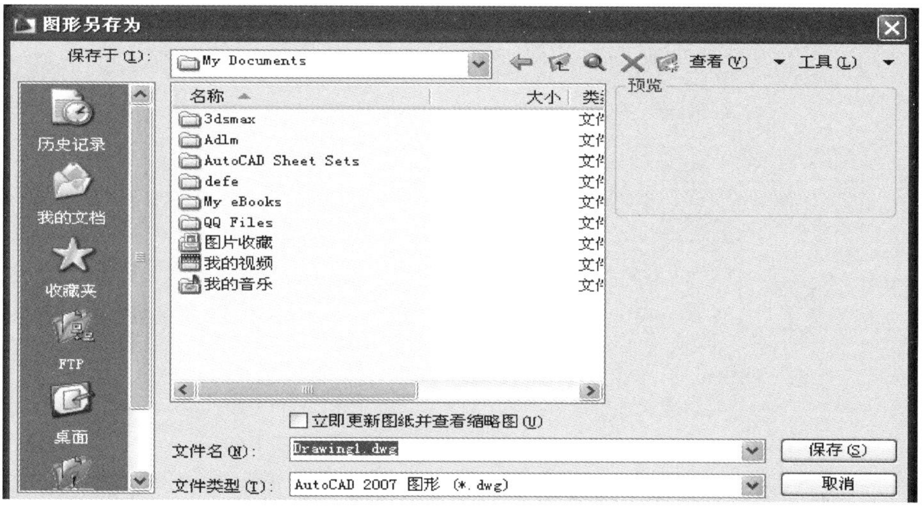

图 1-8

1.3 绘制基本图形对象的方法

为了满足不同用户的需要，使操作更加灵活方便，AutoCAD 提供了多种方法来实现相同的功能。例如，可以使用绘图菜单、绘图工具栏、和绘图命令 3 种方法来绘制基本图形对象。

（1）绘图菜单

绘图菜单是绘制图形最基本、最常用的方法，其中包含了 AutoCAD 的大部分绘图命令。选择该菜单中的命令或子命令可绘制出相应的二维图形，如图 1-9 所示。

（2）绘图工具栏

绘图工具栏中的每个工具按钮都与绘图菜单中的绘图命令相对应，是图形化的绘图命令，如图 1-10 所示。

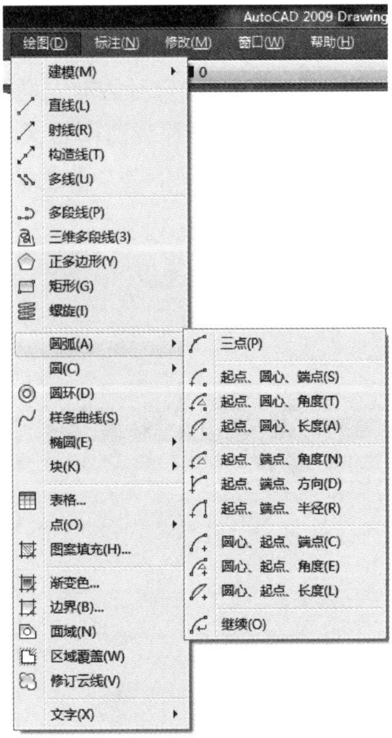

图 1-9

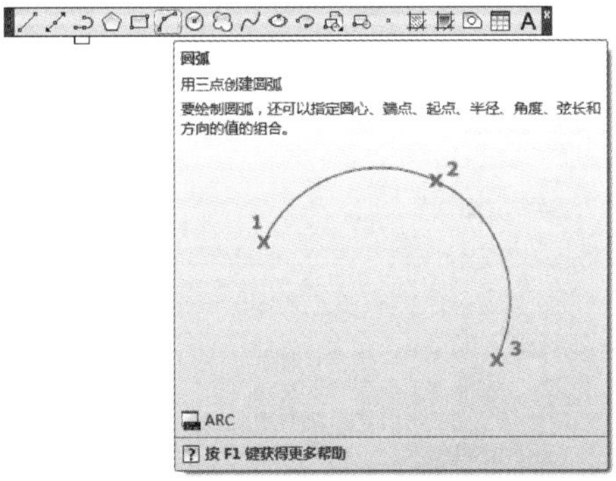

图 1-10

（3）绘图命令

使用绘图命令也可以绘制图形。在命令提示行中输入绘图命令，按 Enter 键，并根据命令行的提示信息进行绘图操作，如图 1-11 所示。这种方法快捷，准确性高，但要求掌握绘图命令及其选择项的具体用法。

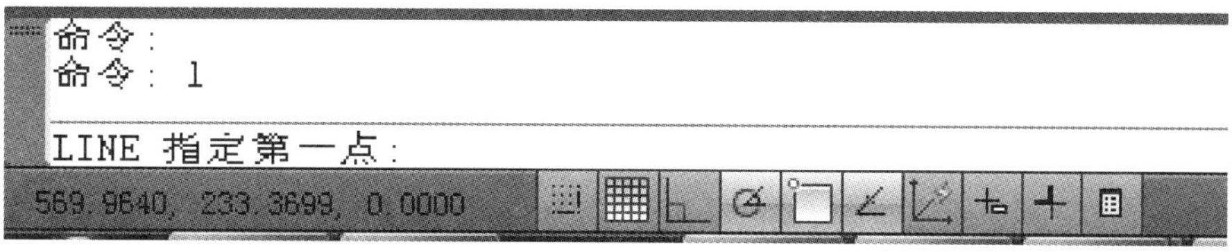

图 1-11

1.4　AutoCAD 命令操作方法

在 AutoCAD 中，菜单命令、工具按钮、命令和系统变量大都是相互对应的。可以选择某一菜单命令，或单击某个工具按钮，或在命令行中输入命令和系统变量来执行相应命令。可以说，命令是 AutoCAD 绘制与编辑图形的核心。

具体操作方法有以下四种：

①使用鼠标操作执行命令。

②使用命令行。

③使用透明命令。

④使用系统变量。

（1）使用鼠标操作执行命令

在绘图窗口，光标通常显示为“十”字线形式。当光标移至菜单选项、工具或对话框内时，它会变成一个箭头。无论光标是“十”字线形式还是箭头形式，当单击或者按动鼠标键时，都会执行相应的命令或动作。在 AutoCAD 中，鼠标键是按照下述规则定义的。

①拾取键：通常指鼠标左键，用于指定屏幕上的点，也可以用来选择 Windows 对象、AutoCAD 对象、工具栏按钮和菜单命令等。

②回车键：指鼠标右键，相当于 Enter 键，用于结束当前使用的命令，此时系统将根据当前绘图状态而弹出不同的快捷菜单。

③弹出菜单：当使用 Shift 键和鼠标右键的组合时，系统将弹出一个快捷菜单，用于设置捕捉点的方法。对于 3 键鼠标，弹出按钮通常是鼠标的中间按钮。

④平移、缩放功能：压住鼠标中键移动有平移视图的功能，而滚动鼠标中键有对视图进行缩放的功能。

（2）使用命令行

在 AutoCAD 中，默认情况下“命令行”是一个可固定的窗口，可以在当前命令行提示下输入命令、对象参数等内容。对大多数命令，“命令行”中可以显示执行完的两条命令提示（也叫命令历史），而对于一些输出命令，例如 TIME、LIST 命令，需要在放大的“命令行”或“AutoCAD 文本窗口”中才能完全显示。

在“命令行”窗口中右击，AutoCAD 将显示一个快捷菜单。通过它可以选择最近使用过的 6 个命令、复制选定的文字或全部命令历史记录、粘贴文字，以及打开“选项”对话框。

在命令行中，还可以使用 BackSpace 或 Delete 键删除命令行中的文字；也可以选中命令历史，并执行“粘贴到命令行”命令，将其粘贴到命令行中。

(3) 使用透明命令

在 AutoCAD 中，透明命令是指在执行其他命令的过程中可以执行的命令。常使用的透明命令多为修改图形设置的命令、绘图辅助工具命令，例如 SNAP、GRID、ZOOM 等。

要以透明方式使用命令，应在输入命令之前输入单引号（’）。命令行中，透明命令的提示前有一个双折号（>>）。完成透明命令后，将继续执行原命令。

1.5 AutoCAD 的帮助系统

AutoCAD 的帮助功能非常强大，提供了包括使用说明、安装指南、打印指南以及命令引用等各方面的使用帮助。用户在使用过程中遇到的绝大部分问题，都可以在帮助系统中找到答案。如果对命令的使用不是很清楚，可以按 F1 键，则帮助系统会弹出帮助系统界面。

思考与练习

1. 熟悉 AutoCAD 的 3 种工作空间模式，了解各部分功能和相应操作方法。
2. 练习 AutoCAD 的管理图形文件的各种操作方法。
3. 练习 AutoCAD 命令的各种输入方法。

第 2 章

AutoCAD 绘图前的准备

2.1 绘图基本知识

2.1.1 绘图坐标系

在绘图过程中要精确定位某个对象时，必须以某个坐标系作为参照，以便精确拾取点的位置。AutoCAD 的坐标系可以提供精确绘制图形的方法，可以按照非常高的精度标准，准确地设计并绘制图形。

（1）世界坐标系与用户坐标系

坐标（x，y）是表示点的最基本的方法。在 AutoCAD 中，坐标系分为世界坐标系（WCS）和用户坐标系（UCS）。在这两种坐标系下，都可以通过坐标（x，y）来精确定位点。

默认情况下，在开始绘制新图形时，当前坐标系为世界坐标系，即 WCS，它包括 X 轴和 Y 轴，如果在三维空间工作，还有一个 Z 轴。WCS 坐标轴的交会处显示“□”形标记，且坐标原点就在坐标系的交会点，所有的位移都是相对于原点计算的，并且沿 X 轴正向及 Y 轴正向的位移规定为正方向，图 2-1 所示为一个圆心坐标值为（20，30）、半径为 20 的圆。

在 AutoCAD 中，为了能够更好地辅助绘图，经常需要修改坐标系的原点和方向，这时世界坐标系将变为用户坐标系，即 UCS。UCS 的原点以及 X 轴、Y 轴、Z 轴方向都可以移动及旋转，甚至可以依赖于图形中某个特定的对象。尽管用户坐标系中 3 个轴之间仍然互相垂直，但是在方向及位置上却都更灵活。另外，UCS 没有“□”形标记。

要设置 UCS，单击“菜单浏览器”按钮，在弹出的菜单中选择“工具”菜单中的“命名 UCS”和“新建 UCS”命令及其子命令，或在“功能区”选项板中选择“视图”选项卡，在 UCS 面板中单击“原点”按钮（UCS）。例如，单击“菜单浏览器”按钮在弹出的菜单中选择“工具”|“新建 UCS”|“原点”命令，在图 2-1 所示中单击圆心 O，这时世界坐标系变为用户坐标系并移动到 O 点，O 点也就成了新坐标系的原点，如图 2-2 所示。

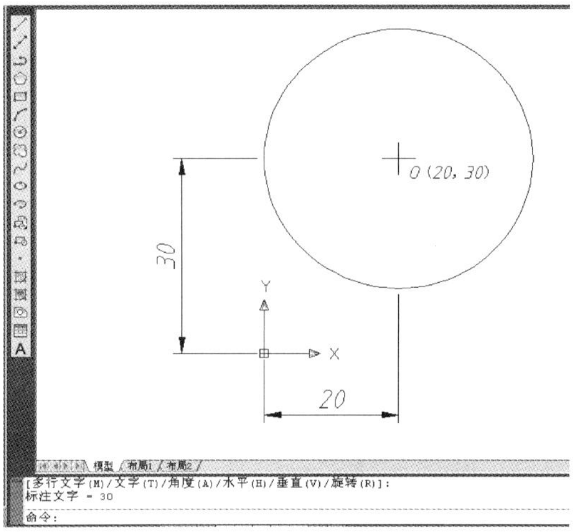

图 2-1

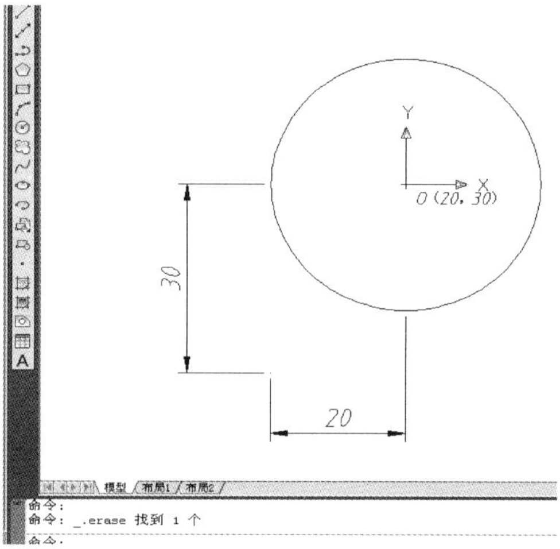

图 2-2

（2）点坐标的表示方法

在 AutoCAD 中，点的坐标可以使用绝对直角坐标、绝对极坐标、相对直角坐标和相对极坐标 4 种方法表示（请注意，AutoCAD 中的极坐标与百度百科上的极坐标是有所不同的，请读者注意区别），它们的特点如下：

①绝对直角坐标：在直角坐标中，坐标轴的交点称为原点，绝对直角坐标就是指相对于当前坐标原点的坐标，在 AutoCAD 中，默认原点的坐标在视图窗口的左下角。当输入点的绝对直角坐标（x，y，z）时，其中 x、y、z 的值就是输入点相对于原点的坐标距离。通常，在二维平面的绘图中，Z 坐标值默认等于 0，所以只需要输入 x、y 坐标值，如图 2-3 所示。这里特别要注意两个坐标值之间用西文逗号隔开，不能用中文逗号，否则会出现点无效的提示。

②相对直角坐标："相对" 指相对于前一点的直角坐标值。相对直角坐标的表达方式为在坐标值前加一个符号 "@"，如图 2-4 所示。

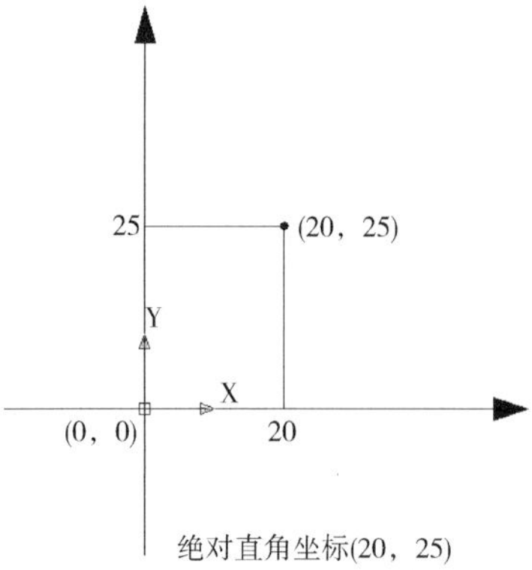

图 2-3

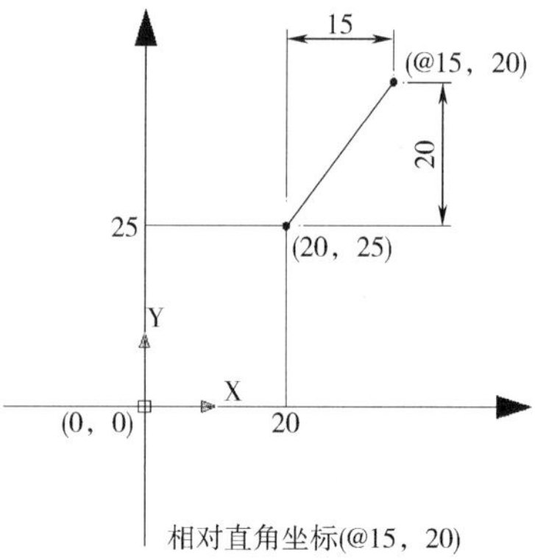

图 2-4

③绝对极坐标：输入点距原点的距离、点与原点所连的线段和 X 轴正方向之间的夹角，其中距离和角度用“<”分开，且规定 X 轴正向为 0°，Y 轴正向为 90°，如图 2-5 所示。

④相对极坐标：“相对”指相对于前一点的极坐标值。相对极坐标的表达方式也是在坐标值前加一个符号“@”，如图 2-6 所示。

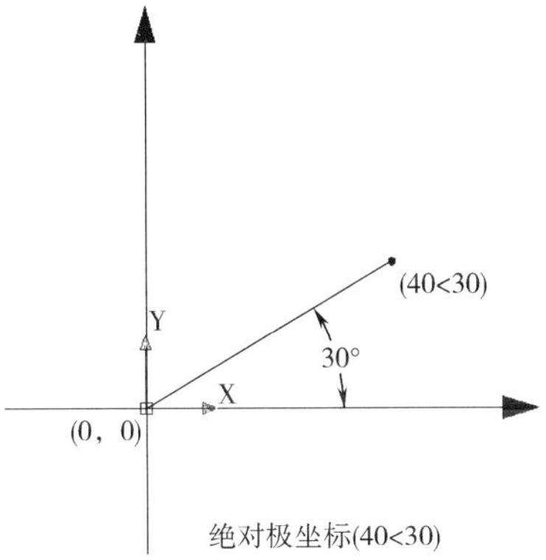

图 2-5

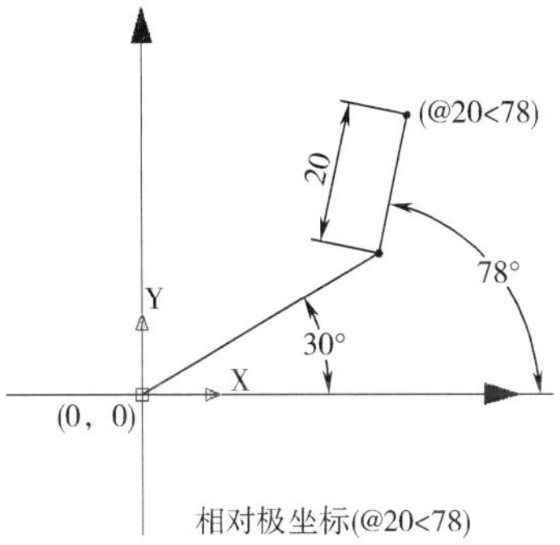

图 2-6

2.1.2　动态输入

如果单击状态栏上的“动态输入”按钮，则启动了动态输入功能。启用动态输入功能时，工具栏提示将在光标附近显示信息，该信息会随着光标移动而动态更新。

下面以绘直线命令为例，说明动态输入的使用。首先启用动态输入功能。执行直线命令，则 AutoCAD 一方面在命令窗口提示“指定第一点:”，同时在光标附近显示出一个提示框（也称之为“工具栏提示”），工具栏提示中同样会显示出对应的 AutoCAD 提示“指定第一点:”以及光标的当前坐标值，如图 2-7 所示。用户可以在工具栏提示中直接输入点的坐标值，而不需要切换到命令行输入（切换方式：在命令窗口中，将光标放到命令窗口单击鼠标左键）。

当在“指定第一点:”提示下指定直线的第一点后，AutoCAD 又会显示出对应的工具栏提示，如图 2-8 所示。请注意：在工具栏提示中，在“指定下一点或”之后有一个向下的箭头，如果按一下键盘上向下的箭头键，会显示出与当前操作相关的下一选项，如图 2-9 所示。

图 2-7

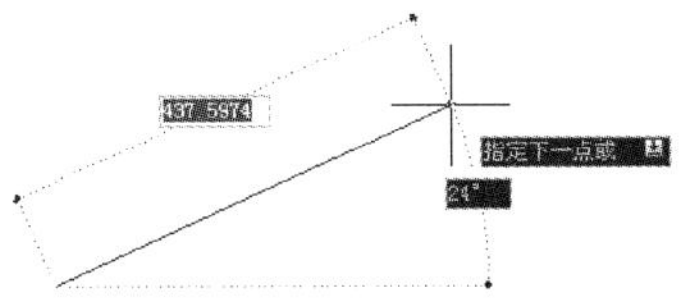

图 2-8

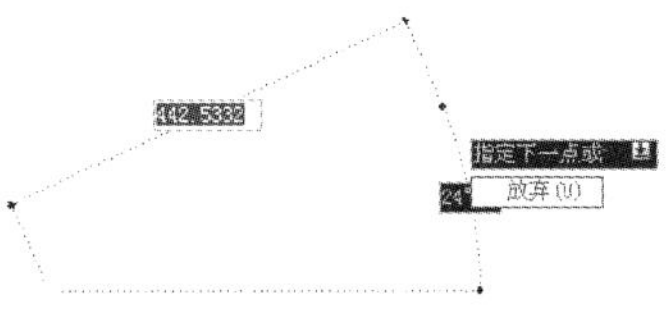

图 2-9

（1）启用与关闭动态输入

单击状态栏上的“动态输入”按钮来打开或关闭“动态输入”，其快捷键为 F12。

（2）动态输入设置

主要有两种方法设置动态输入：

①单击菜单“工具” | “草图设置”。

②在状态栏上的“动态输入”按钮上单击鼠标右键，选择“设置”。

以上两种方法都会弹出“草图设置”对话框，如图 2-10 所示。

各选项说明如下：

①指针输入：如果选中“启用指针输入”复选框，则在工具栏提示中会动态地显示光标坐标值。当命令提示输入点时，可以在工具栏提示中输入坐标值，而不用在命令行中输入。第二个点和后续点的默认设置为相对极坐标，不需要输入“@”符号。单击“指针输入”选项组中的“设置”按钮，会弹出“指针输入设置”对话框，如图 2-11 所示。用户可以通过此对话框设置工具栏提示中点的显示格式以及何时显示工具栏提示（通过“可见性”选项组设置）。

②标注输入：若选中“可能时启用标注输入”复选框，则当 AutoCAD 提示输入第二点或距离时，会分别动态显示标注提示、距离值和角度值的工具栏提示。标注工具栏提示中的值将随光标移动而更改。可以在工具栏提示中输入值，而不用在命令行中输入值。单击“标注输入”选项组中的“设置”按钮，会弹出“标注输入的设置”对话框，如图 2-12 所示。用户可以通过此对话框设置相关的选项。

③动态提示：需要时将在光标旁边显示工具栏提示中的提示，以完成命令。可以在工具栏提示中输入值，而不用在命令行中输入值。按键盘上的向下键可以获得命令相关选项。在输入字段中输入值并按 Tab 后，该字段将显示一个锁定图标，并且光标会受用户刚输入的值约束，如图 2-13 所示。随后可以继续在第二个字段中输入值。另外，如果用户输入值后直接按回车键，则第二个字段将被忽略，且该值将被视为直接距离。

④设计工具提示外观：“动态输入”选项中的“设计工具提示外观”按钮用于设计工具提示的外观，如颜色、大小等，如图 2-14 所示。

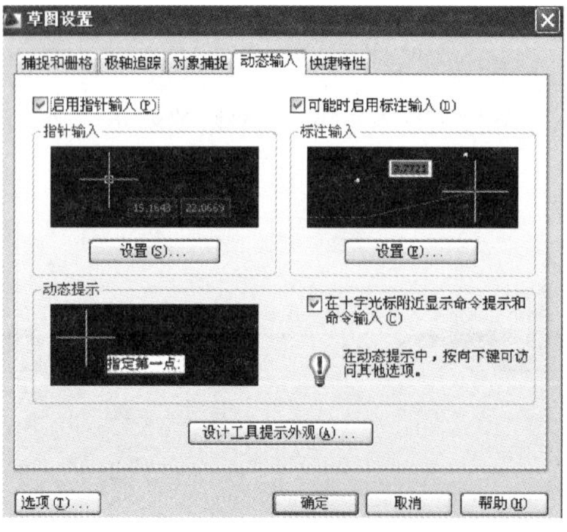

图 2-10

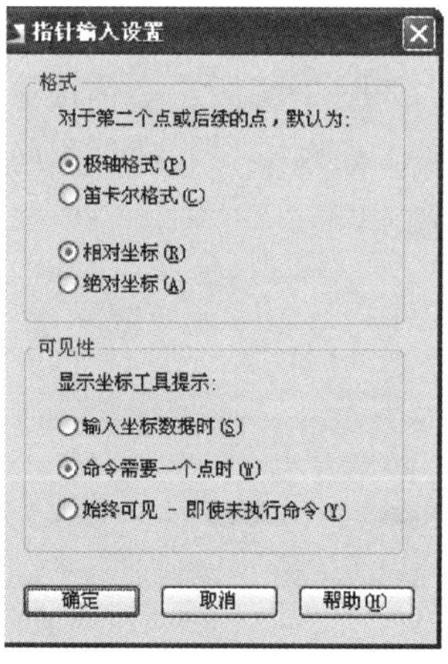

图 2-11

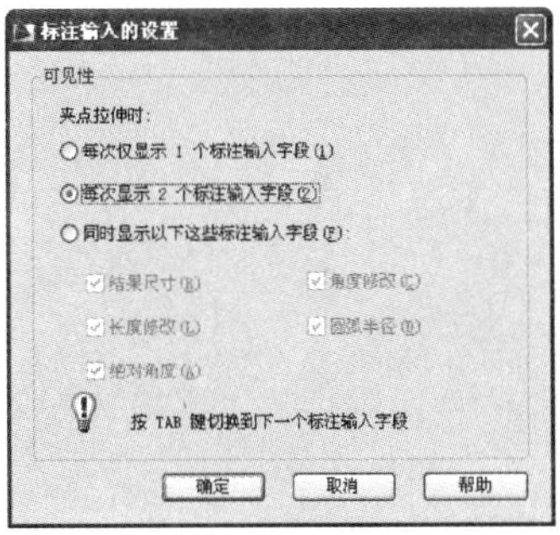

图 2-12

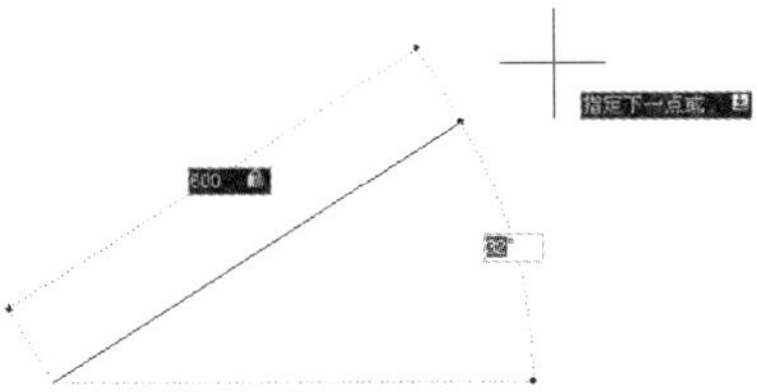

图 2-13

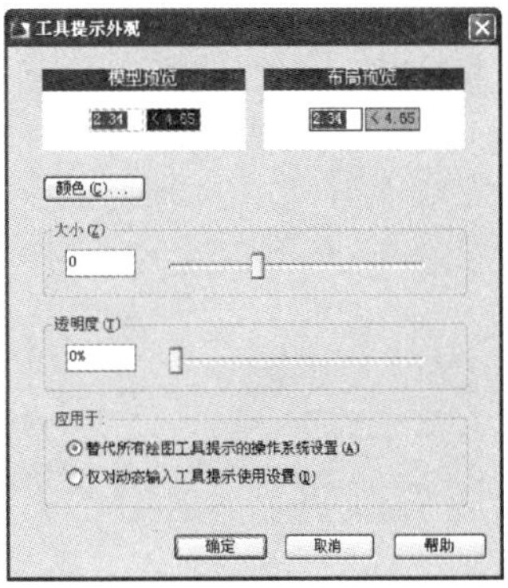

图 2-14

2.1.3　选择对象

在 AutoCAD 中，当用户执行某一命令进行编辑操作时，AutoCAD 一般会首先提示“选择对象”，即要求用户选择要进行编辑操作的对象，同时把十字光标改为小方框（即拾取框）。为提高绘图效率，AutoCAD 提供了多种选择对象的方法。本节主要介绍 AutoCAD 的对象选择模式和常用的对象选择方法。

（1）对象选择模式

AutoCAD 中有两种对象选择模式：添加模式和删除模式。

当 AutoCAD 给出提示“选择对象:”时，用户选择对象后，AutoCAD 一般还会继续给出提示“选择对象:”，即允许用户继续选择要操作的对象，而且选择后这些对象均以虚线形式显示，表示它们被选中。这种选择模式称为添加模式，在此模式下选择的对象均被添加到选择集中。

可通过以下两种方式向选择集中添加对象：

①直接使用鼠标单选点取需选择的对象。

②在命令行提示“选择对象:”时，输入“A”后按回车键，然后选择要添加的对象。

有时当选择一些对象后，发现某些对象选错了，需要从选择集中去除，这时就应采用删除模式。删除模式是指将选中的对象移出选择集，在画面上体现为原来以虚线形式显示的被选中的对象又恢复成正常显示，即退出了选择集。

可通过以下两种方式从选择集中删除对象：

①按住 Shift 键同时直接使用鼠标点取需从选择集中删除的对象。

②在命令行提示“选择对象:”时，输入“R”后按回车键，然后选择要删除的对象。

（2）选择对象的方法

在删除模式下选择对象的方法与在添加模式下选择对象的方法相同，下面就以添加模式为例说明选择对象的方法。

①直接拾取（逐个选择）：直接拾取是 AutoCAD 默认的选择对象的方法。在绘图过程中，当命令行提示“选择对象:”时，在绘图区中的绘图光标将变为小方框样式，此时将方框移到想要选择的对象上，单击鼠标左键，则该对象会以虚线形式显示，表示已被选

中，如图 2-15 所示。选完一个对象后，可以继续将方框移到想要选择的对象上，单击鼠标左键，继续选择对象直到回车确认选择完毕。

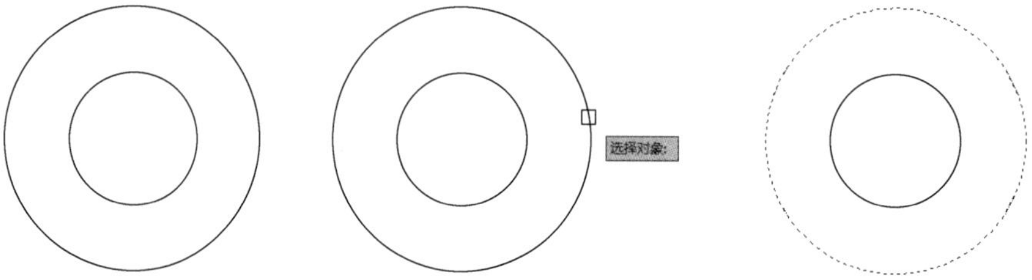

原图形　　将光标移到目标对象上　　已选中对象（对象以虚线形式显示）

图 2-15

②选择全部对象：在 AutoCAD 中选择全部对象的方法主要有以下两种：

a. 当命令行提示“选择对象:”时，直接输入“ALL”，按回车键或空格键结束，AutoCAD 会选中屏幕上的全部对象。

b. 按下键盘上的“Ctrl+A”键也可选中屏幕上的全部对象。

③默认矩形窗口选择方法：通过矩形窗口选择对象。当提示“选择对象:”时，需要用户指定一矩形框，将矩形框内或与矩形框相交的对象选中。

a. 如果矩形窗口是从左向右定义的（即定义矩形窗口的第二角点位于第一角点的右侧），那么位于窗口内的对象均被选中，而位于窗口外以及与窗口边界相交的对象不会被选中，如图 2-16 所示。

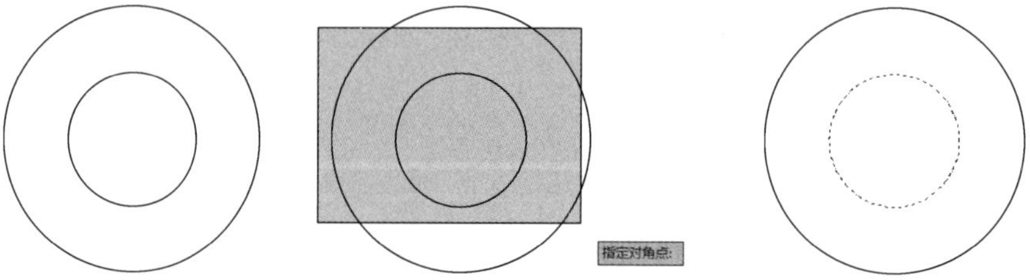

原图形　　从左向右框选目标对象　　已选中对象（对象以虚线形式显示）

图 2-16

b. 如果矩形窗口是从右向左定义的（即定义矩形窗口的第二角点位于第一角点的左侧），那么不仅位于窗口内的对象会被选中，而且与窗口边界相交的对象也会被选中，如图 2-17 所示。

④矩形窗口选择方法（用“W”响应提示）：该选择方法也是通过矩形窗口选择对象，但用户必须在“选择对象:”提示下用“W”响应提示，即输入“W”后按回车键或空格键。用此方法选择对象时，不论是从左向右还是从右向左定义窗口，只有完全位于窗口内的对象才能被选中。

⑤交叉矩形窗口（C）选择方法：如果用户在“选择对象:”提示下用“C”响应提示，即输入“C”后按回车键或空格键，则用户也是通过矩形窗口选择对象，但用此方法

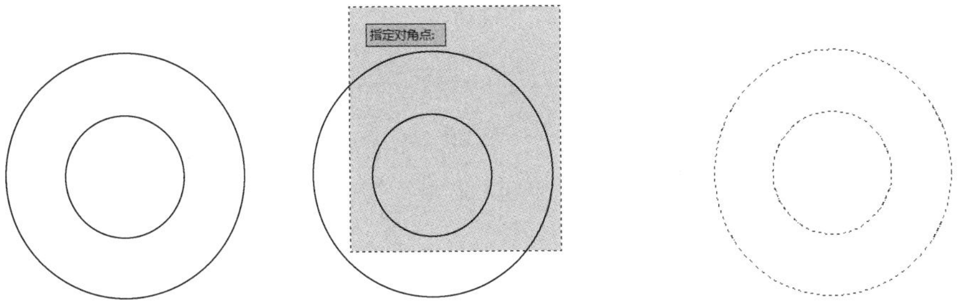

原图形　　从右向左框选目标对象　　已选中对象（对象以虚线形式显示）

图 2-17

选择对象时，不论是从左向右还是从右向左定义窗口，那么不仅位于窗口内的对象会被选中，而且与窗口边界相交的对象也会被选中。

⑥前一个（P）方法：如果用户在“选择对象:”提示下用“P”响应提示，即输入“P”后按回车键或空格键，AutoCAD 会选中在当前操作前所进行的编辑操作中，在“选择对象:”提示下选中的对象。

⑦最后一个（L）方法：如果用户在“选择对象:”提示下用“L”响应提示，即输入“L”后按回车键或空格键，AutoCAD 会选中最后操作或绘制的对象。

⑧栏选（F）方法：用户可通过此方式确定各栏选点，而后按回车键或空格键，则与由这些点确定的围线相交的对象均会被选中。

⑨圈围（WP）方法：该方法与（4）矩形窗口选择方法类似，但该方法可构造任意形状的多边形，只有完全包含在多边形区域中的对象才会被选中。

⑩圈交（CP）方法：该方法与（5）交叉矩形窗口（C）选择方法类似，但该方法可构造任意形状的多边形，只要与此多边形相交和在多边形区域中的对象都会被选中。

⑪取消操作（U）：如果用户在“选择对象:”提示下用“U”响应提示，即输入“U”后按回车键或空格键，则可以取消最后进行的选择操作，即从选择集中去掉最后一次选择的对象。用户可以在“选择对象:”提示下连续用“U”响应提示，从选择集中取消已选择的对象。

2.2 绘图单位与界限

在 AutoCAD 中，用户可以采用 1 : 1 的比例因子绘图，因此，所有的直线、圆和其他对象都可以以真实大小来绘制。例如，如果一个零件长 1000mm，那么它也可以按 1000mm 的真实大小来绘制，在需要打印出图时，再将图形按图纸大小进行缩放。

2.2.1 单位及角度

在中文版 AutoCAD 中，用户可以选择“格式” | “单位”命令，在打开的“图形单

位”对话框中设置绘图时使用的长度单位、角度单位，以及单位的显示格式和精度等参数，如图 2-18 所示。

选项说明如下：

①“长度”区域：长度的表达类型有多种，家具制图选用“小数”类型，其精度选 0.0，即精确到小数点后一位数。

②“角度”区域：角度的表达类型也有多种，家具制图中选用“十进制度数”。其精度选择 0，即角度精确到整数。其方向的默认值为逆时针方向旋转为正，如果勾选“顺时针”选项，则以顺时针方向为正。

③方向控制：在“图形单位”对话框中，单击“方向”按钮，可以利用打开的“方向控制”对话框设置起始角度（0°角）的方向，如图 2-19 所示。默认情况下，角度的 0°方向是指向右（即正东方或 3 点钟）的方向，如图 2-20 所示。逆时针方向为角度增加的正方向。

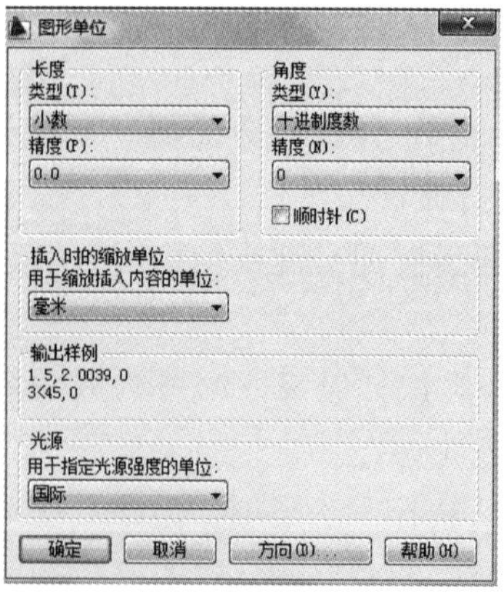

图 2-18

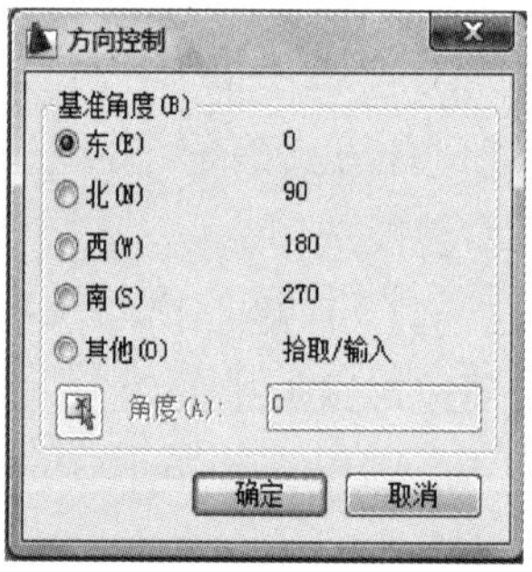

图 2-19

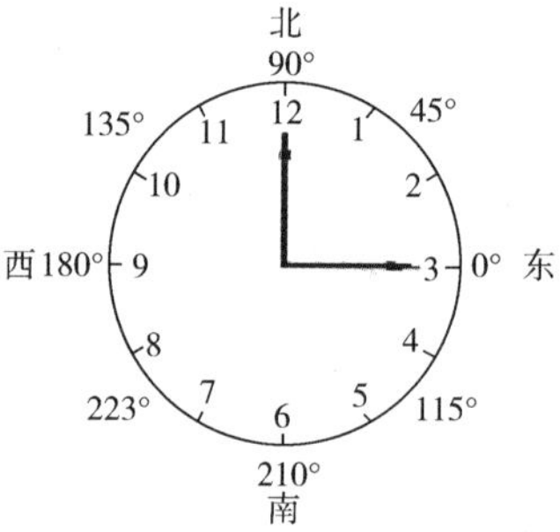

图 2-20

2.2.2 图形界限

图形界限就是指绘图区域的大小。使用 Limits 命令可以在模型空间中设置一个想象的矩形绘图区域，也称为图形界限。它确定的区域是可见栅格指示的区域，也是选择“视图”|“缩放”|“全部”命令时决定显示多大图形的一个参数。图形界限最终的目的是避免用户所绘的图形超出该界限。具体设置方法是：选择菜单中的“格式”|“图形界限”命令。

命令输入后，AutoCAD 在命令行提示如下：

重新设置模型空间界限：

指定左下角点或［开（ON）/关（OFF）］<0.0000，0.0000>：（这里需要指定图形界限左下角点的坐标，也可选 ON 或 OFF 选项）

指定右上角点<420.0000，297.0000>：（这里需要指定图形界限右上角点的坐标）

如图 2-21 所示为回车默认设置的图形界限。

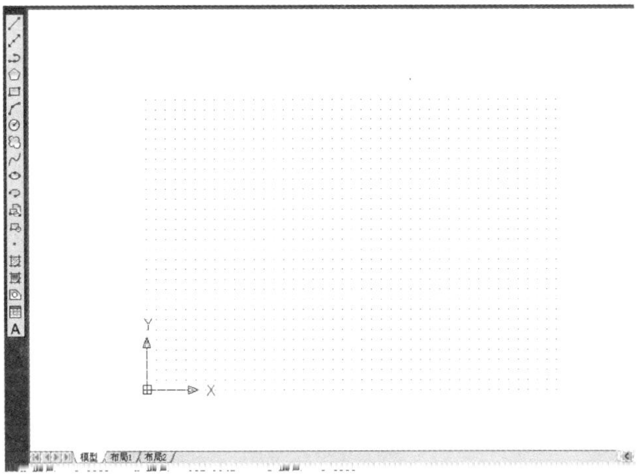

图 2-21

注意：①一般图形界限的左下角坐标设置为坐标原点，不用去改变，只需改变右上角的坐标来改变图形界限的大小就行了。绘图较熟练时，基本上可以不去设置图形界限了。②当提示指定左下角点或［开（ON）/关（OFF）］<0.0000，0.0000>：时，如果输入“ON”，则表示打开极限检查开关，那么用户在随后绘图中所输入的坐标点不允许超出图形界限；如果输入“OFF”，则表示关闭极限检查开关，那么用户在随后绘图中所输入的坐标点允许超出图形界限。

2.3 线型、线宽及颜色

在家具制图中，会经常需要变换线的线型、线宽等。

2.3.1 线型设置的方法

选择菜单中的“格式” | “线型”命令。选择命令后，会弹出如图 2-22 所示的对话框。

单击“加载”按钮，则弹出图 2-23 所示对话框，选中所需线型，然后单击“确定”按钮，就选中了你所需要的线型了。

单击“显示细节”按钮，则对话框将显示当前线型的详细资料，如图 2-24 所示。其中的“全局比例因子”可将所画的线型按用户所需的比例显示在屏幕上。实际上，每一种线型都是由实线段、空白段、点或文本、图形等组成，实际显示在屏幕上或绘在图纸上的长度则是由实线段、空白段、点或文本、图形等与线型比例因子的乘积。

为了使所绘的对象与图层的设置一致，建议用户将当前线型设置成“ByLayer”（即随层）。

图 2-22

图 2-23

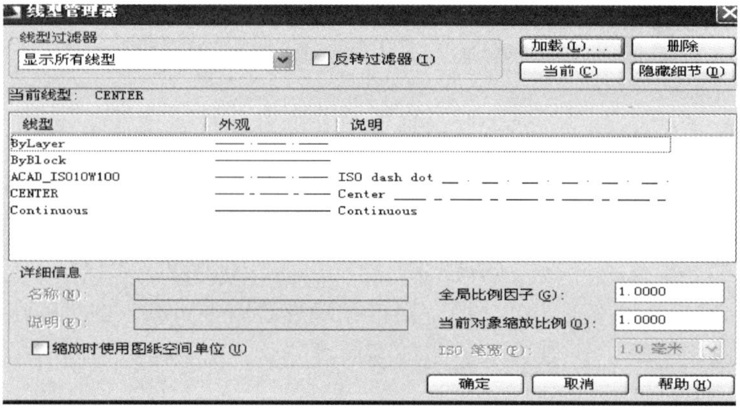

图 2-24

2.3.2　线宽设置的方法

线宽设置的方法如下：

①选择菜单中的“格式” | “线宽”命令。

②选择工具栏中的“特性” | “线宽控制”按钮。

③在命令行中输入：Lweight 或 LW。

在命令输入后，会弹出如图 2-25 所示的“线宽设置”对话框。

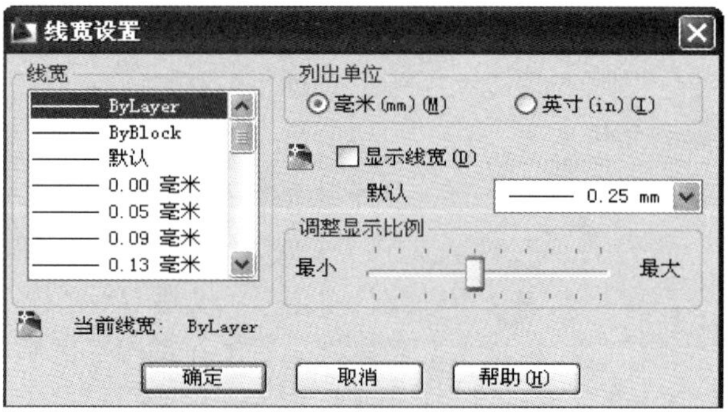

图 2-25　线宽设置

注意：①通过调整显示比例，使图形中的线宽显得更宽或更窄。②要想让线宽显示效果，必须勾选“显示线宽”复选框，否则图形不显示线宽。③为了使所绘对象与图层的设置一致，建议用户最好将线宽设置成“ByLayer”（即随层）。

2.3.3　颜色设置的方法

选择菜单中的“格式”|“颜色”命令。选择命令后，会弹出如图 2-26 所示的对话框，选择一种颜色作为当前颜色即可。一般建议将颜色设为“ByLayer”（即随层）。

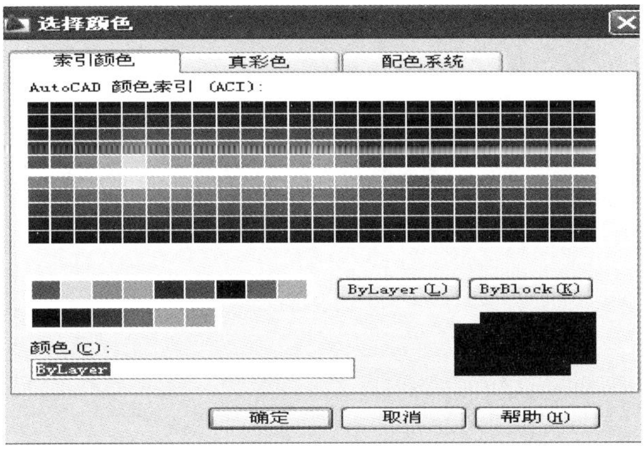

图 2-26　颜色设置

2.4　图层

2.4.1　图层的概念

图层是 AutoCAD 提供的一个管理图形对象的工具，用户可以根据图层对图形几何对象、文字、标注等进行归类处理，即把具有相同特性的图形实体绘制在同一个图层中，各个图层组合起来，形成一个完整的图形。使用图层来管理它们，不仅能使图形的各种信息清晰、有序，便于观察，而且也可为图形的编辑、修改和输出带来很大的方便。

图层具有以下一些特性：

①在一幅图中可以规定任意数量的图层，每一层上可以有任意数量的实体。

②每一层都具有自己的层名，0 层为 AutoCAD 的默认图层。

③所有图层中只能有一个图层为当前层，且所有的操作都是在当前层上进行的。

④每一层都具有打开与关闭、冻结与解冻、锁定与解锁以及是否打印等属性。

⑤每一层上的实体通常只有一种线型、一种颜色和一种线宽。当然，用户可以改变每一图层上的线型、颜色、线宽及状态。

2.4.2 管理与使用图层

AutoCAD 提供了图层特性管理器，利用该工具，用户可以很方便地创建图层以及设置其基本属性。选择“格式” | “图层”命令，即可打开“图层特性管理器”对话框，如图 2-27 所示。

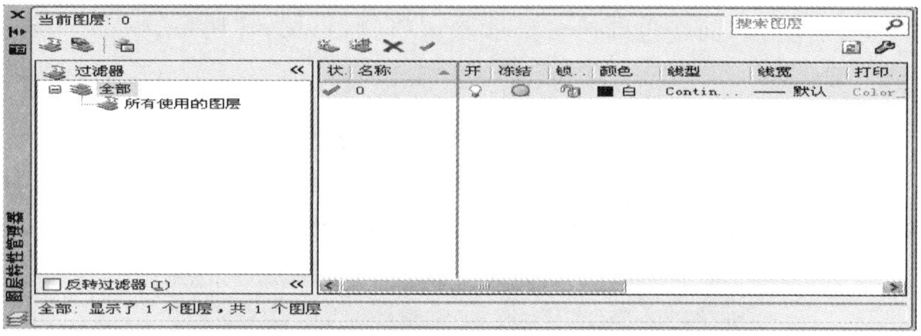

图 2-27 图层特性管理器

主要选项说明如下：

①“新建图层”按钮：开始绘制新图形时，AutoCAD 将自动创建一个名为 0 的特殊图层。默认情况下，图层 0 将被指定使用 7 号颜色（白色或黑色，由背景色决定，本书中将背景色设置为白色，因此，图层颜色就是黑色）、Continuous 线型、“默认”线宽及 Normal 打印样式，用户不能删除或重命名该图层 0。

在绘图过程中，如果用户要使用更多的图层来组织图形，就需要先创建新图层。在“图层特性管理器”对话框中单击“新建图层”按钮，可以创建一个名称为“图层 1”的新图层。默认情况下，新建图层与当前图层的状态、颜色、线性、线宽等设置相同。

当创建了图层后，图层的名称将显示在图层列表框中，如果要更改图层名称，可单击该图层名，然后输入一个新的图层名并按 Enter 键即可。

②“在所有视口中都被冻结的新图层视口”按钮：创建新图层，然后在所有现有布局视口中将其冻结。

③“删除图层”按钮：删除选定图层。0 层、当前层、包含对象的图层以及依赖外部参照的图层不能被删除。

④“置为当前”按钮：将选定图层设置为当前图层，以后创建的对象都是在当前图层上。

⑤图层的特性设置

a. 开/关：控制图层的开/关状态。当图层处于打开状态时，该图层上的对象可见；相反则不可见。在打印输出时，被关闭图层上的图形也不被打印。关闭与打开图层只需单击该层的电灯泡即可，灯亮表示打开，灯灭表示关闭。注意：在用“Regen”或“Re”命令重新生成图形时，关闭图层上的图形参与了运算。

b. 冻结/解冻：控制图层的冻结/解冻状态。图层冻结期间，被冻结图层上的图形既不可见，也不能输出，而且不参与“Regen”命令后图形重新生成时的运算，这样就可以提高图形重新生成时的显示速度。冻结/解冻图层只需单击该层的太阳，太阳变为雪花时，表示该层被冻结。

c. 锁定/解锁：控制图层的锁定/解锁状态。图层被锁定后，用户可以看到该图层上的图形，但不能对它进行编辑和绘制。锁定/解锁图层只需单击该层的锁，当锁处于锁定状态时表示该层被锁定。

d. 颜色：控制图层的颜色。单击图层的颜色框，则弹出“选择颜色”对话框，在其中选择一种颜色作为图层的颜色。

e. 线型：控制图层所用的线型。单击图层的线型，则弹出“选择线型”对话框，在其中选择一种线型作为图层的线型。注意：默认情况下，在“选择线型”对话框的“已加载的线型”列表框中只有 Continuous 一种线型，如果要使用其他线型，必须将其添加到“已加载的线型”列表框中。可单击“加载”按钮打开“加载或重载线型”对话框，从当前可用线型库中选择需要加载的线型，然后单击“确定”按钮。

f. 线宽：控制图层的线宽。单击图层的线宽，则弹出“线宽”对话框，在其中选择一种线宽作为图层的线宽。

g. 打印：单击选定图层的打印机，图标上出现禁止符号，表示该图层不可打印，否则为可打印。

2.4.3　改变对象所在图层

在实际绘图中，如果绘制完某一图形元素后，发现该元素并没有绘制在预先设置的图层上，可选中该图形元素，并在“对象特性”工具栏的图层控制下拉列表框中选择预设层名，然后按下 Esc 键来改变对象所在图层。

2.4.4　使用图层工具管理图层

在 AutoCAD 的图层管理工具中，利用该功能用户可以更加方便地管理图层。选择“格式”|“图层工具”命令中的子命令，就可以通过图层工具来管理图层，如图 2-28 所示。

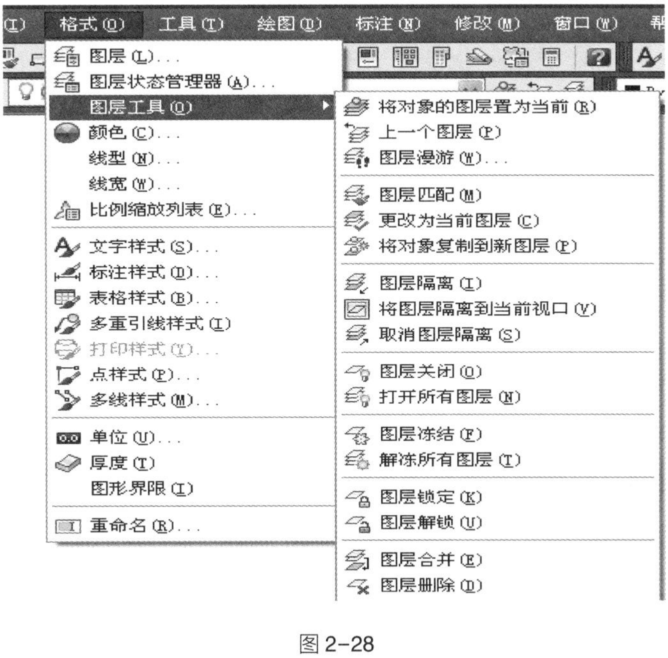

图 2-28

各选项说明如下：

①“将对象的图层置为当前”按钮：将选定对象的图层置为当前图层。

②“上一个图层”按钮：单击该按钮，恢复上一个图层设置。

③“图层漫游”按钮：显示选定图层上的对象，并隐藏所有其他图层上的对象。

④“图层匹配”按钮：将选定对象的图层更改为与目标图层相匹配。

⑤“更改为当前图层”按钮：单击该按钮，将选定对象的图层更改为当前图层。

⑥“将对象复制到新图层”按钮：单击该按钮，将对象复制到不同的图层。

⑦“图层隔离”按钮：隐藏或锁定除选定对象的图层之外的所有图层。

⑧“将图层隔离到当前视口”按钮：冻结除当前视口外的其他所有布局视口中的选定图层。

⑨“取消图层隔离”按钮：单击该按钮，恢复由“图层隔离”命令隐藏或锁定的所有图层。

⑩“图层关闭”按钮：单击该按钮，将选定对象的图层关闭。

⑪“打开所有图层”按钮：单击该按钮，打开图形中的所有图层。

⑫“图层冻结”按钮：单击该按钮，将选定对象的图层冻结。

⑬“解冻所有图层”按钮：单击该按钮，解冻图形中的所有图层。

⑭“图层锁定”按钮：单击该按钮，将选定对象的图层锁定。

⑮“图层解锁”按钮：单击该按钮，将选定对象的图层解锁。

⑯“图层合并”按钮：单击该按钮，将选定图层合并为一个目标图层，并将以前的图层从图形中删除。

⑰“图层删除”按钮：单击该按钮，将删除图层上的所有对象并永久删除该图层。注意：不能删除当前层。

2.5 视图的缩放及平移

在绘图过程中，有时用户想看到整个图纸的一小部分或者只想放大其中的某一部分，这时就可以利用 ZOOM 命令对视图进行大小调整。

2.5.1 视图的缩放

可采用以下方法进行视图的缩放：

①滚动鼠标的中键。

②选择菜单中的“视图”|“缩放”命令。

③在命令行中输入：“ZOOM”或快捷键“Z”。

输入命令后，会出现以下提示：

指定窗口的角点，输入比例因子（nX 或 nXP），或者

[全部（A）/中心（C）/动态（D）/范围（E）/上一个（P）/比例（S）/窗口

（W）/对象（O）］<实时>：

各选项说明如下：

①“指定窗口的角点，输入比例因子（nX 或 nXP）”：直接指定窗口的一个角点，可以直接在屏幕上指定一点，回车后，会提示用户指定“对角点”，这时用户可以指定想要缩放的视图部分的对角点。实际上，这样的操作也相当于下面的“窗口（W）”选项；如果直接输入缩放系数，则相当于下面的“比例（S）”选项。

②“全部（A）”：输入“A”，回车，则全部的图形及图形界限区将显示在屏幕上。

③“中心（C）”：缩放显示由中心点和放大比例（或高度）所定义的窗口。高度值较小时提高放大比例，高度值较大时降低放大比例。

④“动态（D）”：动态缩放，屏幕切换到虚拟显示屏状态。其中，蓝色虚线框表示图纸的范围。细实线框则为活动视图框，它有两种状态：一种为缩放视图框，在框的右侧有一个箭头，它不可以平移，但可以调节大小；另一种是平移视图框，在框的中心有一个显示中心“X”，它不能改变大小，但可以任意移动。这两种视图框之间用单击鼠标左键来切换，当确定好显示区域时，按回车键，以终止该命令。而绿色虚线框表示当前的区域，也即上面所说的活动视图框所确定的区域。

⑤“范围（E）”：最大地显示整个图形。

⑥“上一个（P）”：恢复上一次显示的图形。

⑦“比例（S）”：输入数值作为缩放系数的方式缩放图形。

⑧“对象（O）”：将尽可能大地显示用户所选定的对象，并使所选定的对象位于屏幕显示的中心。

⑨“实时”：该项为缺省选项，表示实时缩放。直接回车，屏幕上会出现放大镜标记。此时若按住并拖动鼠标左键，将使图形在屏幕上实时缩放。

2.5.2　视图的平移

视图平移实际上只是将图形移动至合适的位置，既不放大，也不缩小。调用该命令可用如下方法：

①选择菜单中的“视图”|“平移”命令。

②选择工具栏中的“标准”|“实时平移”按钮。

③在命令行中输入：“PAN”或快捷键“P”。

④按住鼠标中键拖动。

2.6　综合实例

请用“无样板公制”新建一文件，并建立名为“实线”的图层，设置其线宽为 0.3mm（按家具制图标准，实线线宽为 $b=0.25\sim1$mm，本书按 0.3mm 设置，粗实线线宽为 $1.5b\sim2b$，本书按 0.5mm 设置，而虚线、细实线、点划线、双点划线、折断线、波浪线这些线的线

宽为 *b*/3 或更细，本书按 0.09mm 设置，以下同），线型默认（即 continuous），颜色为白色，然后在此图层上利用画直线命令 Line 采用各种坐标输入方法，画出图 2-29 所示的图形。画完后用“衣柜面板造型 1”名保存文件。

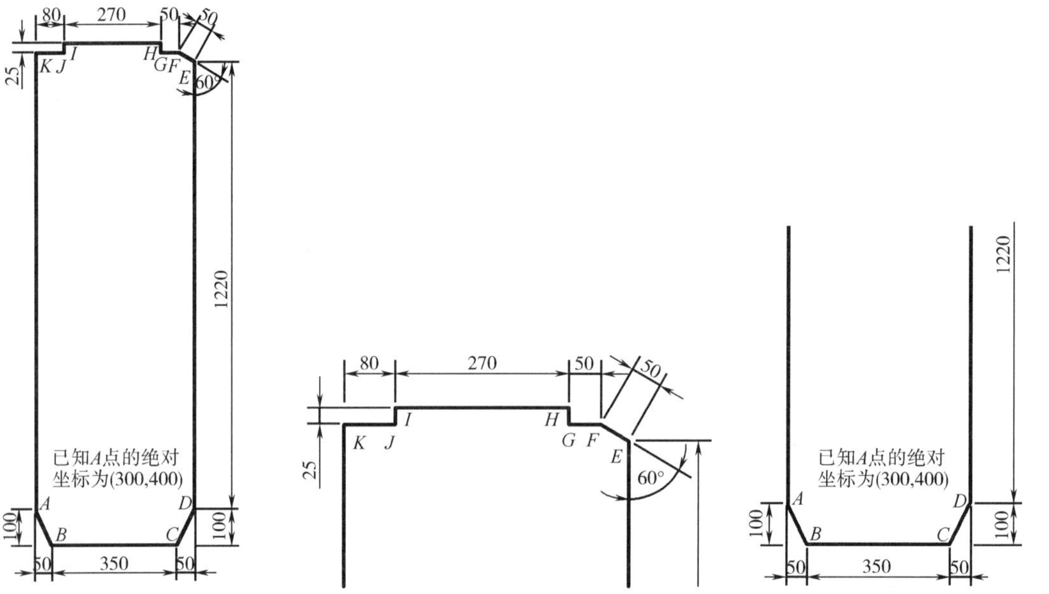

整体图　　放大图　　放大图

图 2-29　需绘制的目标图形

操作步骤如下：

①用“无样板公制”新建一文件，并建立名为“实线”的图层，设置其线宽为 0.3mm，线型默认（即 continuous），颜色为白色，然后将此图层设为当前层，并通过选择菜单中的“格式” | “图形界限”命令来重新设置绘图界限，注意要加上 *A* 点的绝对坐标值［可以针对本图形进行设置，即左下角默认，右上角输入（800，1900）；也可以按家具厂常用的 A4 图纸尺寸（210×297）进行设置，左下角默认，右上角输入（2400，3370）］，并在屏幕上最大化显示绘图界限区域。

②利用直线命令通过输入点的坐标的方式绘图，详细过程如下：

命令：LINE（或直接输入快捷键：L）

指定第一点：400，300（输入起点 *A* 的绝对直角坐标）

指定下一点或［放弃（U）］：@50，-100（输入点 *B* 的相对直角坐标）

指定下一点或［放弃（U）］：@350，0（输入点 *C* 的相对直角坐标）

指定下一点或［闭合（C）/放弃（U）］：@50，100（输入点 *D* 的相对直角坐标）

指定下一点或［闭合（C）/放弃（U）］：@0，1220（输入点 *E* 的相对直角坐标）

指定下一点或［闭合（C）/放弃（U）］：@50<150（输入点 *F* 的相对极坐标）

指定下一点或［闭合（C）/放弃（U）］：@-50，0（输入点 *G* 的相对直角坐标）

指定下一点或［闭合（C）/放弃（U）］：@0，25（输入点 *H* 的相对直角坐标）

指定下一点或［闭合（C）/放弃（U）］：@-270，0（输入点 *I* 的相对直角坐标）

指定下一点或［闭合（C）/放弃（U）］：@0，-25（输入点 *J* 的相对直角坐标）

指定下一点或［闭合（C）/放弃（U）］：@-80，0（输入点 *K* 的相对直角坐标）

指定下一点或［闭合（C）/放弃（U）］：400，300（输入起点 *A* 的绝对直角坐标）

指定下一点或［闭合（C）/放弃（U）］：（回车结束命令）

③用“衣柜面板造型 1”名保存文件，绘制结果如图 2-30 所示。

图 2-30　绘制结果

思考与练习

1. 什么是直角坐标、极坐标、绝对坐标、相对坐标？
2. 熟悉图形界限的设置及作用。
3. 熟悉线型、线宽及颜色的设置方法。
4. 图层的概念、图层的作用、图层特性的操作方法分别是什么？
5. 熟悉视图的缩放与平移。

第3章

直线、圆、正交模式、捕捉、修剪、延伸、移动、复制及偏移

3.1 绘制直线

直线是绘图中较常用、简单的一类图形对象，只要指定了起点和终点即可绘制一条直线。在 AutoCAD 中，可以用二维坐标（x，y）或三维坐标（x，y，z）来指定端点，也可以混合使用二维坐标和三维坐标。如果输入二维坐标，AutoCAD 将会用当前的高度作为 Z 轴坐标值，默认值为 0。

（1）绘制直线一般步骤

①依次单击 →绘图（D）菜单→直线（L）。

②指定起点：可以使用定点设备，也可以在命令提示下输入坐标值。

③指定端点以完成第一条线段：要在执行 Line 命令期间放弃前一条直线段，请输入 u 或单击工具栏上的“放弃”。

④指定其他线段的端点。

⑤按 Enter 键结束，或者按 c 键使一系列直线段闭合。

要以最近绘制的直线的端点为起点绘制新的直线，请再次启动 Line 命令，然后在出现“指定起点”提示后按 Enter 键。

（2）绘制直线的方法

①选择“绘图”｜“直线”命令。

②在“绘图”工具栏中单击“直线”按钮。

③在命令行中输入：“LINE”或快捷键“L”。

输入命令后，命令行提示：

指定第一点：(意思是指定一点或按 Enter 键从上一条绘制的直线或圆弧继续绘制，按 Enter 键前后区别如图 3-1 所示)

指定下一点或 [放弃（U）]：(指定直线端点)

指定下一点或 [闭合（C）/放弃（U）]：(指定直线下一个端点)

指定下一点或 [闭合（C）/放弃（U）]：(继续指定直线端点或回车结束命令)

各个选项说明如下：

a. 指定第一点时，按回车键，表示从最近绘制的直线的端点延长它。如果最近绘制的对象是一条圆弧，则它的端点将定义为新直线的起点，并且新直线与该圆弧相切，如图 3-2 所示。

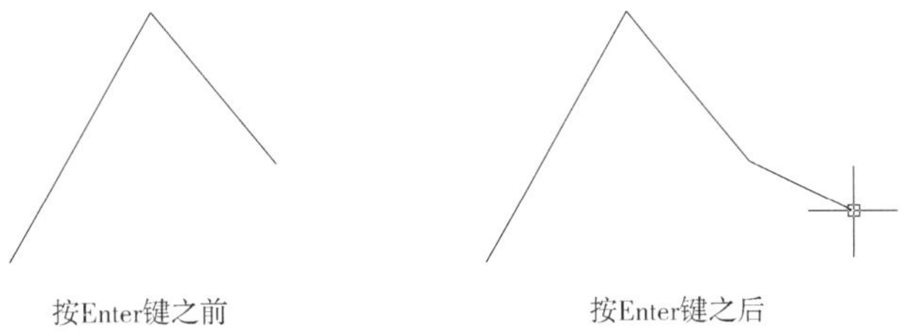

图 3-1

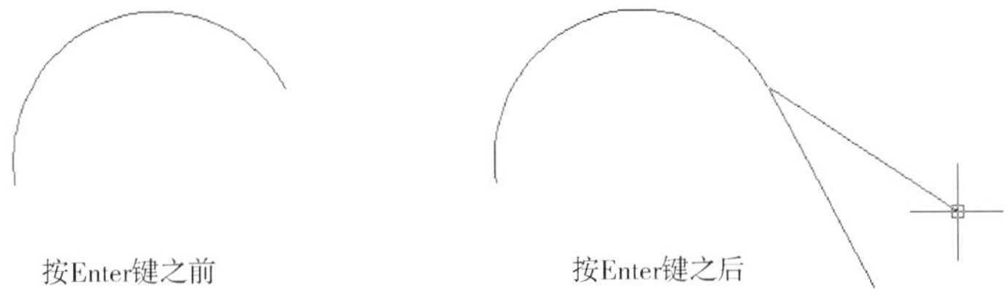

图 3-2

b. 选项“放弃（U）”：输入 U，可撤销上一步所画直线。

c. 选项“闭合（C）”：输入 C，可连接所画直线的第一点和最后一点，使其成为封闭的图形，并退出直线命令。

3.2 绘制圆

创建圆的方法很多，可以指定圆心、半径、直径、圆周上的点和其他对象上的点的不同组合。默认方法是指定圆心和半径，如图 3-3 所示。

可采用以下方法绘制圆：

①选择“绘图”|“圆”命令。

②选择工具栏中的“绘图”|“圆”按钮。

③在命令行中输入：“CIRCLE”或快捷键“C”。

图 3-4 是画圆菜单中的各种子菜单。

各子菜单的用法如下：

①圆心、半径：输入命令后，命令行提示如下：

指定圆的圆心或［三点（3P）/两点（2P）/切点、切点、半径（T）］：（需要用户指定圆心的位置）

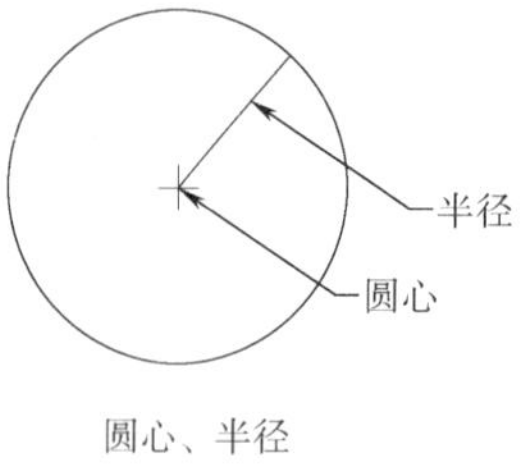

图 3-3

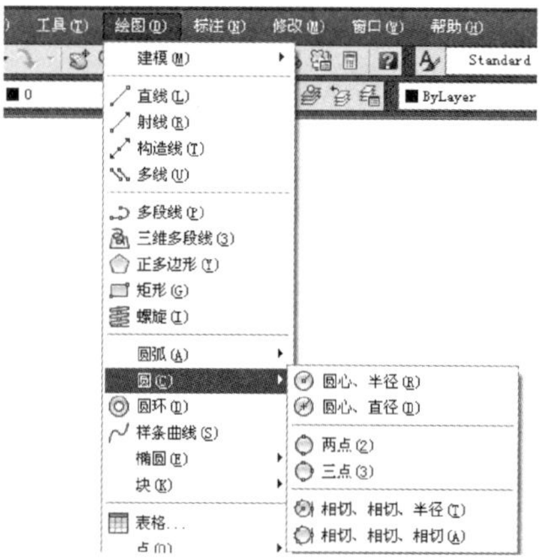

图 3-4

指定圆的半径或［直径（D）］：（指定圆的半径或指定一点，这一点与圆心之间的距离即为半径）

这样，用户就可以得到指定圆心和给定半径的圆。

②圆心、直径：输入命令后，命令行提示如下：

指定圆的圆心或［三点（3P）/两点（2P）/切点、切点、半径（T）］：（需要用户指定圆心的位置）

指定圆的半径或［直径（D）］：_ d 指定圆的直径：（指定圆的直径）

这样，用户就可以得到指定圆心和给定直径的圆。

③两点：输入命令后，命令行提示如下：

指定圆的圆心或［三点（3P）/两点（2P）/切点、切点、半径（T）］：_ 2p 指定圆直径的第一个端点：（需要用户指定圆直径的一个端点）

指定圆直径的第二个端点：（需要用户指定圆直径的另一个端点）

这样，用户就可以得到指定圆心和以输入的两点间距离为直径并经过这两点的圆，如图 3-5 所示。

④三点：输入命令后，命令行提示如下：

指定圆的圆心或［三点（3P）/两点（2P）/切点、切点、半径（T）］：_ 3p 指定圆上的第一个点：（需要用户指定一点）

指定圆上的第二个点：（用户指定第二点）

指定圆上的第三个点：（用户指定第三点）

这样，用户就可以得到通过指定三点的圆，如图 3-6 所示。

⑤相切、相切、半径：输入命令后，命令行提示如下：

指定圆的圆心或［三点（3P）/两点（2P）/切点、切点、半径（T）］：_ ttr 指定对象与圆的第一个切点：（指定第一个相切对象）

指定对象与圆的第二个切点：（指定第二个相切对象）

指定圆的半径：（指定圆的半径）

这样，用户就可以得到与两个指定对象相切、以输入值为半径的圆，如图 3-7 所示。

注意：有时会有多个圆符合指定的条件，程序将绘制具有指定半径的圆，其与对象真正的切点与选定点（切点 1 和切点 2）的距离最近，如图 3-7 所示。

⑥相切、相切、相切：输入命令后，命令行提示如下：

指定圆的圆心或［三点（3P）/两点（2P）/切点、切点、半径（T）］：_ 3p 指定圆上的第一个点：_ tan 到（指定第一个相切对象）

指定圆上的第二个点：_ tan 到（指定第二个相切对象）

指定圆上的第三个点：_ tan 到（指定第三个相切对象）

这样，用户就可以得到与三个指定对象相切的圆，如图 3-8 所示。

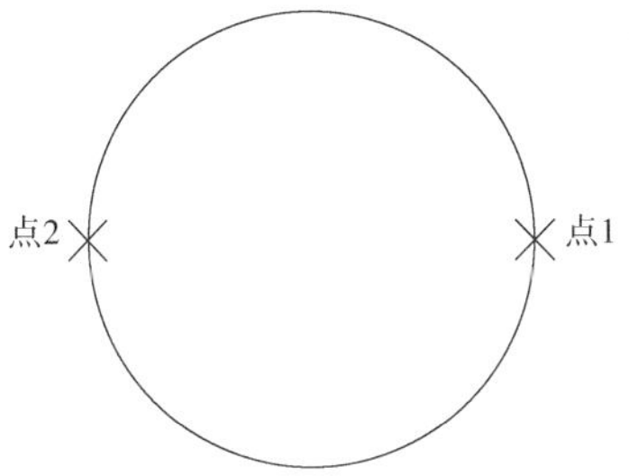

图 3-5

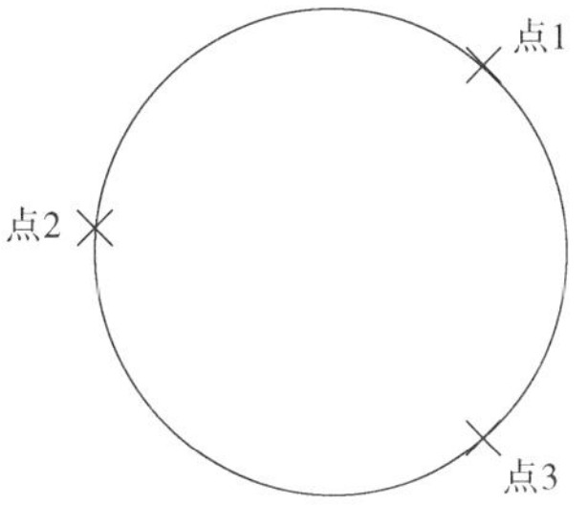

图 3-6

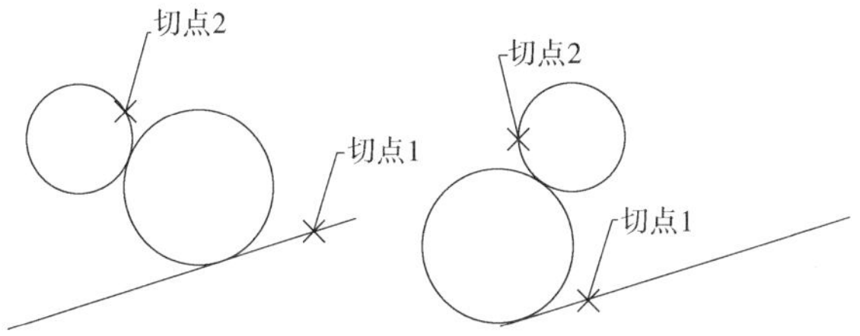

图 3-7

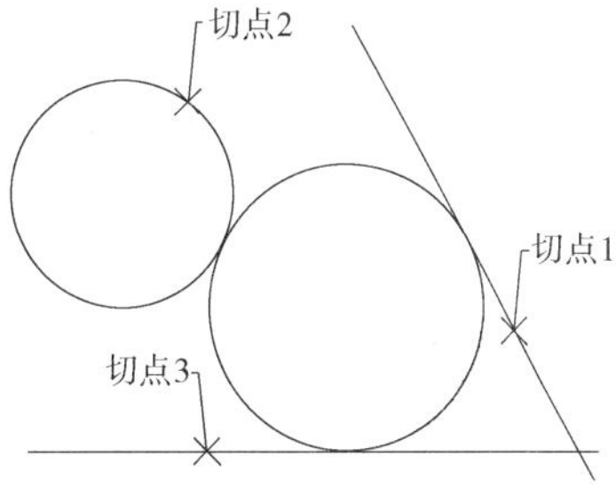

图 3-8

3.3　正交模式

利用正交模式可以将光标限制在水平或垂直方向上移动，以便精确地创建和修改对象。

正交模式的切换开关是状态行的“正交模式”按钮，其快捷键是 F8。

打开“正交”模式时，可以方便地画出与坐标轴平行的线，如水平线或垂直线。

在绘图和编辑过程中，可以随时打开或关闭“正交”。输入坐标或指定对象捕捉时将忽略“正交”。要临时打开或关闭“正交”，请按住临时替代键 Shift。使用临时替代键时，无法使用直接距离输入方法。

注意：“正交”模式和极轴追踪不能同时打开，打开“正交”将关闭极轴追踪。

3.4 对象捕捉、极轴追踪和捕捉追踪等功能

使用对象捕捉可指定对象上的精确位置。例如，使用对象捕捉可以捕捉到圆心或线段的中点、端点等。

不论何时提示输入点，都可以指定对象捕捉。默认情况下，当光标移到对象的对象捕捉位置时，将显示标记和工具提示。此功能称为“AutoSnap”（自动捕捉），提供了视觉提示，指示哪些对象捕捉正在使用，如图 3-9 所示。

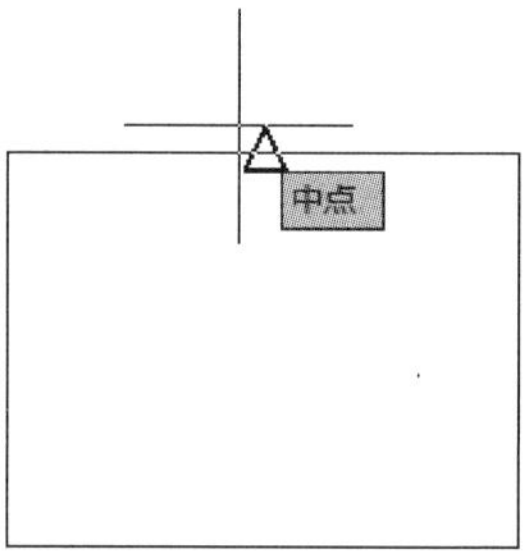

图 3-9

3.4.1 对象捕捉

利用 AutoCAD 的对象捕捉功能，可以快速、准确地确定一些特殊点，如端点、中点、交点、圆心、象限点、切点、垂足点以及最近点等。

（1）设置临时对象捕捉功能

当命令行提示输入点时，可用以下四种方法来获得临时捕捉功能，临时捕捉功能在使用一次后，自动失效，下次再用时需重新激活。

①按住 Shift 键并单击鼠标右键以显示“对象捕捉”快捷菜单，如图 3-10 所示。用户从中选取要捕捉的点的类型。

图 3-10

②单击“对象捕捉”工具栏上的“对象捕捉”按钮，如图 3-11 所示。

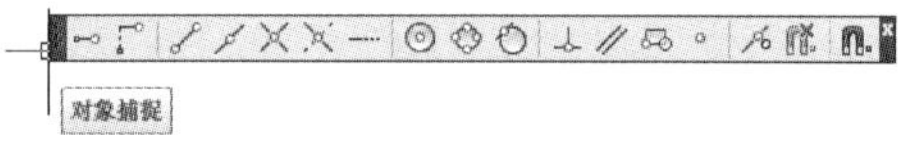

图 3-11

③在状态栏的“对象捕捉”按钮上单击鼠标右键，从中选取要捕捉的点的类型，如图 3-12 所示。

图 3-12

④在命令提示下输入对象捕捉的名称，输入名称的前三个字符来指定一个或多个对象捕捉模式。如果输入多个名称，名称之间以逗号分隔。

各类型点说明如下：

a. END（端点）：捕捉到圆弧、椭圆弧、直线、多段线线段、样条曲线、面域或射线最近的端点，或捕捉实体或三维面域的最近角点，如图 3-13 所示。

b. MID（中点）：捕捉到圆弧、椭圆、椭圆弧、直线、多

段线线段、面域、实体、样条曲线或参照线的中点，如图 3-14 所示。

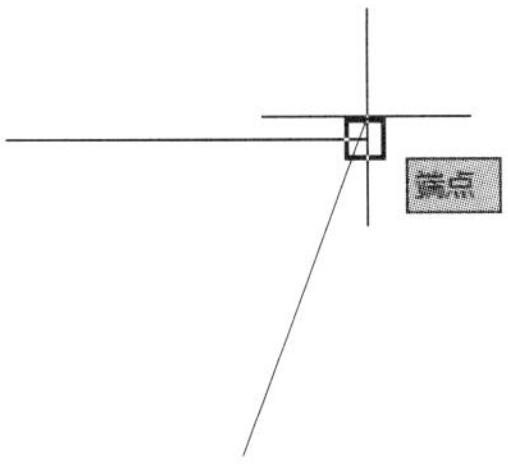

图 3-13

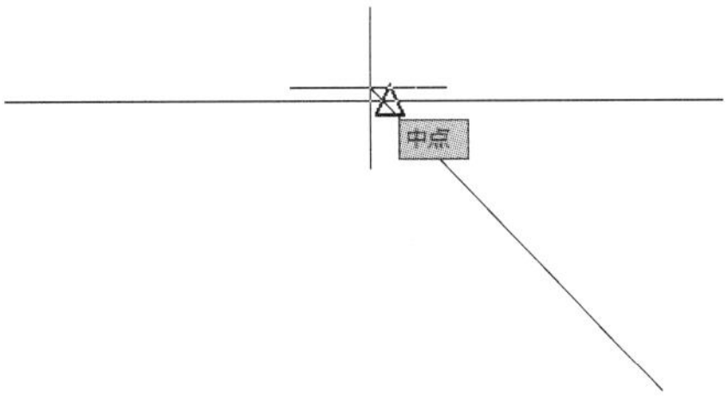

图 3-14

c. CEN（圆心）：捕捉到圆弧、圆、椭圆或椭圆弧的中心。在捕捉圆心时，拾取框应放在圆或弧附近，而不是放在圆心处。此时，代表捕捉符号的圆形小框自动捕捉到圆心上，如图 3-15 所示。

d. NOD（节点）：捕捉到点对象、标注定义点或标注文字原点，如图 3-16 所示。

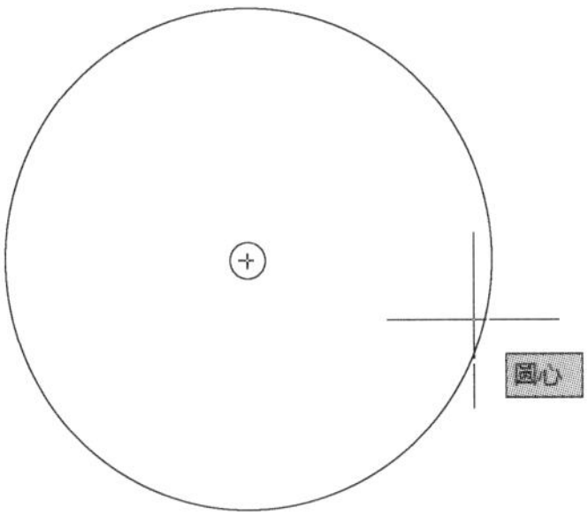

图 3-15

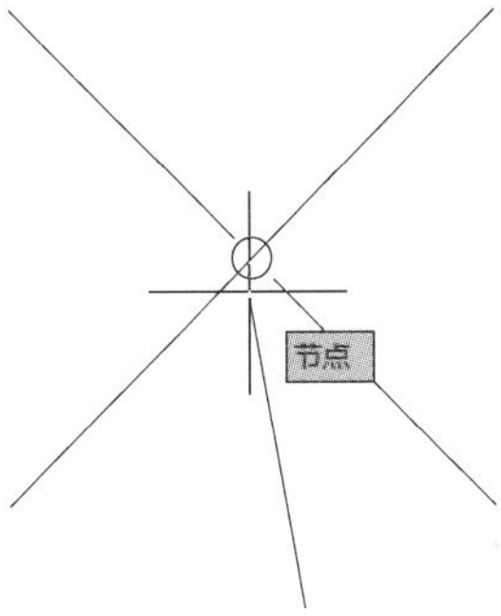

图 3-16

e. QUA（象限点）：捕捉到圆弧、圆、椭圆或椭圆弧的象限点，如图 3-17 所示。

f. INT（交点）：捕捉到圆弧、圆、椭圆、椭圆弧、直线、多段线、射线、面域、样条曲线或参照线的交点，如图 3-18 所示。注意：如果同时打开“交点”和“外观交点”执行对象捕捉，可能会得到不同的结果。

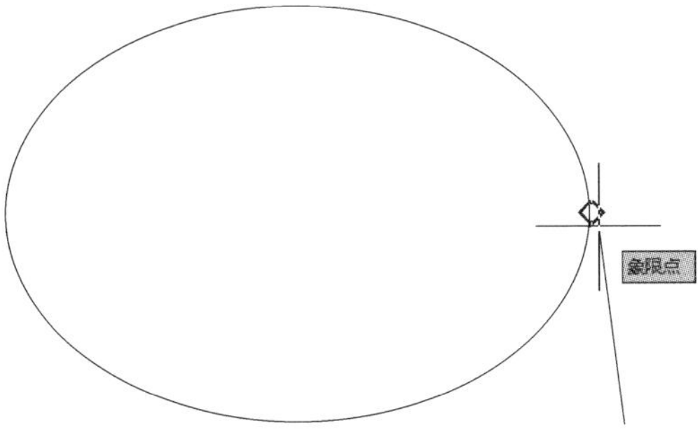

图 3-17

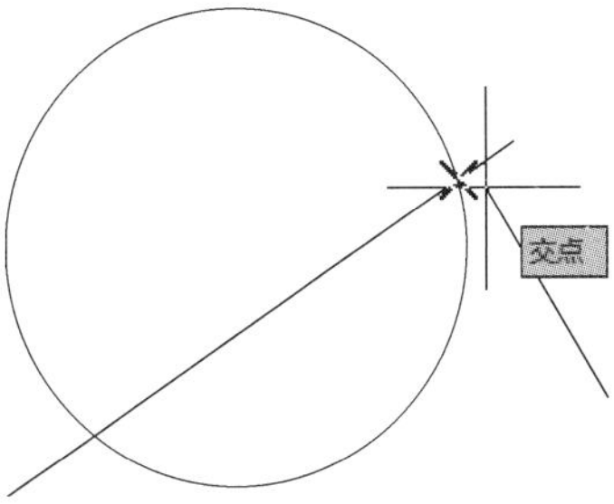

图 3-18

g. EXT（范围）：也称为“延长线”，当光标经过对象的端点时，显示临时延长线或圆弧，以便用户在延长线或圆弧上指定点，如图 3-19 和图 3-20 所示。注意：在透图中进行操作时，不能沿圆弧或椭圆弧的延伸线进行追踪。

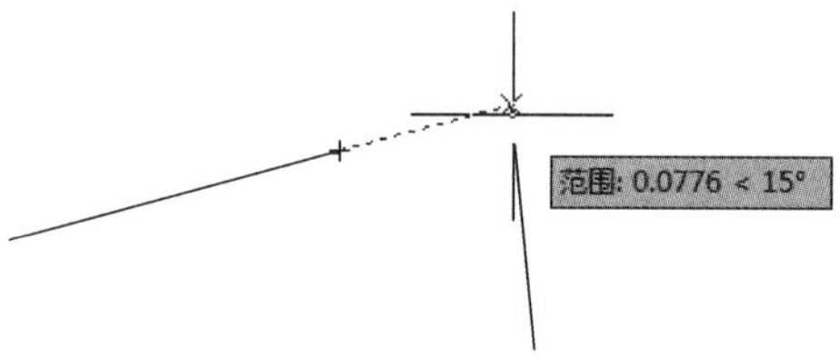

图 3-19

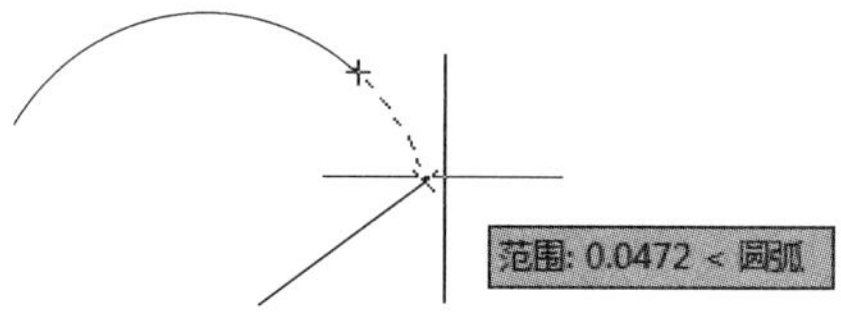

图 3-20

h. INS（插入点）：捕捉到属性、块、图像或文字的插入点，如图 3-21 所示。

i. PER（垂足）：在圆弧、圆、椭圆、椭圆弧、直线、多段线、射线、面域、实体、样条曲线或参照线等对象上捕捉一点，使该点与已确定的另外一点连线与所选择的上述对象垂直，如图 3-22 所示。

j. TAN（切点）：在圆弧、圆、椭圆、椭圆弧或样条曲线上捕捉一点，使该点与已确定的另外一点连线与上述对象相切，如图 3-23 所示。

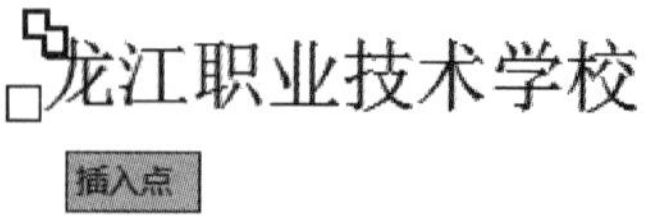

图 3-21

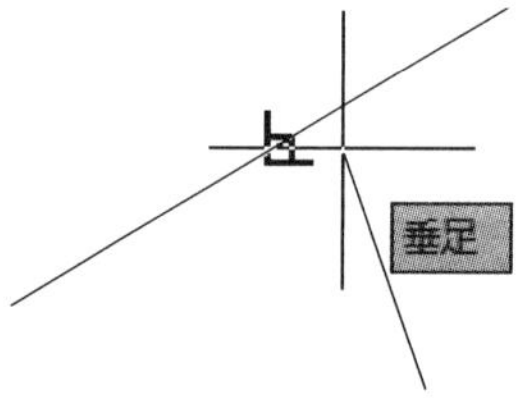

图 3-22

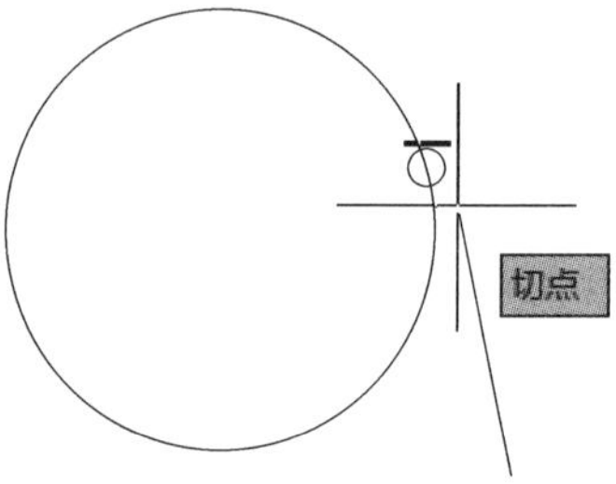

图 3-23

k. NEA（最近点）：捕捉圆弧、圆、椭圆、椭圆弧、直线、点、多段线、射线、样条曲线或参照线等对象上离光标最近的点。

l. APP（外观交点）：捕捉到不在同一平面但是可能看起来在当前视图中相交的两个对象的外观交点。

m. PAR（平行）：将直线段、多段线线段、射线或构造线限制为与已知线性对象平行。指定所要创建的线性对象的第一点后，请选择平行对象捕捉并将光标放在已知线性对象上停留一下，出现平行捕捉标记，然后，将光标移回正在创建的与已知线性对象平行的方向上，出现平行角度，就可以创建平行线了，如图 3-24 所示。

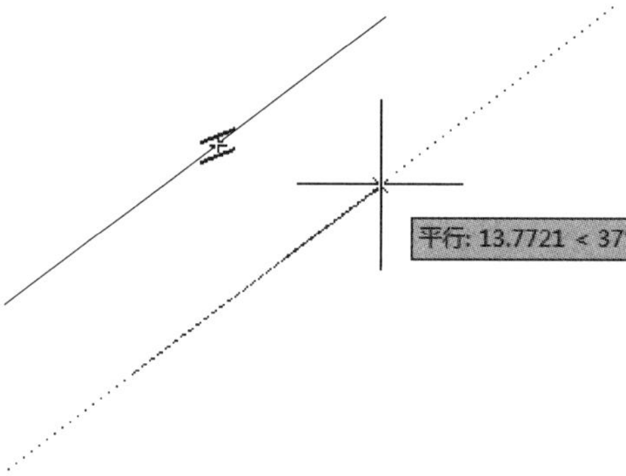

图 3-24

注意：使用平行对象捕捉之前，请关闭正交（Ortho）模式。在平行对象捕捉操作期间，会自动关闭对象捕捉追踪和极轴捕捉（PolarSnap）。使用平行对象捕捉之前，必须指定所要创建的线性对象的第一点。

n. FRO（自）：通过指定的基点和相对于该点的坐标确定新点。

（2）设置长效对象捕捉功能

与临时捕捉功能不同，长效对象捕捉功能设置好后，一直有效，直到重新设置为止。设置长效对象捕捉功能的方法如下：

选择菜单中的“工具” | “草图设置”命令。

鼠标右击状态行的“对象捕捉”按钮，选择“设置”。

鼠标指着屏幕，按住 Shift 键并单击鼠标右键以显示“对象捕捉”快捷菜单，从中选择“对象捕捉设置”，如图 3-25 所示。

注意：如果要让对象捕捉忽略图案填充对象，请将系统变量（OSOPTIONS）设置为 1。

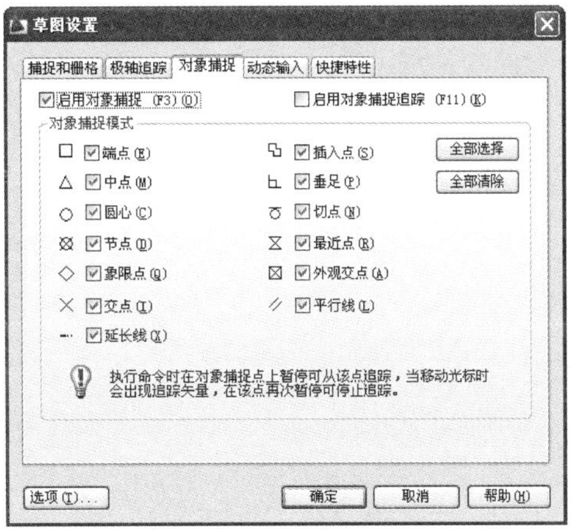

图 3-25

各选项说明如下：

①“启用对象捕捉（F3）”复选框：确定是否启用对象捕捉功能，若选中该复选框，则启用对象捕捉功能，否则不启用。注意：通过单击状态行上的“对象捕捉”按钮或者是按键盘上的 F3 键都可以切换“对象捕捉”功能的启用与否。

②“启用对象捕捉追踪（F11）”复选框：确定是否启用对象捕捉追踪功能，若选中该复选框，则启用对象捕捉功能，否则不启用。注意：通过单击状态行上的“对象捕捉追踪”按钮或者按键盘上的 F11 键都可以切换“对象捕捉追踪”功能的启用与否，此功能在稍后的章节中有详细介绍。

③“对象捕捉模式”区：用户可以任意选择想要捕捉的点的类型。每一种捕捉类别的含义见“3.4.1.1 设置临时对象捕捉功能”一节的介绍。

④“全部选择”按钮：选择所有对象捕捉模式的设置。

⑤“全部清除”按钮：清除所有对象捕捉模式的设置。

命令实操：利用对象捕捉功能和直线命令，将图 3-26 所示左边的图形修改成右边的图形。

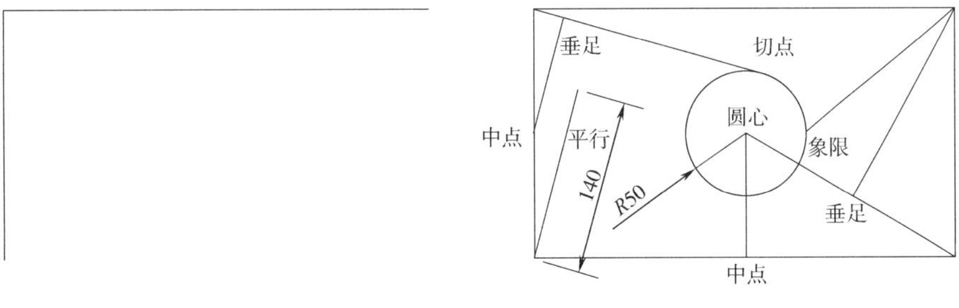

图 3-26

（3）控制对象捕捉靶框大小

对象捕捉仅适用于对象捕捉靶框中的或与对象捕捉靶框相交的对象。

Apbox 是系统变量，它控制对象捕捉靶框的显示（当 Apbox=0 时，不显示捕捉靶框；当 Apbox=1 时，显示捕捉靶框）。而捕捉靶框的尺寸大小则由 Aperture 输入的像素数目来控制，数值越高，靶框越大，如图 3-27 所示。也可以更改“选项”对话框的“草图”选项卡上的此设置，如图 3-28 所示。

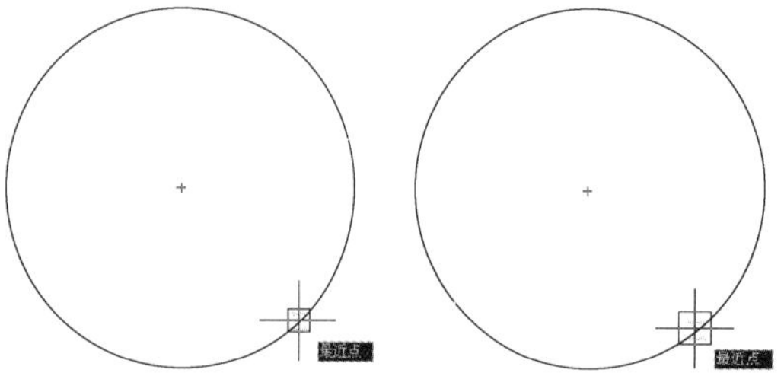

图 3-27

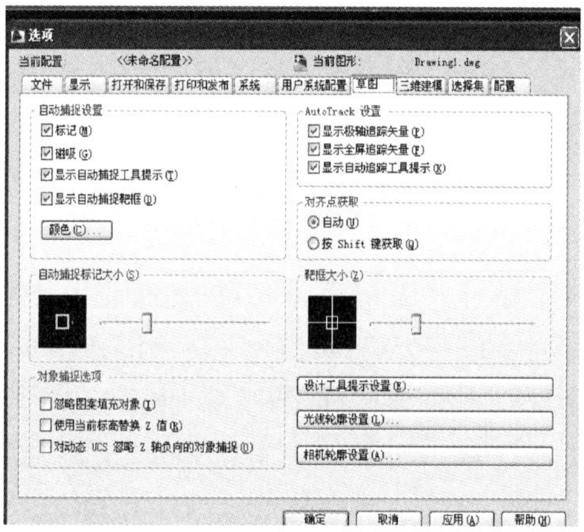

图 3-28

注意：Aperture 控制对象捕捉靶框，而不是“选择对象”提示下显示的拾取框。Pickbox 也是系统变量，它控制着对象选择拾取框的大小，数值越大，拾取框越大。

（4）自动捕捉设置

如图 3-28 所示，“自动捕捉设置”包含以下捕捉工具：

①“标记”：该标记是当光标移到对象上或接近对象时显示的几何符号。标记的形状取决于它所标记的捕捉。

②“显示自动捕捉工具提示”：工具提示是一个标签，用来描述捕捉到的对象部分，如“端点”“中点”等。

③“磁吸”：吸引并将光标锁定到检测到的最接近的捕捉点，提供一个形象化设置，与捕捉栅格类似。

④“靶框”：围绕十字光标并定义从中计算哪个对象捕捉的区域。可以选择显示或不显示靶框，也可以改变靶框的大小。

自动捕捉标记、工具提示和磁吸在默认情况下是打开的。用户还可以在“选项”对话框的“草图”选项卡中修改自动捕捉设置。

3.4.2 极轴追踪

启用极轴功能后，当提示用户确定点的位置时，拖动鼠标，使鼠标接近预先设定的方向（即极轴追踪方向），AutoCAD 就会自动地沿该方向显示出极轴追踪的方向来，并弹出提示框，说明当前鼠标位置相对于前一点的极坐标。在这个方向上，用户可以直接输入距离值来确定所求的点，如图 3-29 所示。

设置“极轴追踪”功能的方法有以下几种：

①选择菜单中的“工具” | “草图设置”命令。在对话框中选“极轴追踪”标签，如图 3-30 所示。

②在状态行的“极轴追踪”按钮上单击鼠标右键，选择“设置”，如图 3-30 所示。

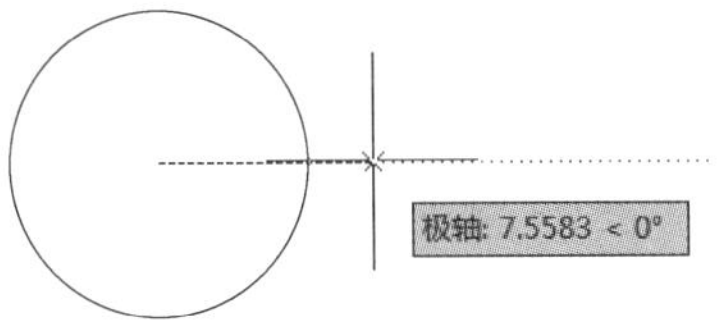

图 3-29

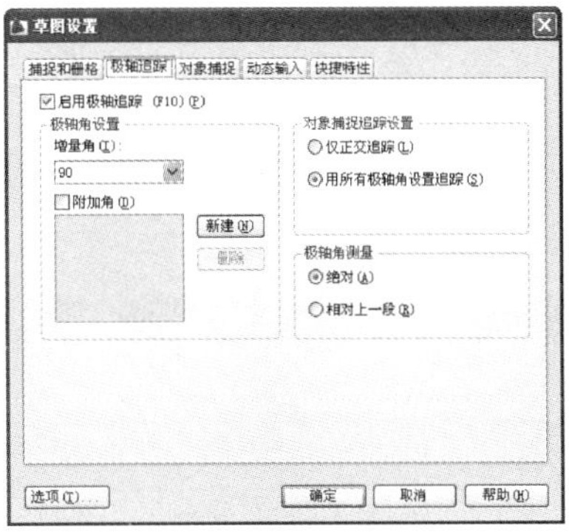

图 3-30

各选项说明如下：

①“启用极轴追踪（F10）”复选框：确定是否启用极轴追踪，选中该复选框为启用，不选为不启用。在绘图过程中，也可以通过按 F10 键或单击状态栏上的“极轴追踪”按钮，来打开或关闭极轴追踪。

②“极轴角设置”区：设置极轴追踪的角度。

a. “增量角”：设置用来显示极轴追踪对齐路径的极轴角增量。可以输入任何角度［通过在命令行输入系统变量（PolarAng）来设定新角度］，也可以从列表中选择 90°，45°，30°，22.5°，18°，15°，10°或 5°这些常用角度。例如，如果选择了 5°，则表示将在 0°，5°，10°，15°，20°，25°，30°，35°，40°等以 5°为增量的角度方向上进行极轴追踪。

b. “附加角”：对极轴追踪使用列表中的任何一种附加角度。即确定除由“增量角”下拉列表设置的追踪方向外，再附加新的追踪方向。可以通过“新建”按钮附加新的角度（最多可以添加 10 个附加极轴追踪对齐角度）或者通过“删除”按钮删除已有的附加角度。注意：附加角度是绝对的，而非增量的。

③“对象捕捉追踪设置”区：用来确定对象捕捉追踪的模式（对象捕捉追踪的模式详见下一节“对象捕捉追踪功能”）。

a. “仅正交追踪”：当对象捕捉追踪打开时，仅显示已获得的对象捕捉点的正交（水平或者垂直）对象捕捉追踪路径。

b. “用所有极轴角设置追踪”：表示如果启用对象捕捉追踪时，当指定追踪点后，光标将从获取的对象捕捉点起沿任意已设定的极轴角进行追踪。

注意：单击状态栏上的“对象追踪”可以打开或关闭对象捕捉追踪。

④“极轴角测量”区：设置测量极轴追踪对齐角度的基准。

a. “绝对”：根据当前用户坐标系（UCS）确定极轴追踪角度。

b. “相对上一段”：根据上一个绘制线段确定极轴追踪角度。

命令实操：利用极轴追踪功能和直线命令，绘制如图 3-31 所示的图形。

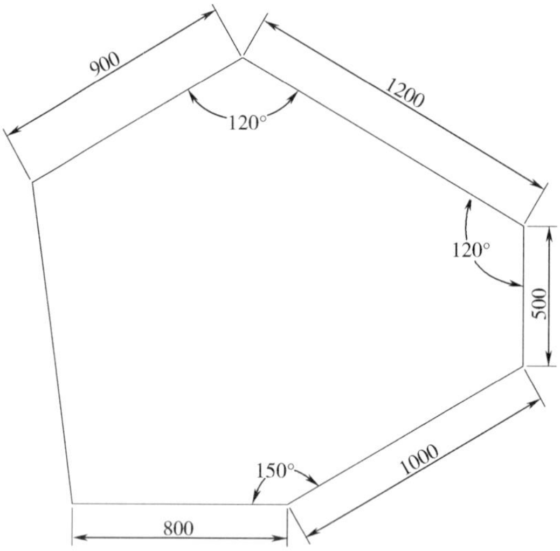

图 3-31

3.4.3 对象捕捉追踪

对象捕捉追踪功能是以捕捉到的点为基点，按照已设定的极轴角度进行追踪。使用对象捕捉追踪，在命令中指定点时，光标可以沿基于其他对象捕捉点的对齐路径进行追踪。要使用对象捕捉追踪，必须打开一个或多个对象捕捉。实际上，对象捕捉追踪功能应与对象捕捉配合使用，也就是说，在使用对象捕捉追踪功能时，必须先打开“对象捕捉”和“对象捕捉追踪”。

注意：极轴追踪的状态并不影响对象捕捉追踪功能的使用，即使极轴追踪处于关闭状态，用户仍可在对象捕捉追踪功能中使用已设定好的极轴角进行追踪。

使用对象捕捉追踪功能的步骤如下：

①当命令行提示输入点时，将光标移动到一个目标捕捉点，出现捕捉点类型的名称和“十”号，表示已经获取了该点，用相同方法可以获取多个用户想要的点。如果用户想要清除已获取到的捕捉点，只需将光标移回到获取点的“十”号标记上，AutoCAD 将自动清除该点，从而不获取该点。

②从获取的点处移动光标，AutoCAD 将基于获取的点显示跟踪的方向（光标移动时，如果接近极轴角，将显示对齐路径和工具提示），如图 3-32 所示。

③用户只需沿显示的跟踪方向移动光标，跟踪到自己希望得到的点，也可以直接输入距离得到点。

命令实操：利用对象捕捉追踪功能和直线命令，画出图 3-33 所示的图形。

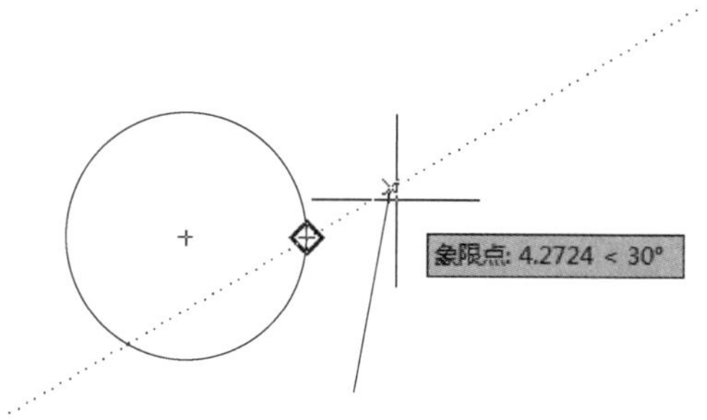

图 3-32

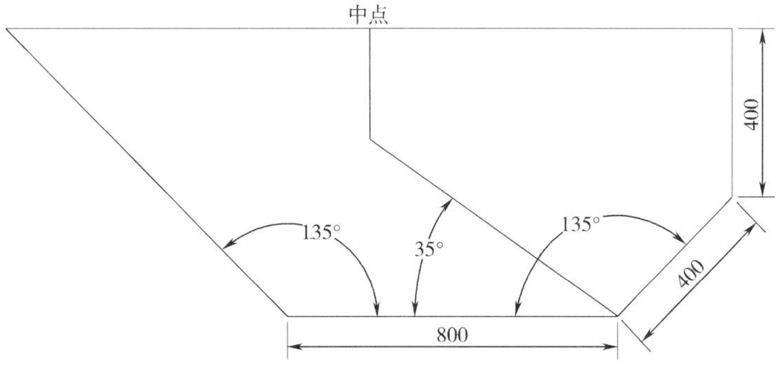

图 3-33

3.5 修剪

“修剪”命令的功能是指用由某些对象定义的剪切边来修剪指定的对象，通俗地讲就好像用剪刀剪掉对象的某一部分一样，如图 3-34 所示。注意：在 AutoCAD 中，可以作为剪切边的对象有直线、圆弧、圆、椭圆或椭圆弧、多段线、样条曲线、构造线、射线以及文字等。

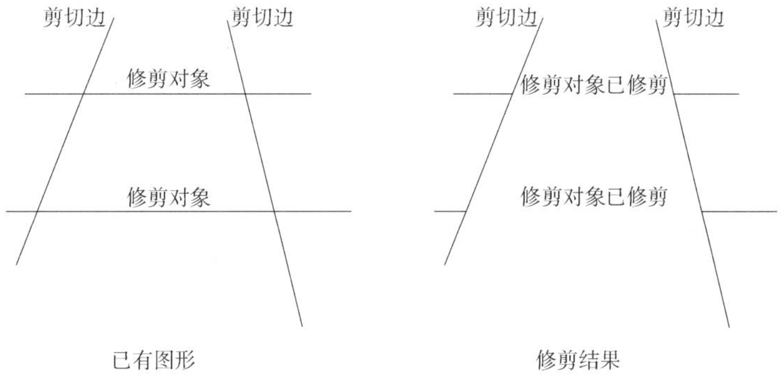

图 3-34

可采用以下方法执行修剪命令：

①选择“修改” | “修剪”命令（Trim）。

②在“修改”工具栏中单击“修剪”按钮。

③在命令行中输入：“Trim”或快捷键“TR”。

执行修剪命令后，AutoCAD 提示如下：

当前设置：投影=UCS，边=延伸（提示当前的剪切边隐含延伸模式）

选择剪切边...

选择对象或<全部选择>：（选择作为剪切边的对象，按 Enter 键则选择全部对象）找到 1 个（显示已选择作为剪切边对象的个数）

选择对象：找到 1 个，总计 2 个（继续选择，显示已选择作为剪切边对象的总数）

选择对象：（直接回车，表示结束剪切边的选择）

选择要修剪的对象，或按住 Shift 键选择要延伸的对象，或

［栏选（F）/窗交（C）/投影（P）/边（E）/删除（R）/放弃（U）］：（直接回车，表示结束修剪命令）

各选项说明如下：

①选择要修剪的对象，或按住 Shift 键选择要延伸的对象：选择对象进行修剪或将选择的对象延伸到剪切边对象，此为默认项。如果用户在该提示下选择被修剪对象，系统将以剪切边为界，将被修剪对象上位于拾取点一侧的部分剪切掉。如果按下 Shift 键，然后选择对象，则剪切边将变为延伸边界，AutoCAD 会将选择的对象延伸到剪切边界。

②栏选（F）：以栏选方式（用户可通过此方式构造任意折线，凡与折线相交的对象均被选中），确定被修剪对象并进行修剪。以这样的方式，与栏选相交的所有对象能一次被修剪掉，可有效提高作图效率。

③窗交（C）：使与矩形选择窗口边界相交的对象作为被修剪对象并进行修剪。

④投影（P）：确定执行修剪操作时的操作空间。执行该选项，AutoCAD 提示如下：

输入投影选项［无（N）/UCS（U）/视图（V）］<UCS>：

a. 无（N）：按实际三维空间的相互关系修剪，即只有在三维空间实际相交的对象才能进行修剪或延伸，而不是按它们在平面上的投影关系进行修剪（二维图形一般不存在此问题）。

b. UCS（U）：在当前 UCS（用户坐标系）的 *XY* 平面上修剪。选择该选项后，可在当前 *XY* 平面上按图形的投影关系修剪在三维空间中并不相交的对象（一般用于三维绘图）。

c. 视图（V）：在当前视图平面（即计算机绘图屏幕）上按相交关系修剪（一般用于三维绘图）。

⑤边（E）：确定修剪边的隐含延伸模式。执行该选项，AutoCAD 提示如下：

输入隐含边延伸模式［延伸（E）/不延伸（N）］<延伸>：

a. 延伸（E）：按延伸模式修剪，即如果剪切边太短，没有与被修剪对象相交，那么 AutoCAD 会假想地将剪切边延长，然后进行修剪，如图 3-35 所示。

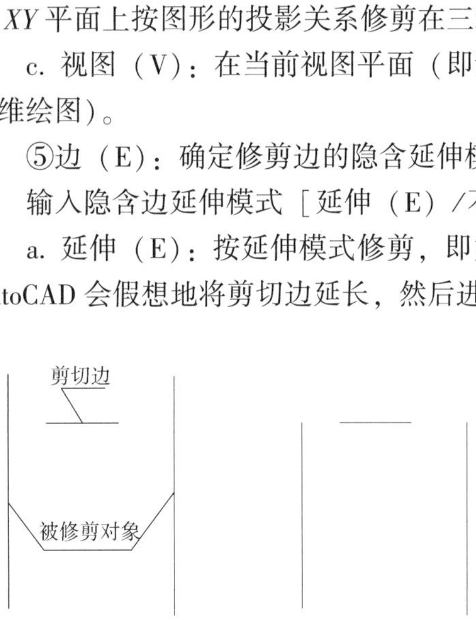

已有图形　　延伸修剪结果

图 3-35

b. 不延伸（N）：只按各边的实际相交情况修剪，即如果剪切边太短，没有与被修剪对象相交，那么 AutoCAD 就不进行修剪。

⑥删除（R）：在不退出修剪命令的情况下删除指定的对象。

⑦放弃（U）：取消上一次的操作。

注意：

①对象既可以作为剪切边，也可以是被修剪的对象。例如，在图 3-36 的图中，圆是直线段的一条剪切边，同时它也正在被修剪。

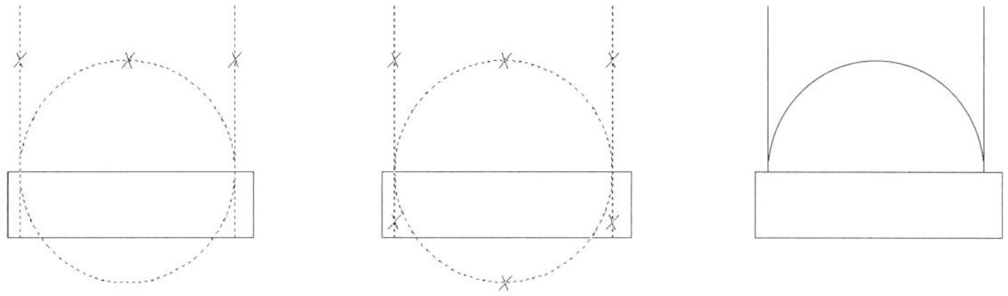

选定的剪切边　　选定要修剪的对象　　修剪结果

图 3-36

②修剪若干个对象时，逐一去选择显然比较麻烦，这时可以使用不同的选择方法有助于快速修剪对象。在图 3-37 中，选择圆作为剪切边，然后用窗交方式选择要修剪的对象。

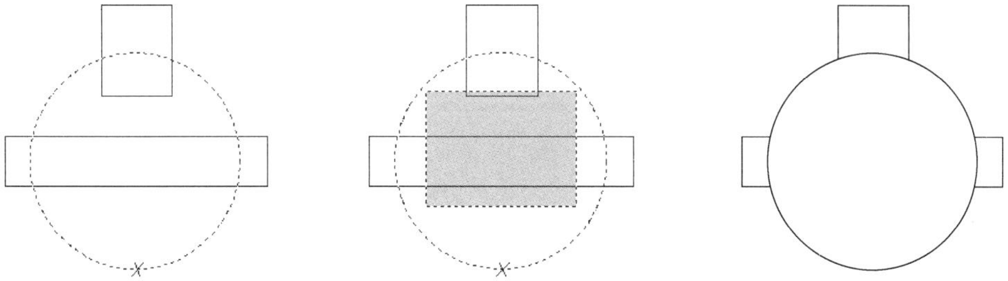

选定的剪切边　　选定要修剪的对象　　修剪结果

图 3-37

3.6　延伸

延伸命令与修剪命令刚好相反，它是指将指定的对象延伸到指定的边界。延伸命令的使用方法和修剪命令的使用方法相似。注意：使用延伸命令时，如果在按下 Shift 键的同时选择对象，则执行修剪命令；使用修剪命令时，如果在按下 Shift 键的同时选择对象，则执行延伸命令。

可采用以下方法执行延伸命令：

①选择“修改” | “延伸” 命令（Extend）。

②在“修改”工具栏中单击“延伸”按钮。

③在命令行中输入：“Extend” 或快捷键 “EX”。

执行延伸命令后，AutoCAD 提示如下：

当前设置：投影=UCS，边=延伸（提示当前的延伸边隐含延伸模式）

选择边界的边...

选择对象或<全部选择>：（选择作为边界边的对象，按 Enter 键则选择全部对象）找

到 1 个（显示已选择作为边界边的对象的个数）

选择对象：（可以继续选择对象）

选择要延伸的对象，或按住 Shift 键选择要修剪的对象，或

[栏选（F）/窗交（C）/投影（P）/边（E）/放弃（U）]：

如图 3-38 所示为延伸前的图形及延伸后的图形。

延伸前图形　　延伸后图形

图 3-38

3.7 移动

移动对象是指将选定的对象从一个位置移动到另一个位置。

可采用以下方法执行移动命令：

①选择“修改” | “移动”命令（Move）。

②在“修改”工具栏中单击“移动”按钮。

③在命令行中输入：“Move”或快捷键“M”。

执行移动命令后，AutoCAD 提示如下：

选择对象：找到 1 个（选择想移动的对象，选择后屏幕提示已选择的对象的个数）

选择对象：（用户可继续选择或回车结束选择）

指定基点或［位移（D）］<位移>：（指定一点作为位移的基点，相当于移动的起点）（位移：根据位移量移动对象，也即输入坐标，输入的坐标值实际上是相对于原点的相对坐标）

指定第二个点或<使用第一个点作为位移>：（指定一点，作为目标对象移动的终点，如果在此提示下直接按回车键或空格键，AutoCAD 则会将所指定的第一点的各坐标值作为移动位移量来移动对象。

如图 3-39 所示为直线 *AB* 移动前后的对比。图中以直线 *AB* 的中点为基点，另一条直线的中点为移动的终点。

移动前图形　　移动后图形

图 3-39

3.8　复制

复制对象是指将选定的对象从一个位置复制到另一个位置。其用法与移动对象相似，不同点在于有个复制的作用。

可采用以下方法执行复制命令：

①选择“修改”|“复制”命令（Copy）。

②在“修改”工具栏中单击“复制”按钮。

③在命令行中输入：“Copy”或快捷键“CO 或 CP”。

执行复制命令后，AutoCAD 提示如下：

选择对象：找到 1 个（选择想复制的对象，选择后屏幕提示已选择的对象的个数）

选择对象：(可继续选择对象或回车确认选择)

当前设置：复制模式 = 多个

指定基点或［位移（D）/模式（O）］<位移>：

各选项说明如下：

①指定基点：确定复制基点，为默认项。执行此默认项，即指定一点作为复制基点后，AutoCAD 提示：“指定第二个点或<使用第一个点作为位移>：”，在此提示下再确定一点，AutoCAD 会将选择的对象按两点确定的位移量复制到指定位置，之后 AutoCAD 可能会继续提示（由复制模式确定，见后面的介绍）：“指定第二个点或［退出（E）/放弃（U）］<退出>：”，如果在这样的提示下再依次确定位移的第二点，AutoCAD 会将选择的对象按基点与其他各点确定的各位移量进行多次复制；如果按回车键、空格键或 Esc 键，则结束复制命令。

注意：执行复制命令并指定基点后，如果在“指定第二个点或<使用第一个点作为位移>：”提示下直接按回车键或空格键，AutoCAD 将该基点的各坐标值作为位移量复制对象，然后结束复制命令。

②位移（D）：根据位移量复制对象，也即输入坐标，输入的坐标值实际上是相对于原点的相对坐标。

③模式（O）：确定复制的模式。执行该选项，AutoCAD 提示：“输入复制模式选项［单个（S）/多个（M）］<多个>：”，其中“单个（S）”表示只执行一次复制，而“多个（M）”则表示可以多次复制，这也是默认选项。

如图 3-40 所示为直线 *AB* 复制前后的对比。图中以直线 *AB* 的中点为基点，另一条直线的中点及右端点分别为复制的终点。

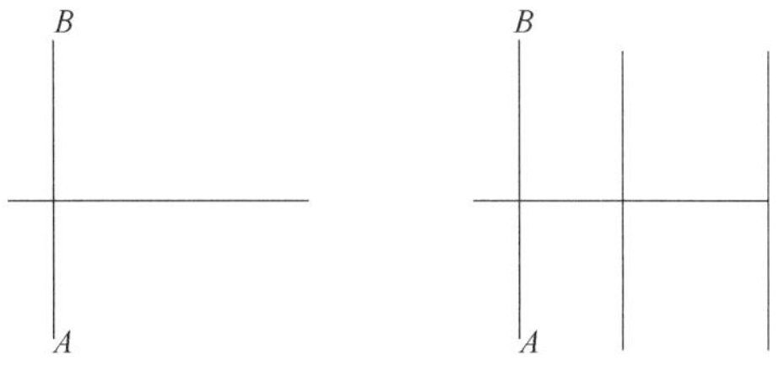

复制前图形　　复制后图形

图 3-40

3.9 偏移

偏移操作用于平行复制，通过该命令可以创建同心圆（对于圆来说）、平行线（对于直线来说）或等距曲线（对于圆弧等曲线来说）。

可采用以下方法执行偏移命令：

①选择“修改”|“偏移”命令（Offset）。

②在“修改”工具栏中单击“偏移”按钮。

③在命令行中输入：“Offset”或快捷键“O”。

执行偏移命令后，AutoCAD 提示如下：

当前设置：删除源=否 图层=源 OFFSETGAPTYPE=0

指定偏移距离或［通过（T）/删除（E）/图层（L）］<通过>：

各选项说明：

①指定偏移距离：根据偏移距离复制对象。如果在“指定偏移距离或［通过（T）/删除（E）/图层（L）］<通过>：”提示下输入距离值后按回车键，AutoCAD 提示如下：

选择要偏移的对象，或［退出（E）/放弃（U）］<退出>：（选择要偏移的对象，此时只能选择一个操作对象，也可以按回车键，执行“退出”选项结束命令）

指定要偏移的那一侧上的点，或［退出（E）/多个（M）/放弃（U）］<退出>：

a. 指定要偏移的那一侧上的点：相对于源对象，在要偏移到的一侧任意拾取一点，即可实现偏移，之后 AutoCAD 继续提示：

“选择要偏移的对象，或［退出（E）/放弃（U）］<退出>：”（可以继续选择对象进行偏移）。

b. 退出（E）：退出偏移命令的执行。

c. 多个（M）：利用当前设置的偏移距离重复进行偏移操作。

d. 放弃（U）：取消前一次的操作。

②通过（T）：使对象偏移复制后通过指定的点。

③删除（E）：确定偏移复制后是否删除源对象。

④图层（L）：确定将偏移后得到的对象创建在当前图层还是源对象所在的图层。执行“图层（L）”选项，AutoCAD 提示：“输入偏移对象的图层选项［当前（C）/源（S）］<源>：”，提示中，“当前（C）”选项表示将偏移后得到的对象创建在当前图层上；“源（S）”选项则表示要将偏移后得到的对象创建在源对象所在的图层。

注意：对不同的对象执行偏移命令后会有不同的结果：

①对圆弧作偏移后，新圆弧与旧圆弧有同样的包含角，但新圆弧的长度会发生改变。

②对直线段、构造线、射线作偏移，实际上就是平行复制。

③对圆或椭圆作偏移后，新圆、新椭圆与旧圆、旧椭圆有同样的圆心，但新圆的半径或新椭圆的轴长会发生相应变化，如图 3-41 所示。

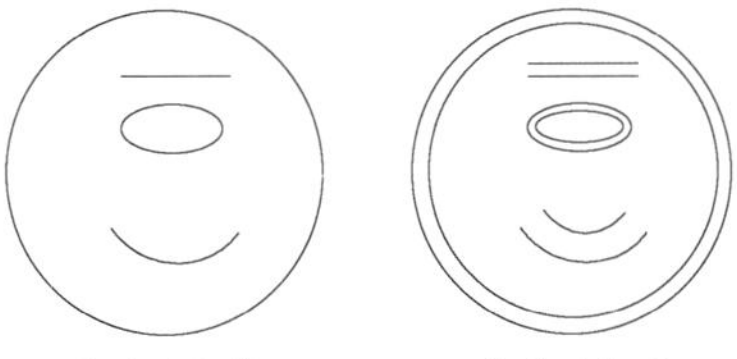

偏移对象前　　偏移对象后

图 3-41

3.10　综合实例

请用直线、圆、捕捉、修剪、偏移及复制等命令画出如图 3-42 所示的图形，并用“衣柜面板造型 2”为名保存文件。

操作步骤如下：

①新建两个图层，一个名为“点划线”，线型为 CENTER，线宽为 0.09mm，另一个图层名为“实线”，线型为默认的 Continuous，线宽为 0.30mm。以上两个图层颜色均为默认。

②将“实线”图层设为当前层，使用直线命令（可以结合捕捉方式）绘制一个正方形，尺寸为 290mm×290mm，如图 3-43 和图 3-44 所示。命令行操作如下：

命令：LINE（直线命令或者直接输入快捷键 L）

指定第一点：(在屏幕上任意点击得到 *A* 点)

指定下一点或［放弃（U）］：290（输入线段长度）

指定下一点或［放弃（U）］：290（输入向上距离）

指定下一点或［闭合（C）/放弃（U）］：290（输入向左距离）或者用捕捉追踪 *A* 点的 90°与刚画的点 180°极轴方向交点（如图 3-43 所示）。

指定下一点或［闭合（C）/放弃（U）］：C（输入 C 闭合）

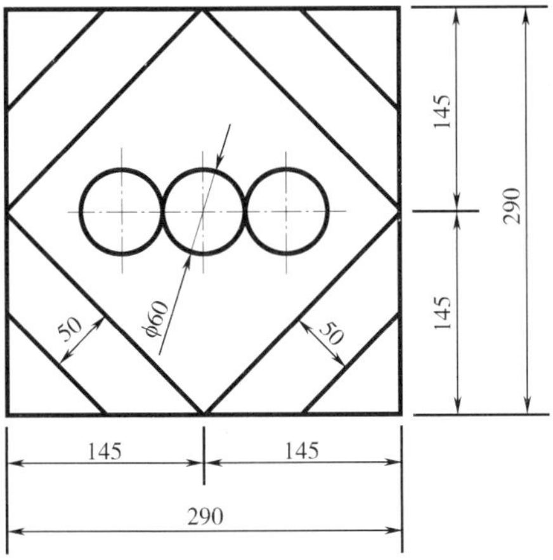

图 3-42

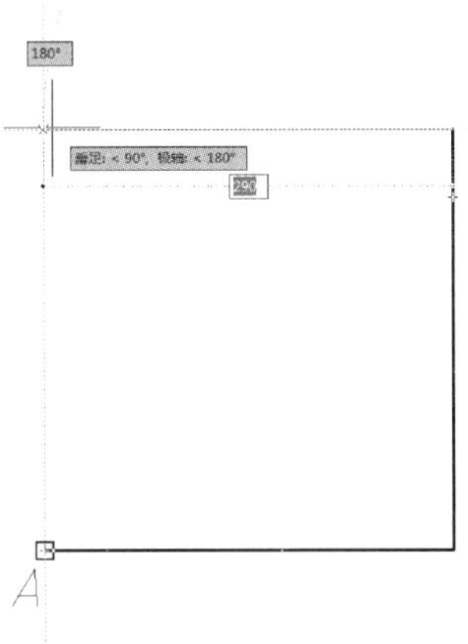

图 3-43

③利用直线命令和对象捕捉追踪方式绘制如图 3-45 所示图形，命令行操作如下：

图 3-44

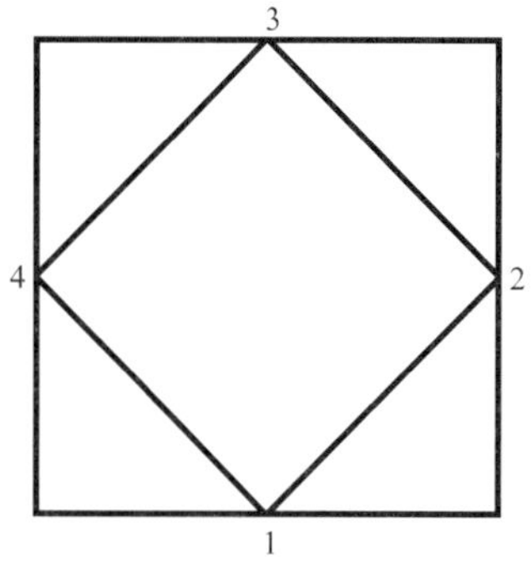

图 3-45

命令：LINE（直线命令或者直接输入快捷键 L）

指定第一点：(利用对象捕捉追踪得到 1 点，如图 3-46 所示，或者直接选取线段的中点 1)

用同样的方法分别得到 2，3，4 三个点，最后如图 3-45 所示。

④使用偏移命令绘制如图 3-47 所示的图形，命令行操作如下：

命令：Offset（偏移命令或者直接输入快捷键 O）

当前设置：删除源 = 否　图层 = 源　OFFSETGAPTYPE = 0

指定偏移距离或［通过（T）/删除（E）/图层（L）］<通过>：50（输入偏移距离 50）

选择要偏移的对象，或［退出（E）/放弃（U）］<退出>：(选择直线 12)

指定要偏移的那一侧上的点，或［退出（E）/多个（M）/放弃（U）］<退出>：(得到直线 1′2′)

选择要偏移的对象，或［退出（E）/放弃（U）］<退出>：(选择直线 23)

指定要偏移的那一侧上的点，或［退出（E）/多个（M）/放弃（U）］<退出>：(得到直线 2′3′)

选择要偏移的对象，或［退出（E）/放弃（U）］<退出>：(选择直线 34)

指定要偏移的那一侧上的点，或［退出（E）/多个（M）/放弃（U）］<退出>：(得到直线 3′4′)

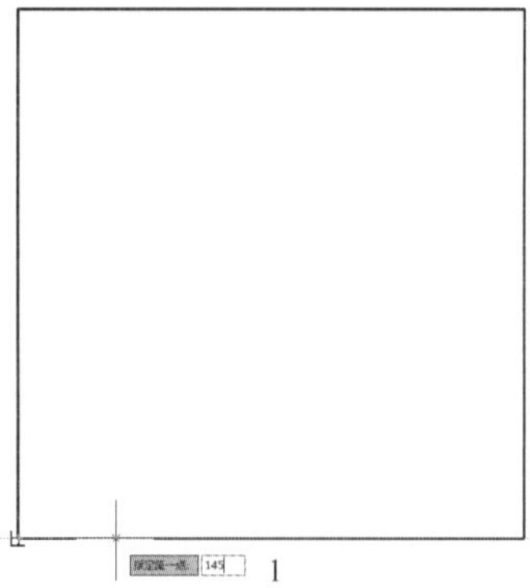

图 3-46

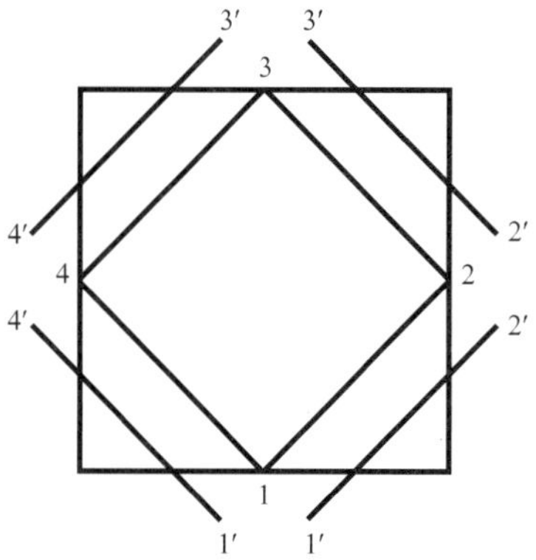

图 3-47

选择要偏移的对象，或［退出（E）/放弃（U）］<退出>:（选择直线41）

指定要偏移的那一侧上的点，或［退出（E）/多个（M）/放弃（U）］<退出>:（得到直线4′1′）

选择要偏移的对象，或［退出（E）/放弃（U）］<退出>:（鼠标右键结束命令）

⑤使用修剪命令将多余的线段修剪掉，最后结果如图3-48所示。命令行操作如下：

命令：Trim（修剪命令或者直接输入快捷键TR）

当前设置：投影=UCS，边=延伸（提示当前的剪切边隐含延伸模式）

选择剪切边...

选择对象或<全部选择>:（这时有两种选择：第一，依次选择正方形的四条边，命令行会出现如下提示：选择对象或<全部选择>：找到1个；选择对象：找到1个，总计2个；选择对象：找到1个，总计3个；选择对象：找到1个，总计4个；选择对象：直接回车，表示结束剪切边的选择；第二，直接按Enter键，则选择绘图窗口里的全部对象，并结束剪切边的选择）

选择要修剪的对象，或按住Shift键选择要延伸的对象，或

［栏选（F）/窗交（C）/投影（P）/边（E）/删除（R）/放弃（U）］:（鼠标依次点击要修剪的直线部分，将多余的线段修剪掉，然后直接回车，表示结束修剪命令）

⑥利用捕捉和使用画圆命令，画出直径为60的圆，圆心位于正方形的中心，可以利用中点捕捉结合捕捉追踪得到正方形的中心，如图3-49所示，最后完成图如图3-50所示。命令行操作如下：

命令：CIRCLE（圆命令或者直接输入快捷键C）

指定圆的圆心或［三点（3P）/两点（2P）/切点、切点、半径（T）］:（圆心位于正方形的中心，可以利用中点捕捉结合捕捉追踪得到正方形的中心，如图3-49所示）

指定圆的半径或［直径（D）］:d（指定直径）

指定圆的直径：60（输入直径60）

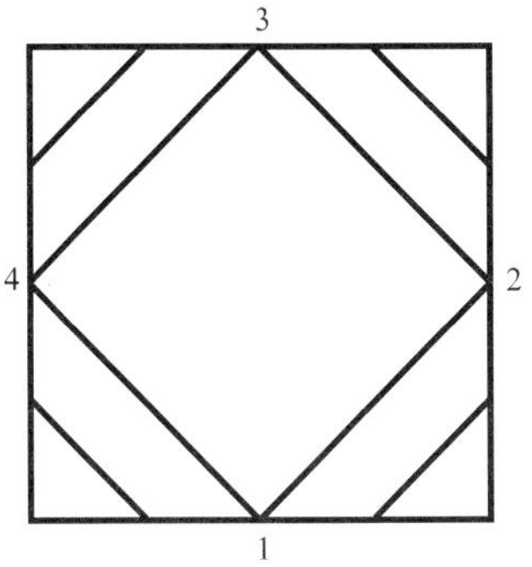

图3-48

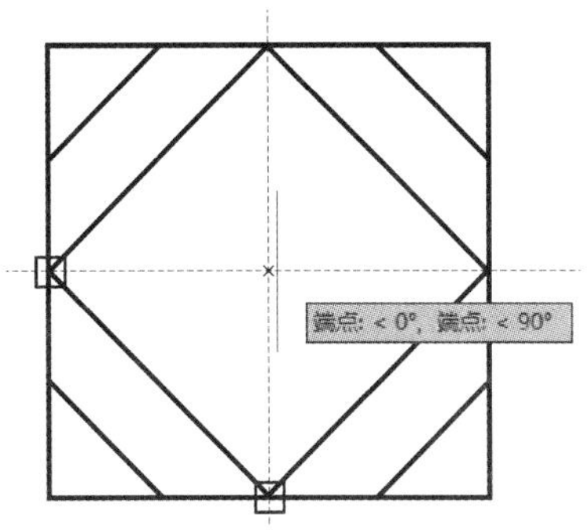

图3-49

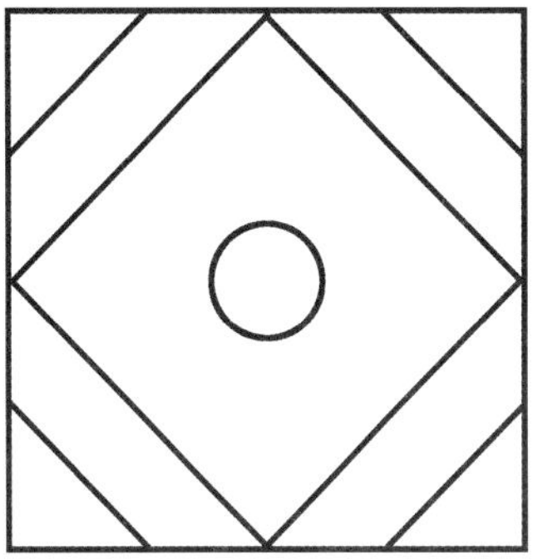

图3-50

⑦利用复制命令完成如图3-51所示的图形，命令行操作如下：

命令：Copy（复制命令或者直接输入快捷键CO）

选择对象：找到1个（选择已有的圆）

选择对象：（回车结束选择对象）

当前设置：复制模式 = 多个

指定基点或［位移（D）/模式（O）］<位移>：点取原有圆的象限点 *a* 作为基点。

指定基点或［位移（D）/模式（O）］<位移>：指定第二个点或<使用第一个点作为位移>：（点取原有圆的象限点 *b* 作为第二个点，得到最右边的圆）

指定第二个点或［退出（E）/放弃（U）］<退出>：（结合捕捉追踪从原有圆的象限点 *a* 向左捕捉追踪 60 复制得到最左边的圆）

指定第二个点或［退出（E）/放弃（U）］<退出>：（按回车键结束）

⑧设置当前层为点划线图层，使用直线命令画出圆的中心线，最终得到如图 3-52 所示的图形，并用“衣柜面板造型 2”为名保存文件。

图 3-51

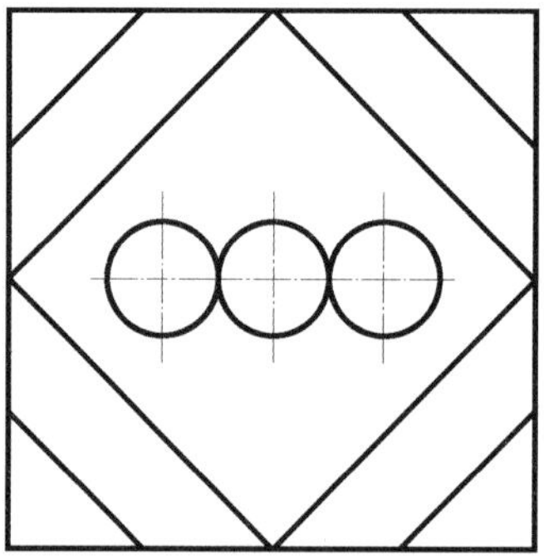

图 3-52

思考与练习

1. 熟练掌握直线的精确绘制方法。
2. 熟练掌握圆的各种精确绘制方法。
3. 熟练掌握捕捉的各种用法。
4. 练习修剪、延伸、移动、复制及偏移等命令的用法。

第 4 章

椭圆、椭圆弧、多段线、样条曲线、倒角、圆角

4.1 椭圆及椭圆弧

4.1.1 调用椭圆命令的几种方法

①选择菜单中的“绘图” | “椭圆”子菜单中的相关命令。

②选择工具栏中的“绘图” | “椭圆”按钮。

③在命令行中输入：“ELLipse”或快捷键“EL”。

椭圆由定义其长度和宽度的两条轴决定，较长的轴称为长轴，较短的轴称为短轴，如图 4-1 所示。

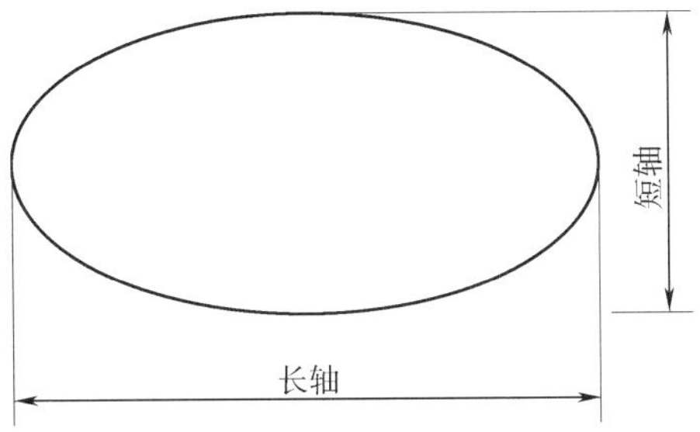

图 4-1

4.1.2 椭圆的画法

根据已知条件的不同，有四种绘制椭圆的方法：

①根据椭圆的中心、某一轴上的一个端点以及另一轴的半长绘制椭圆。输入命令后，命令行提示如下：

指定椭圆的轴端点或［圆弧（A）/中心点（C）］：C（指定椭圆中心选项“C”）

指定椭圆的中心点：（指定椭圆的中心点）

指定轴的端点：（指定椭圆某一轴上的任一端点）

指定另一条半轴长度或［旋转（R）］：（指定椭圆的另一轴的半长，此时若输入一点，则系统将计算椭圆圆心与该点的距离，并以此距离作为椭圆另一轴的半长）

如图 4-2 所示。

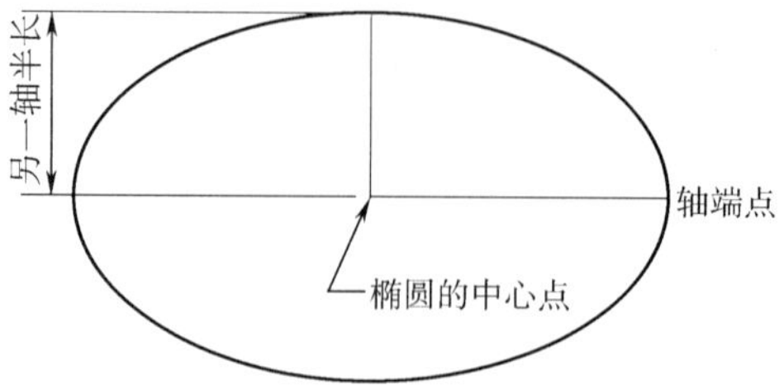

图 4-2

②根据椭圆的中心、某一轴上的一个端点以及绕长轴旋转的角度绘制椭圆。输入命令后，命令行提示：

指定椭圆的轴端点或［圆弧（A）/中心点（C）］：_ c（指定椭圆中心选项“C”）

指定椭圆的中心点：（指定椭圆的中心点）

指定轴的端点：（指定椭圆某一轴上的任一端点）

指定另一条半轴长度或［旋转（R）］：r（指定旋转角度选项）

指定绕长轴旋转的角度：（指定旋转角度值）

如图 4-3 所示，左图显示输入旋转角为 60°，右图为输入旋转角后回车的结果。

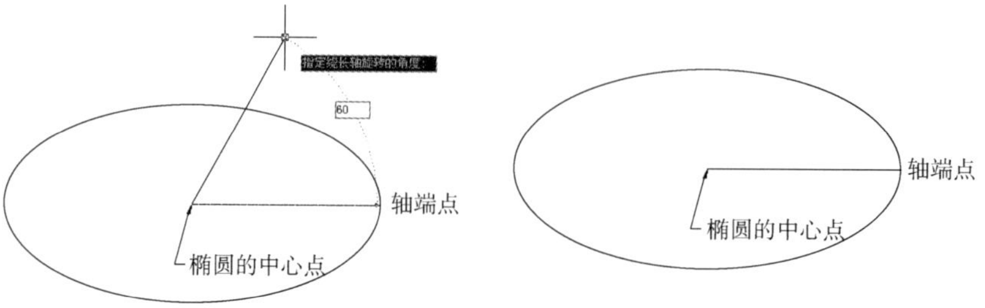

图 4-3

③根据椭圆某一轴上的两个端点及另一轴的半长绘制椭圆。输入命令后，命令行提示：

指定椭圆的轴端点或［圆弧（A）/中心点（C）］：（指定椭圆轴上的一个端点）

指定轴的另一个端点：（指定该轴的另一端点）

指定另一条半轴长度或［旋转（R）］：（指定椭圆的另一轴的半长，此时若输入一点，则系统将计算椭圆圆心与该点的距离，并以此距离作为椭圆另一轴的半长）

如图 4-4 所示。

④根据椭圆某一轴上的两个端点以及绕长轴旋转的角度绘制椭圆。输入命令后，命令行提示：

指定椭圆的轴端点或［圆弧（A）/中心点（C）］：（指定椭圆轴上的一个端点）

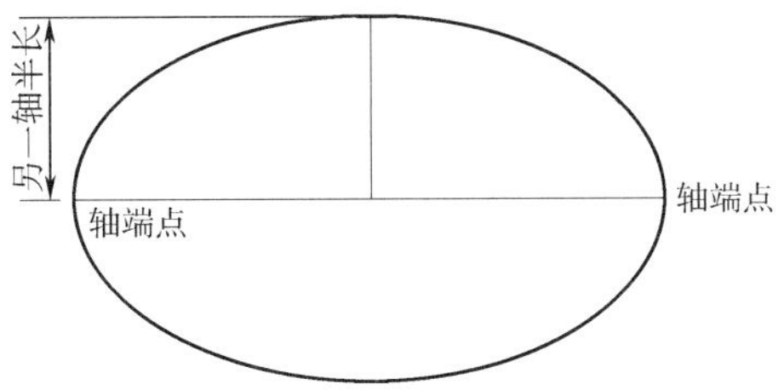

图 4-4

指定轴的另一个端点：（指定该轴上的另一端点）

指定另一条半轴长度或［旋转（R）］：r（指定旋转角度选项）

指定绕长轴旋转的角度：（指定旋转角度值）

如图 4-5 所示，左图显示输入旋转角为 40°，右图为输入旋转角后回车的结果。

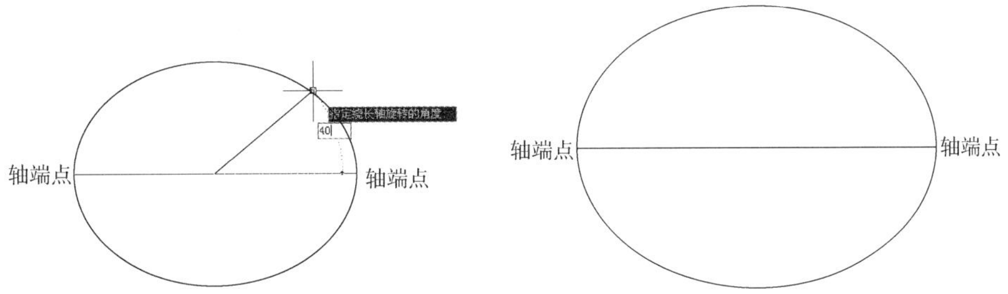

图 4-5

4.1.3　调用椭圆弧命令的几种方法

①选择菜单中的“绘图”｜“椭圆”子菜单中的“圆弧”命令。

②选择工具栏中的“绘图”｜“椭圆弧”按钮。

③在命令行中输入：“ELLipse”或快捷键“EL”，之后在提示“指定椭圆的轴端点或［圆弧（A）/中心点（c）］：”下输入选项“A”。

4.1.4　椭圆弧的画法

调用椭圆弧命令后，按画椭圆的方法完成操作后，输入椭圆弧的起始角和终止角（或椭圆的圆心角）。这里需要特别注意的是：此处输入的角度的 0°线不是 AutoCAD 系统默认的向右方向，而是椭圆的圆心与第一端点的连线。

指定椭圆的轴端点或［圆弧（A）/中心点（C）］：a（指定画椭圆弧）

指定椭圆弧的轴端点或［中心点（C）］：（指定椭圆任意轴上的一个端点）

指定轴的另一个端点：（指定该轴的另一个端点）

指定另一条半轴长度或［旋转（R）］：（指定椭圆的另一轴的半长）

指定起始角度或［参数（P）］：（指定椭圆弧的起始角度）

指定终止角度或［参数（P）/包含角度（I）］：（指定椭圆弧的终止角度）

具体过程如下：
①在命令提示下，输入 ELLipse（或快捷键 EL）。
②指定第一条轴的端点（1 和 2）。
③指定距离以定义第二条轴的半长（3）。
④指定起点角度（4）。
⑤指定端点角度（5）。
注意：椭圆弧从起点到端点按逆时针方向绘制，如图 4-6 所示。

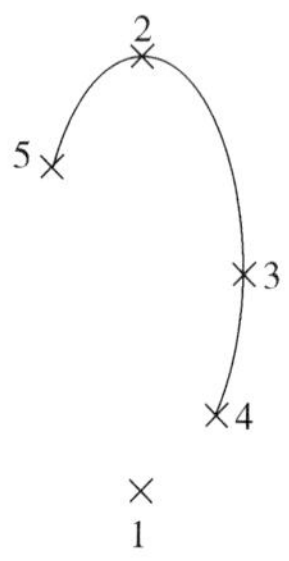

图 4-6

4.2 多段线

在 AutoCAD 中，“多段线”是一种非常有用的线段对象，它是由等宽或不等宽的直线或圆弧组成的一个组合体，在编辑图形时，它被作为一个整体看待。

4.2.1 绘制多段线

可以用以下几种方法调用“多段线”命令：
①选择菜单中的“绘图” | “多段线”命令。
②在“绘图”工具栏中单击“多段线”按钮。
③在命令行中输入：“Pline”或快捷键“PL”。
输入命令后，命令行提示如下：
指定起点：(指定多段线的起点)
当前线宽为 0.0000
指定下一个点或［圆弧（A）/半宽（H）/长度（L）/放弃（U）/宽度（W）］：(指定多段线的下一端点即绘制直线段)
指定下一点或［圆弧（A）/闭合（C）/半宽（H）/长度（L）/放弃（U）/宽度（W）］：(继续指定下一点即继续绘制直线段)
各选项说明如下：
①圆弧（A）：由原来的画直线转成绘制弧线。同时 AutoCAD 会提示：
指定圆弧的端点或
［角度（A）/圆心（CE）/闭合（CL）/方向（D）/半宽（H）/直线（L）/半径（R）/第二个点（S）/放弃（U）/宽度（W）］：
a. 角度（A）：根据圆弧的包含角绘制圆弧。执行该选项，AutoCAD 提示：
指定包含角：
在该提示下应输入圆弧的包含角。正角度值将按逆时针方向绘制圆弧，负角度值则按顺时针方向绘制圆弧。输入角度后回车，则 AutoCAD 提示：
指定圆弧的端点或［圆心（CE）/半径（R）］：
用户只需依据以上的提示进行相应操作即可。

b. 圆心（CE）：根据圆弧的圆心位置绘制圆弧。执行该选项，AutoCAD 提示：

指定圆弧的圆心：

用户确定了圆弧的圆心并回车后，AutoCAD 提示：

指定圆弧的端点或［角度（A）/长度（L）］：

用户只需依据以上的提示进行相应操作即可。

c. 闭合（CL）：用圆弧封闭多段线。闭合后，同时结束多段线命令。

d. 方向（D）：确定所要绘制的圆弧在起点处的切线方向。执行该选项，AutoCAD 提示：

指定圆弧的起点切向：

用户可通过输入起点方向与水平方向夹角的角度来确定圆弧的起点切向。输入角度后，AutoCAD 提示：

指定圆弧的端点：

用户在该提示下，确定圆弧的另一个端点，即可绘制出圆弧。

e. 半宽（H）：确定圆弧的起点半宽与端点半宽。执行该选项，AutoCAD 提示：

指定起点半宽：

指定端点半宽：

输入起点和端点的半宽后，下次所绘的圆弧同样按该半宽值进行绘制。

f. 直线（L）：将绘制圆弧方式改为绘制直线方式。执行该选项，AutoCAD 返回到“指定下一个点或［圆弧（A）/半宽（H）/长度（L）/放弃（U）/宽度（W）］：”提示。

g. 半径（R）：根据半径绘制出圆弧。执行该选项，AutoCAD 提示：

指定圆弧的半径：

输入圆弧的半径值后，AutoCAD 提示：

指定圆弧的端点或［角度（A）］：

用户只需依据以上的提示进行相应操作即可。

h. 第二个点（S）：根据圆弧上的其他两点绘制圆弧。执行该选项，AutoCAD 提示如下：

指定圆弧上的第二个点：

指定圆弧的端点：

用户只需依据以上的提示进行相应操作即可。

i. 放弃（U）：取消最近一次绘制的圆弧。

j. 宽度（W）：确定用户所要绘制的圆弧的起点宽度与端点宽度。执行该选项，AutoCAD 提示如下：

指定起点宽度：

指定端点宽度：

用户只需依据以上的提示进行相应操作即可。

②闭合（C）：执行该选项，AutoCAD 从当前点向多段线的起点以当前宽度绘制多段线，从而创建闭合的多段线，同时结束多段线命令，需要注意的是：必须至少指定两个点才能使用该选项。

③半宽（H）：确定所绘多段线的半宽度，也即所设的值是多段线宽度的一半。执行该选项，AutoCAD 提示如下：

指定起点半宽：

指定端点半宽：

用户只需依据以上的提示进行相应操作即可。

④长度（L）：在与上一线段相同的角度方向上绘制指定长度的直线段。如果上一线段对象是圆弧，则所绘直线方向为该圆弧终点的切线方向。执行该选项，AutoCAD 提示如下：

指定直线的长度：

用户只需依据以上的提示进行相应操作即可。

⑤放弃（U）：取消最近一次绘制的直线或圆弧段，利用该选项可以及时修改在绘图过程中出现的错误。

⑥宽度（W）：确定所绘多段线的宽度。执行该选项，AutoCAD 提示如下：

指定起点宽度：

指定端点宽度：

用户只需依据以上的提示进行相应操作即可。

注意：

①多段线的线条是否填充，由系统变量 FILLMODE 确定。当 FILLMODE＝1 时，绘出的多段线填充；当 FILLMODE＝0 时，绘出的多段线不填充。

②多段线的线宽为零时，则其线宽可通过设置图层线宽来控制。否则，其线宽由自身的线宽决定，并不受所在图层线宽大小的影响。

③若多段线的宽度大于 0 时，当需要封闭多段线时，则必须使用“闭合（C）”选项。否则，如果使用捕捉点的方法去闭合，则终点和起点重合处会出现缺口。如图 4-7 所示，左图为用捕捉方式封闭图形，右图为用“闭合”选项封闭图形。

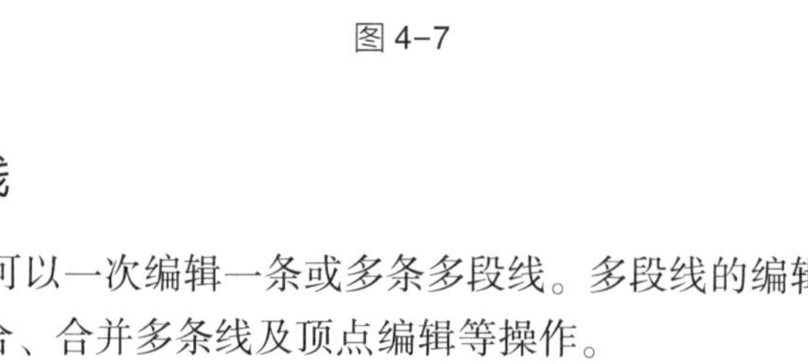

图 4-7

4.2.2 编辑多段线

在 AutoCAD 中，可以一次编辑一条或多条多段线。多段线的编辑命令可以对多段线进行改变线宽、曲线拟合、合并多条线及顶点编辑等操作。

可采用以下方法调用“编辑多段线”进行编辑操作：

①选择菜单中的“修改”｜“对象”｜“多段线”命令。

②选择工具栏中的“修改 II”｜“编辑多段线”。

③在命令行中输入：“Pedit”或快捷键“PE”。

输入命令后，命令行提示：

选择多段线或［多条（M）］：(选择要编辑的多段线)

输入选项［闭合（C）/合并（J）/宽度（W）/编辑顶点（E）/拟合（F）/样条曲线（S）/非曲线化（D）/线型生成（L）/放弃（U）］：

各选项说明如下：

①多条（M）：选择该项可选择多条多段线，并同时对其进行各种编辑操作。

②打开（O）/闭合（C）：选择该项可闭合或打开多段线对象。当所选多段线是封闭的，则该项变为“打开”，可以重新打开多段线；若所选多段线是打开的，则该项变为“闭合”，可以对多段线进行闭合操作。

③合并（J）：可将相连的直线段或者弧线段连成一条多段线，该项在多段线是“打开”状态时可用。

④宽度（W）：该项用于修改多段线的宽度。

⑤编辑顶点（E）：可以对顶点进行编辑，如移动、打断、增加及减少顶点等。

⑥拟合（F）：创建圆弧拟合多段线（由圆弧连接每对顶点的平滑曲线），该曲线通过多段线的所有顶点并使用指定的切线方向。

⑦样条曲线（S）：对多段线进行样条拟合，它是由多段线顶点控制生成的样条曲线，该曲线不一定经过这些顶点，因此，拟合曲线更显光滑。

⑧非曲线化（D）：删除拟合曲线或样条曲线插入的多余顶点，并拉直多段线的所有线段。保留指定给多段线顶点的切向信息，用于随后的曲线拟合。

⑨线型生成（L）：通过多段线的顶点生成连续线型。关闭此选项，将在每个顶点处以点划线开始和结束生成线型。“线型生成”不能用于宽度变化的多段线。

⑩放弃（U）：取消上一次操作。

注意：当执行多段线编辑命令后，命令行提示选择多段线时，若用户选择的对象不是多段线，则命令行会提示用户是否将其转换为多段线，选择“是”，则可将所选对象转换为多段线，从而对其进行各种编辑操作。

4.2.3　多段线说明

多段线是作为单个对象创建的相互连接的序列线段。可以创建直线段、弧线段或两者的组合线段，如图 4-8 所示。

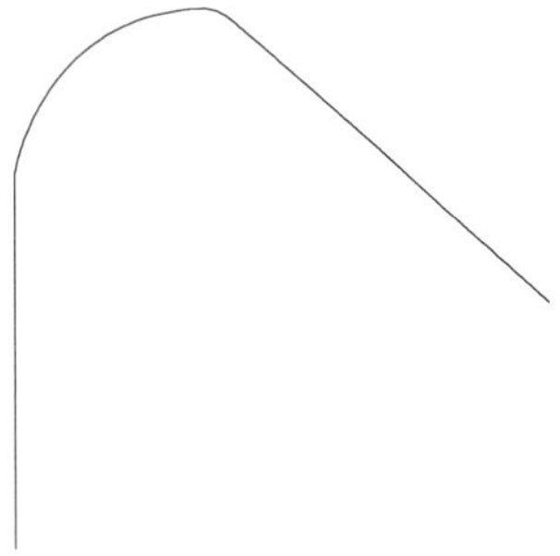

图 4-8

多段线提供单个直线所不具备的编辑功能。例如，可以调整多段线的宽度和曲率。创建多段线之后，可以使用 Pedit 命令对其进行编辑，或者使用 Explode 命令将其转换成单独的直线段和弧线段。

(1) 创建圆弧多段线

绘制多段线的弧线段时，圆弧的起点就是前一条线段的端点。可以指定圆弧的角度、圆心、方向或半径。通过指定一个中间点和一个端点也可以完成圆弧的绘制。

（2）创建闭合多段线

可以通过绘制闭合的多段线来创建多边形。要使多段线闭合，请输入 C（闭合）并按 Enter 键。

（3）创建宽多段线

使用“宽度”和“半宽”选项可以绘制不同宽度的多段线。可以依次设置每条线段的宽度，使它们从一个宽度到另一个宽度逐渐递减。指定多段线的起点之后，即可使用这些选项。如图 4-9 所示。

图 4-9

使用“宽度”和“半宽”选项可以设置要绘制的下一条多段线的宽度。零宽度生成细线；大于零的宽度生成宽线，如果“填充”模式打开则填充该宽线，如果关闭则只画出轮廓。“半宽”选项通过指定宽多段线的中心到外边缘的距离来设置宽度。

使用“宽度”选项时，AutoCAD 将提示输入起点宽度和端点宽度。输入不同的宽度值，可以使多段线从起点到端点逐渐变细。宽多段线线段的起点和端点位于直线的中心。

4.3 样条曲线

样条曲线是一种通过或接近指定点的拟合曲线。在 AutoCAD 中，其类型是非均匀有理 B 样条（Non-Uniform Rational Basis Splines，NURBS）曲线，适于表达具有不规则变化曲率半径的曲线。例如，机械图形的断切面及地形外貌轮廓线等。在设计领域中，常使用样条曲线（Spline）命令设计某些工艺品的轮廓线。而在家具 AutoCAD 中，样条曲线主要的作用是作为家具局部剖视图中剖视部分与外形部分的分界线。样条曲线如图 4-10 所示。

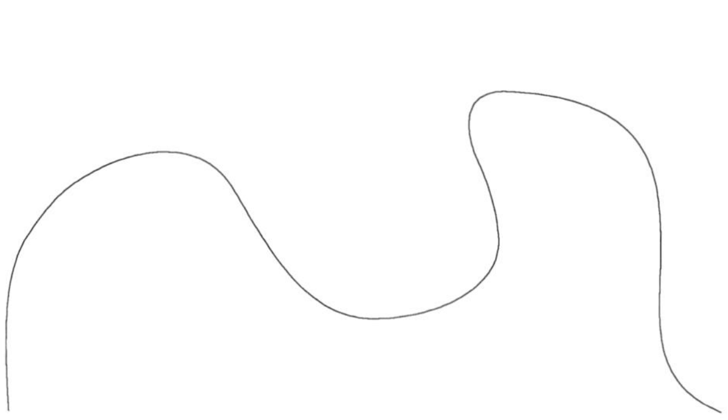
图 4-10

4.3.1　绘制样条曲线

可以用以下几种方法调用“样条曲线”命令：

①选择菜单中的“绘图” | “样条曲线”命令。

②在“绘图”工具栏中单击“样条曲线”按钮。

③在命令行中输入：“Spline”或快捷键“SPL”。

输入命令后，命令行提示如下：

指定第一个点或［对象（O）］：（指定样条曲线的第一点）

指定下一点：（指定下一点）

指定下一点或［闭合（C）/拟合公差（F）］<起点切向>：（继续指定点或回车结束点的指定，确定起点切线方向）

指定起点切向：（指定起点切线方向）

指定端点切向：（指定终点切线方向）

各选项说明如下：

- 对象（O）：选择该选项，可将样条曲线拟合多段线转换为样条曲线。样条曲线拟合多段线是指使用 Pedit 命令中的“样条曲线”选项，将普通多段线转换成样条曲线的对象。
- 闭合（C）：选择该选项，可将样条曲线的端点与起点闭合，从而绘制出闭合的样条曲线。
- 拟合公差（F）：选择该选项，可定义曲线的偏差值。值越大，离控制点越远；值越小，离控制点越近。
- 起点切向：指定样条曲线的起点切线方向。
- 端点切向：指定样条曲线的结束点切线方向。

4.3.2　绘制样条曲线的具体步骤

①调用样条曲线命令。

②指定样条曲线的起点 1。

③指定点 2，3，4，5 以创建样条曲线，然后按 Enter 键。

④指定起点切线和端点切线（6 和 7）。

如图 4-11 至图 4-13 所示。

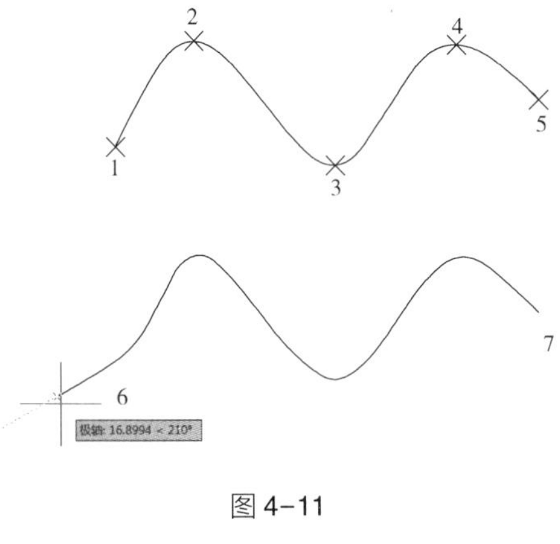

图 4-11

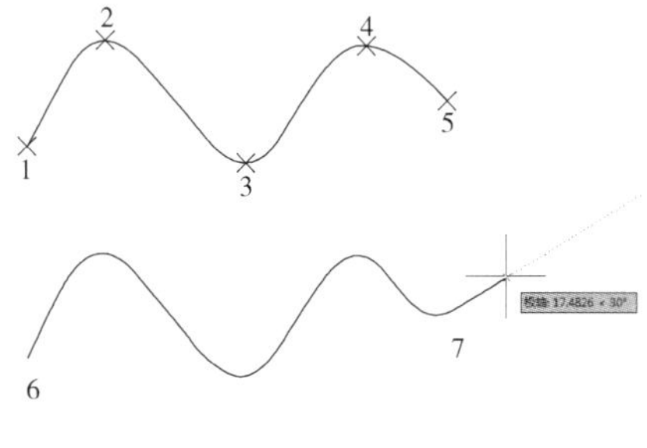

图 4-12

注意以下这种情况：图 4-14 的样条曲线使用的点与图 4-11 相同，但起点切线和端点切线与图 4-11 不同。

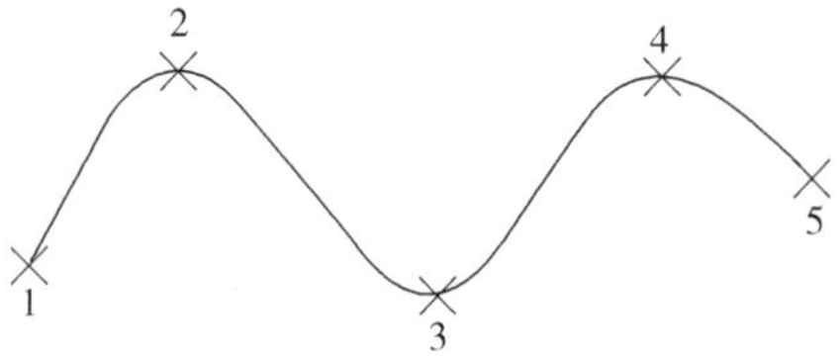

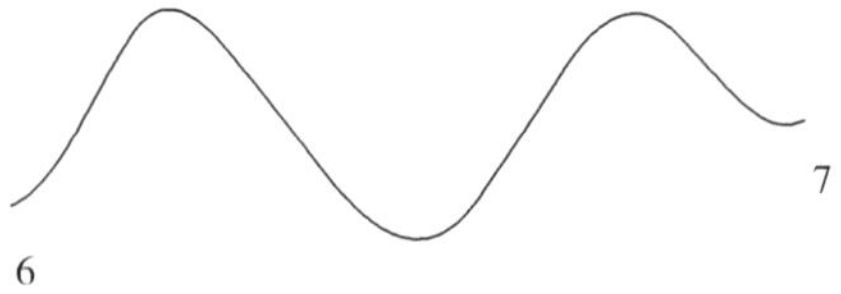

图 4-13

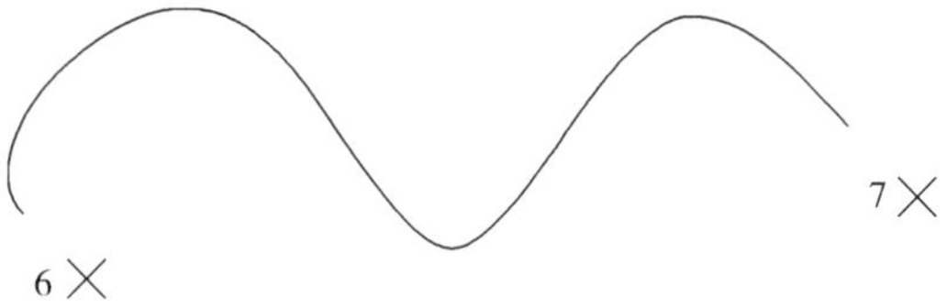

图 4-14

4.3.3 编辑样条曲线

可以用以下几种方法调用“编辑样条曲线”命令：

①选择菜单“修改” | “对象” | “样条曲线”命令。

②选择工具栏“修改 II” | “样条曲线”按钮。

③在命令行中输入：“Splinedit”或快捷键“SPE”。

执行命令后，AutoCAD 提示：

选择样条曲线：(选择要编辑的样条曲线)

输入选项［拟合数据（F）/闭合（c）/移动顶点（M）/精度（R）/反转（E）/放弃（U）:]:

各选项说明如下：

①拟合数据（F）：选择该选项后，命令行提示“输入拟合数据选项［添加（A）/闭合（C）/删除（D）/移动（M）/清理（P）/相切（T）/公差（L）/退出（X）］<退出>:”（输入选项或按 Enter 键），注意：如果选定的样条曲线为闭合，则“闭合”选项将由“打开”选项替换。

其中各选项说明如下：

a. 添加（A）：在样条曲线中增加拟合点。输入该选项后，命令行提示：

指定控制点<退出>：指定控制点或按 Enter 键

指定新点<退出>：指定点或按 Enter 键

指定新点<退出>：指定点或按 Enter 键

选择点之后，Splinedit 将亮显该点和下一点，使用“放弃”选项删除增加的最后一点。在打开的样条曲线上选择最后一点只亮显该点。如果在打开的样条曲线上选择第一点，可以选择将新拟合点放置在第一点之前或之后（命令行会提示：指定新点或［后面（A）/前面（B）］<退出>:）。

如图 4-15 所示为添加选项的用法和结果。

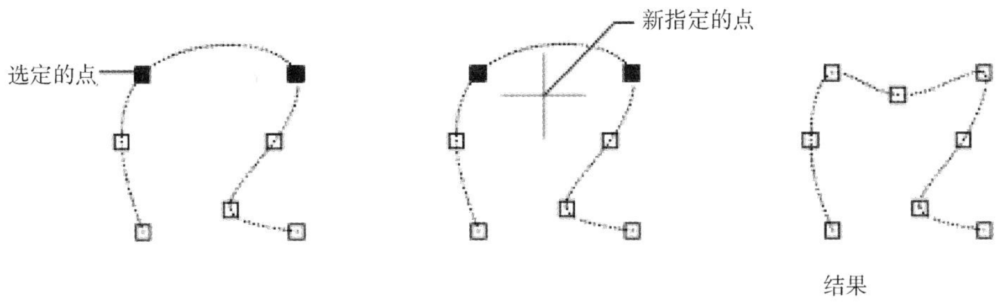

图 4-15

b. 闭合（C）：如果选定的样条曲线为闭合，则“闭合”选项将由“打开”选项替换。闭合：闭合开放的样条曲线，使其在端点处切向连续（平滑）。如果样条曲线的起点和端点相同，则此选项将使样条曲线在两点处都切向连续，如图 4-16 所示。打开：打开闭合的样条曲线。如果在使用“闭合”选项使样条曲线在起点和端点处切向连续之前样条曲线的起点和端点相同，则“打开”选项将使样条曲线返回其原始状态。起点和端点保持不变，但失去其切向连续性（平滑）。如果在使用“闭合”选项使样条曲线在起点和端点相交处切向连续之前样条曲线是打开的（即起点和端点不相同），则“打开”选项将使样条曲线返回原始状态并删除切向连续性，如图 4-17 所示。

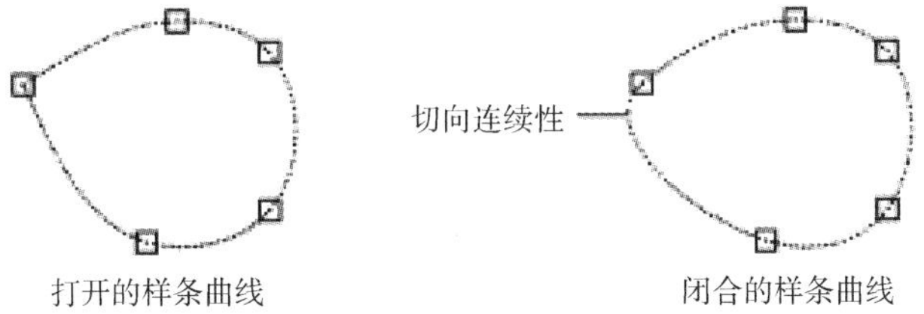

图 4-16

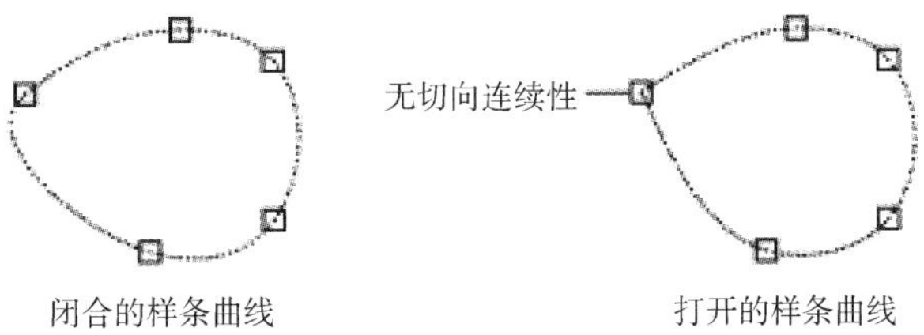

图 4-17

c. 删除（D）：从样条曲线中删除拟合点并且用其余点重新拟合样条曲线。

d. 移动（M）：把拟合点移动到新位置。输入该选项后，命令行提示：指定新位置或［下一个（N）/上一个（P）/选择点（S）/退出（X）］<下一个>：指定点、输入选项或按 Enter 键。

各选项说明：

• 新位置：将选定的点移动到指定的新位置，如图 4-18 所示。

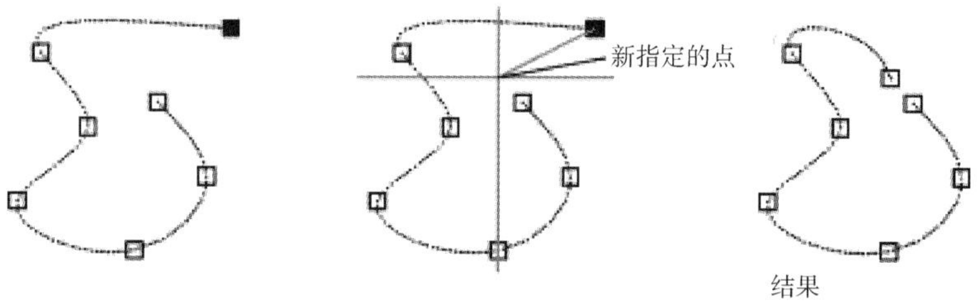

图 4-18

• 下一个（N）：将选定点移动到下一点。

• 上一个（P）：将选定点移回前一点。

• 选择点（S）：从拟合点集中选择点。

• 退出（X）：返回到“输入拟合数据选项”提示。

e. 清理（P）：从图形数据库中删除样条曲线的拟合数据。清理样条曲线的拟合数据后，将显示不包括“拟合数据”选项的 Splinedit 主提示。

f. 相切（T）：编辑样条曲线的起点和端点切向。

g. 公差（L）：使用新的公差值将样条曲线重新拟合至现有点。

h. 退出（X）：返回到 Splinedit 主提示。

②闭合（C）：如果选定的样条曲线为闭合，则“闭合”选项将由“打开”选项替换。

a. 闭合：闭合开放的样条曲线，使其在端点处切向连续（平滑）。如果样条曲线的起点和端点相同，则此选项将使样条曲线在两点处都切向连续。如前面的图 4-15 所示。

b. 打开：打开闭合的样条曲线。如果在使用“闭合”选项使样条曲线在起点和端点处切向连续之前样条曲线的起点和端点相同，则“打开”选项将使样条曲线返回其原始状态。起点和端点保持不变，但失去其切向连续性（平滑）。

如果在使用“闭合”选项使样条曲线在起点和端点相交处切向连续之前样条曲线是打开的（即起点和端点不相同），则“打开”选项将使样条曲线返回原始状态并删除切向连续性。

③移动顶点（M）：重新定位样条曲线的控制顶点并清理拟合点。输入该选项后，命令行提示：指定新位置或［下一个（N）/上一个（P）/选择点（S）/退出（X）］<下一个>：指定点、输入选项或按 Enter 键。

各选项说明：

a. 新位置：将选定的点移动到指定的新位置。

b. 下一个（N）：将选定点移动到下一点，即使样条曲线为闭合，点标记也不会从端点跳转到起点。

c. 上一个（P）：将选定点移回前一点。即使样条曲线为闭合，点标记也不会从起点跳转到端点。

d. 选择点（S）：从控制点集中选择点。

e. 退出（X）：返回到 Splinedit 主提示。

④精度（R）：精密调整样条曲线定义。输入该选项后，命令行提示：输入精度选项［添加控制点（A）/提高阶数（E）/权值（W）/退出（X）］<退出>：输入选项或按 Enter 键。

各选项说明如下：

a. 添加控制点（A）：增加控制部分样条的控制点数。输入该选项后，命令行提示：在样条曲线上指定点<退出>：指定点或按 Enter 键。Splinedit 将在影响该部分样条曲线的两个控制点之间紧靠着选定的点添加新的控制点，如图 4-19 所示。

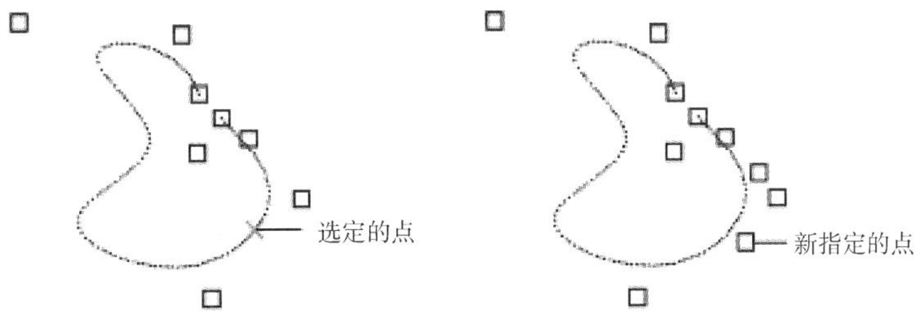

图 4-19

b. 提高阶数（E）：增加样条曲线上控制点的数目。输入该选项后，命令行提示：输入新阶数<当前>：输入整数或按 Enter 键。输入大于当前阶数的值将增加整个样条曲线的控制点数，使控制更为严格。阶数的最大值为 26。

c. 权值（W）：修改不同样条曲线控制点的权值。较大的权值将样条曲线拉近其控制点。输入该选项后，命令行提示：输入新权值（当前值 = 当前权值）或［下一个（N）/上一个（P）/选择点（S）/退出（X）］<下一个>：输入值、输入选项或按 Enter 键。

各选项说明如下：

• 新权值：AutoCAD 根据选定控制点的新权值重新计算样条曲线。该数值越大，样条曲线就越拉向控制点。

• 下一个（N）：将选定点移动到下一点。即使样条曲线为闭合，点标记也不会从端点跳转到起点。

• 上一个（P）：将选定点移回前一点。即使样条曲线为闭合，点标记也不会从起点跳转到端点。

• 选择点（S）：从控制点集中选择点。

• 退出（X）：返回到“精度”主提示。

d. 退出（X）：返回到 Splinedit 主提示。

⑤反转（E）：反转样条曲线的方向。

⑥放弃（U）：取消上一编辑操作。

4.4 倒角

用于将两条非平行直线或多段线做出有斜度的倒角。使用时应先设定倒角距离，然后再指定直线修倒角，如图 4-20 所示。左边的为原图，右边的为倒角后的效果。

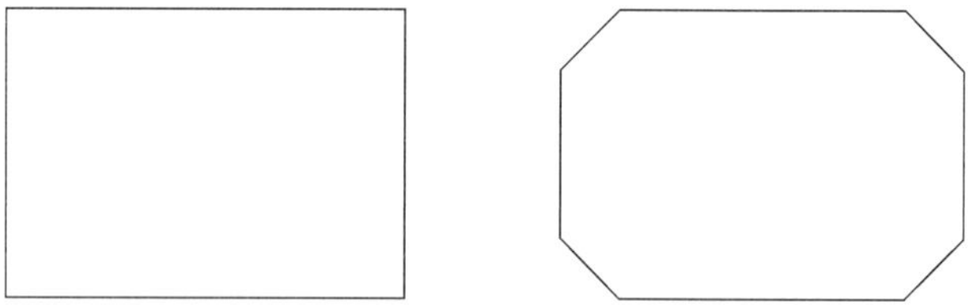

图 4-20

可以用以下几种方法调用“倒角”命令：

①选择菜单中的“修改” | “倒角”命令。

②选择工具栏中“修改” | “倒角”按钮。

③在命令行中输入：“Chamfer”或快捷键“CHA”。

输入命令后，命令行提示如下：

(“修剪”模式) 当前倒角距离 1=0.0，距离 2=0.0

选择第一条直线或 [放弃 (U) /多段线 (P) /距离 (D) /角度 (A) /修剪 (T) /方式 (E) /多个 (M)]：

各选项说明如下：

①放弃 (U)：取消执行倒角。

②多段线 (P)：以当前设置的倒角大小对多段线的各顶点 (交角) 修倒角。

a. 对多段线线段倒角：如果选择的两个倒角对象是一条多段线的两个线段，则它们必须相邻或仅隔一个弧线段，如果它们被弧线段间隔，倒角将删除此弧并按设定好的倒角距离用倒角线替换它，如图 4-21 所示。

选定的第一条多段线线段　　选定的第二条多段线线段　　结果：倒角线替换多段线圆弧

图 4-21

b. 对整条多段线倒角：对整条多段线进行倒角时，每个交点都被倒角。要得到最佳效果，请保持第一个和第二个倒角距离相等。在本例中，倒角距离设置为相同的值，如图 4-22 所示。

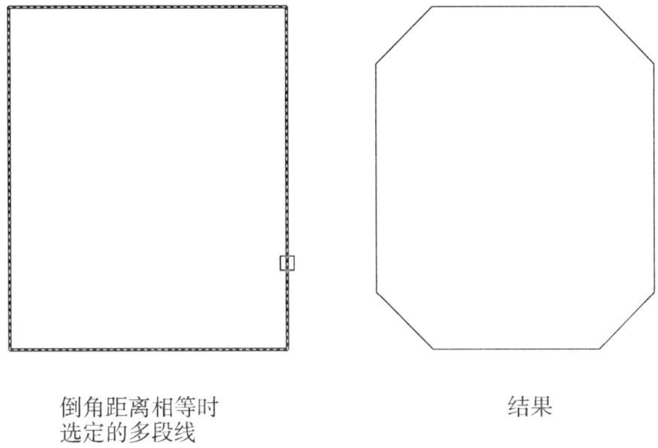

图 4-22

注意：对整条多段线倒角时，只对那些长度足够适合倒角距离的线段进行倒角。在下面的图 4-23 例子中，某些多段线线段太短而不能进行倒角。

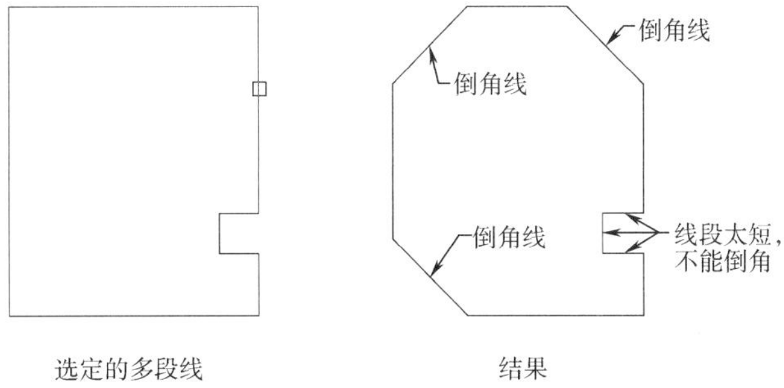

图 4-23

③距离（D）：设置倒角距离尺寸。输入该选项后，命令行提示：

指定第一个倒角距离<0.0>：150（设置第一个倒角距离）

指定第二个倒角距离<100.0>：200（设置第二个倒角距离）

选择第一条直线或［放弃（U）/多段线（P）/距离（D）/角度（A）/修剪（T）/方式（E）/多个（M）］：(选择要倒角的第一条边)

选择第二条直线，或按住 Shift 键选择要应用角点的直线：(选择要倒角的第二条边，如果同时按 Shift 键，则自动以零距离倒角得到角点)

如图 4-24 所示：

在以下样例中，将第一条直线的倒角距离设置为 70，将第二条直线的倒角距离设置为 90。指定倒角距离后，如图 4-25 所示选择两条直线。

图 4-24

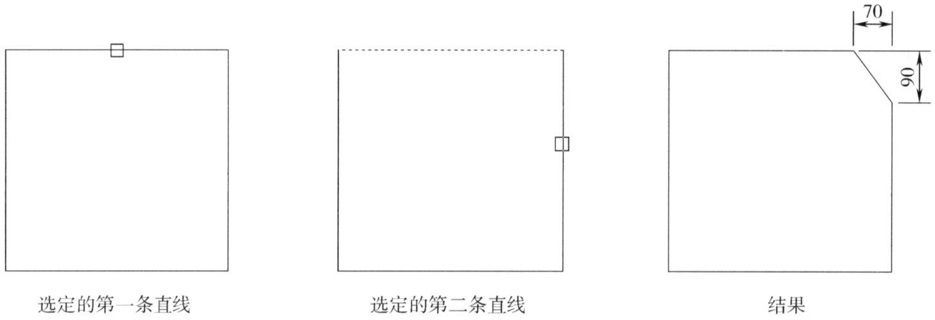

图 4-25

④角度（A）：根据第一个倒角距离和角度来设置倒角尺寸。输入该选项后，命令行提示：

指定第一条直线的倒角长度<0. 0000>：70（输入倒角距离 70）

指定第一条直线的倒角角度<0>：30（输入倒角角度 30）

选择第一条直线或［放弃（U）/多段线（P）/距离（D）/角度（A）/修剪（T）/方式（E）/多个（M）］：(如图 4-24 所示选择第一条直线)

选择第二条直线，或按住 Shift 键选择要应用角点的直线：(如图 4-26 所示选择第二条直线)

如图 4-26 所示，对两条直线进行倒角，使倒角线沿第一条直线距交点距离 70 处开始，并与该直线形成 30°。

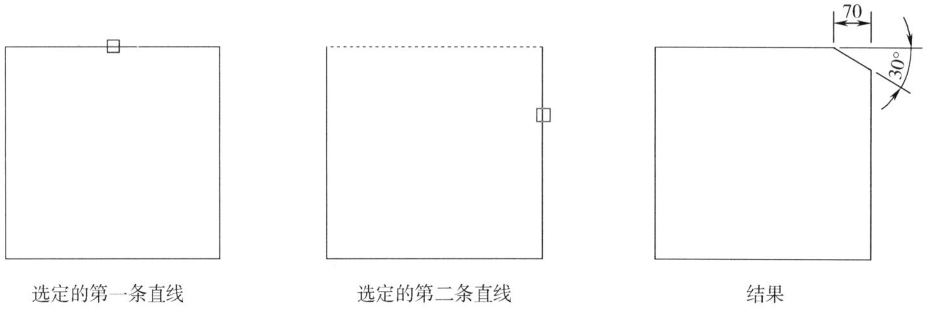

图 4-26

⑤修剪（T）：设置倒角后是否对相应的倒角边进行修剪，命令行将显示“输入修剪模式选项［修剪（T）/不修剪（N）<修剪>:”提示信息。其中，选择“修剪（T）”选项，表示倒角后对倒角边进行修剪；选择“不修剪（N）”选项，表示不进行修剪。

⑥方式（E）：设置倒角的方法，命令行显示“输入修剪方法［距离（D）/角度（A）］<距离>:”提示信息。其中，选择“距离（D）”选项，将根据已设置的两倒角距离来倒角；选择“角度（A）”选项，将以一条边的距离以及相应的角度来进行倒角。

⑦多个（M）：对多个对象修倒角。命令行将重复显示主提示和“选择第二个对象”提示，直到用户按回车键结束命令。

4.5 圆角

圆角命令用来对两个对象进行圆弧连接，它还能对多段线的多个顶点进行一次性修圆角，圆角使用与对象相切并且具有指定半径的圆弧连接两个对象，如图 4-27 所示。

选择第一个对象　　选择第二个对象　　结果

图 4-27

4.5.1 调用圆角命令

可以用以下几种方法调用“圆角”命令：

①选择菜单中的“修改”|“圆角”命令。

②选择工具栏中“修改”|“圆角”按钮。

③在命令行中输入：“Fillet”或快捷键“F”。

输入命令后，命令行提示如下：

当前设置：模式=修剪，半径=0.0

选择第一个对象或［放弃（U）/多段线（P）/半径（R）/修剪（T）/多个（M）］:

选择第二个对象，或按住 Shift 键选择要应用角点的对象：

各选项说明如下：

①选择第一个对象：选择定义二维圆角所需的两个对象中的第一个对象，或选择三维

实体的边以便给其加圆角。

a. 如果选择直线、圆弧或多段线，它们的长度将进行调整以适应圆角弧度。选择对象时，可以按住 Shift 键，以便使用 0（零）值替代当前圆角半径。

b. 如果选定对象是二维多段线的两个直线段，则它们可以相邻或者被另一条线段或圆弧隔开。如果它们被另一条线段或圆弧隔开，执行圆角命令将删除隔开它们的线段或圆弧并代之以圆角。在圆之间和圆弧之间可以有多个圆角存在。选择靠近期望的圆角端点的对象，如图 4-28 所示。

注意：圆角（Fillet）不修剪圆，圆角弧与圆平滑地相连。如图 4-29 所示。如果选择了三维实体，则可以选择多条边，但必须分别选择这些边。可以为平行的直线、参照线或射线圆角。临时调整当前圆角半径以创建与两个对象相切且位于两个对象的共有平面上的圆弧。第一个选定对象必须是直线或射线，但第二个对象可以是直线、构造线或射线。圆角弧的连接如图 4-30 所示。

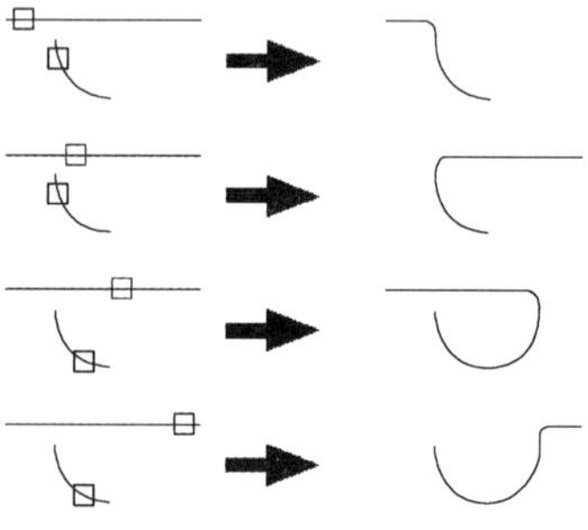

图 4-28

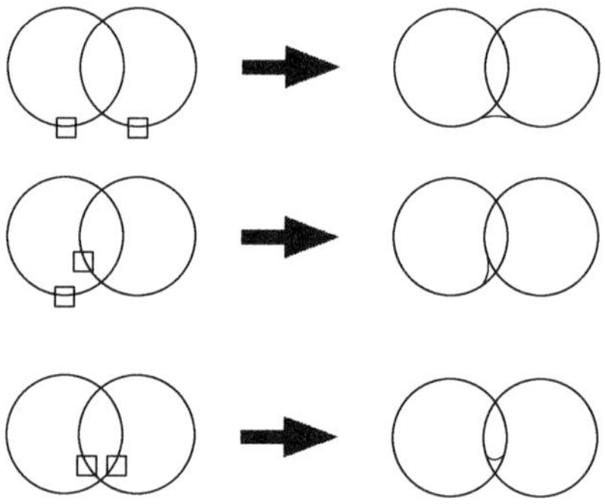

图 4-29

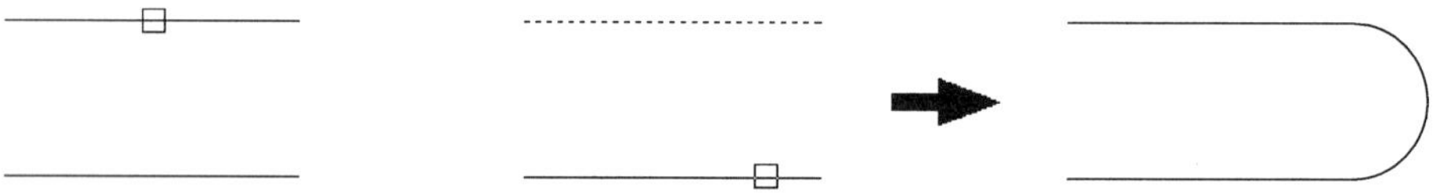

图 4-30

②放弃（U）：取消执行圆角。

③多段线（P）：在二维多段线中两条线段相交的每个顶点处插入圆角弧。如果多段线中有弧线段并且将多段线的两条直线段隔开，则执行圆角命令将删除该弧线段并代之以圆角弧，如图 4-31 所示。

图 4-31

④半径（R）：圆角半径是连接被圆角对象的圆弧半径。修改圆角半径将影响后续的圆角操

作，但并不影响现有的圆角弧。如果设置圆角半径为 0，则被圆角的对象将被修剪或延伸，直到它们相交，并不创建圆弧。如图 4-32 所示。

图 4-32

注意：选择对象时，可以按住 Shift 键，以便使用 0 值替代当前圆角半径。

⑤修剪（T）：控制 Fillet 是否将选定的边修剪到圆角弧的端点。

a. 修剪：修剪选定的边到圆角弧端点。

b. 不修剪：不修剪选定边。

如图 4-33 所示为不同选项的修剪结果。

图 4-33

⑥多个（M）：对多个对象修圆角。命令行将重复显示主提示和“选择第二个对象”提示，直到用户按回车键结束命令。

4.5.2 控制圆角位置

根据指定的位置，选定的对象之间可以存在多个可能的圆角。比较图 4-34 中的选择位置和圆角的结果。

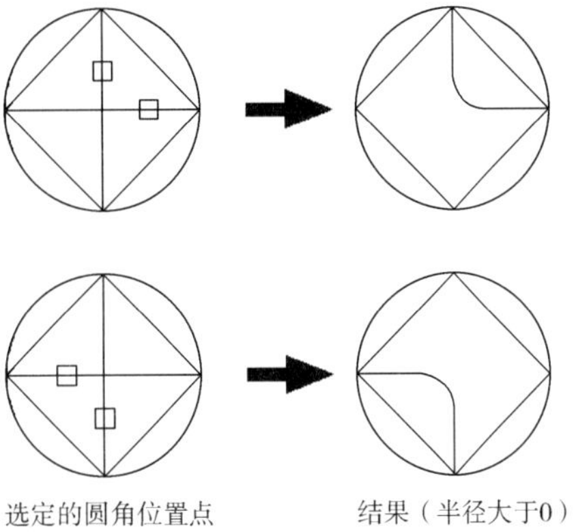

图 4-34

4.6 综合实例

请用多段线、椭圆绘制如图 4-35 所示的图形，并用“衣柜造型面板 3”为名保存文件。

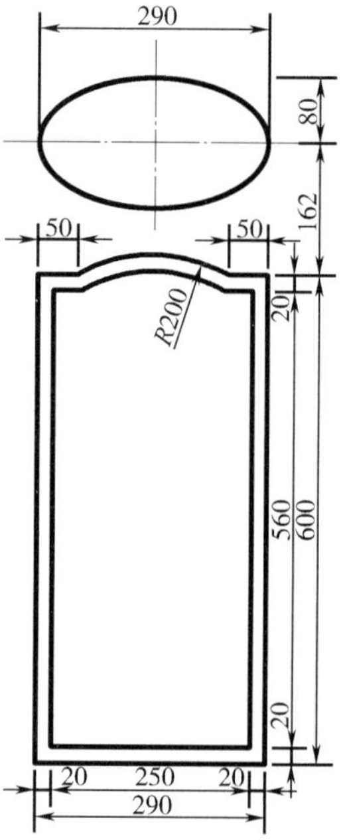

图 4-35

具体步骤如下：

①新建两个图层，一个名为“中心线”，线型为 CENTER，线宽为 0.09mm；另一个图层名为“实线”，线型为默认的 Continuous，线宽为 0.30mm。以上两个图层颜色均为默认。

②将“实线”图层设为当前层，使用多段线命令（可以结合捕捉方式）和偏移命令绘制图 4-35 下方的图形，如图 4-36 所示，命令行操作如下：

命令：PLINE（或快捷键 PL）

指定起点：（在屏幕上指定起点）

当前线宽为 0.0000

指定下一个点或［圆弧（A）/半宽（H）/长度（L）/放弃（U）/宽度（W）］：290（输入水平向右方向的线段长度）

指定下一点或［圆弧（A）/闭合（C）/半宽（H）/长度（L）/放弃（U）/宽度（W）］：600（输入垂直向上方向的线段长度）

图 4-36

指定下一点或［圆弧（A）/闭合（C）/半宽（H）/长度（L）/放弃（U）/宽度（W）］：50（输入水平向左方向的线段长度）

指定下一点或［圆弧（A）/闭合（C）/半宽（H）/长度（L）/放弃（U）/宽度（W）］：a（输入选项 A，将绘制直线方式改为绘制画圆弧方式）

指定圆弧的端点或［角度（A）/圆心（CE）/闭合（CL）/方向（D）/半宽（H）/直线（L）/半径（R）/第二个点（S）/放弃（U）/宽度（W）］：r（指定圆弧的半径）

指定圆弧的半径：200（输入半径 200）

指定圆弧的端点或［角度（A）］：190（跟踪 180°并输入到下一个端点的距离）

指定圆弧的端点或［角度（A）/圆心（CE）/闭合（CL）/方向（D）/半宽（H）/直线（L）/半径（R）/第二个点（S）/放弃（U）/宽度（W）］：l（将绘制圆弧方式改为绘制直线方式）

指定下一点或［圆弧（A）/闭合（C）/半宽（H）/长度（L）/放弃（U）/宽度（W）］：50（输入水平向左方向的线段长度）

指定下一点或［圆弧（A）/闭合（C）/半宽（H）/长度（L）/放弃（U）/宽度（W）］：c（输入 C 闭合多段线）

命令：Offset（或快捷键 O）

当前设置：删除源=否　图层=源　OFFSETGAPTYPE=0

指定偏移距离或［通过（T）/删除（E）/图层（L）］：20（输入偏移距离）

选择要偏移的对象，或［退出（E）/放弃（U）］<退出>：（选择偏移对象）

指定要偏移的那一侧上的点，或［退出（E）/多个（M）/放弃（U）］<退出>：（指定偏移方向，向图形内侧点击即可）

选择要偏移的对象，或［退出（E）/放弃（U）］<退出>：（回车结束命令）

③用画椭圆命令画出椭圆。指定椭圆的中心点，其中心点离多段线图形底线中点距离为 162，长半轴长度为 145，短半轴长度为 80，绘制椭圆，放在“实线”图层，如图 4-37 所示。

④在“中心线”层，用画线命令画出椭圆的中心线，如图 4-38 所示，用“衣柜造型面板 3”为名保存文件。

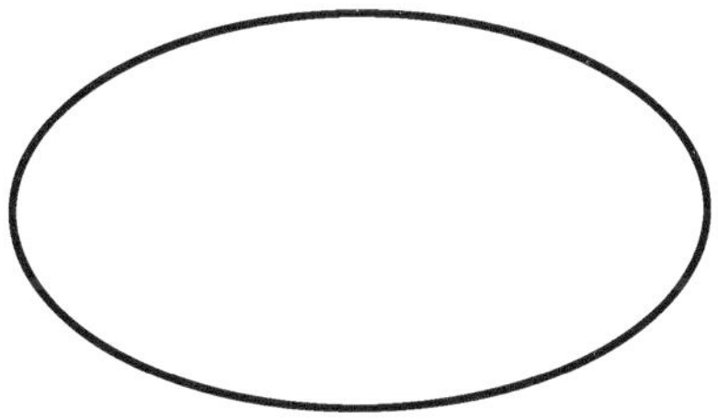

图 4-37

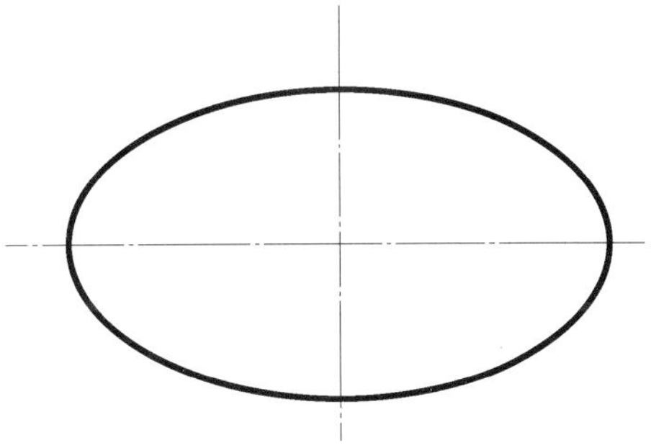

图 4-38

思考与练习

1. 练习绘制椭圆的方法。
2. 练习绘制多段线的方法。
3. 练习多段线的编辑方法。
4. 练习绘制样条曲线的方法。
5. 练习倒角、圆角的方法。

第 5 章

矩形、多边形、圆弧、阵列、镜像

5.1 矩形

可以用以下几种方法调用矩形命令：

①选择菜单中的“绘图” | “矩形” 命令。

②选择工具栏中的“绘图” | “矩形” 按钮。

③在命令行中输入：“Rectang” 或快捷键 “REC”。

执行命令后，命令行提示：

指定第一个角点或 [倒角（C）/标高（E）/圆角（F）/厚度（T）/宽度（W）]：(指定矩形的一个角点)

指定另一个角点或 [面积（A）/尺寸（D）/旋转（R）]：(指定矩形的另一个角点)

结果如图 5-1 所示。

各选项说明如下：

①倒角（C）：设置矩形的倒角距离，即设定矩形四角为倒角及大小。输入该选项后，命令行提示如下：

指定矩形的第一个倒角距离<当前距离>：指定距离或按 Enter 键

指定矩形的第二个倒角距离<当前距离>：指定距离或按 Enter 键

以后执行 Rectang 命令时此值将成为当前倒角距离。

如图 5-2 所示。

图 5-1

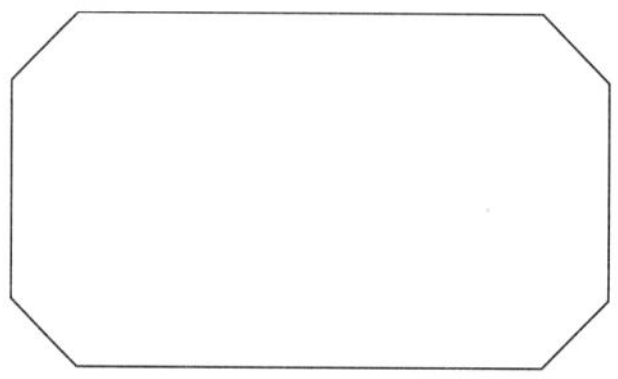

图 5-2

②标高（E）：确定矩形在三维空间内的高度。以后执行 Rectang 命令时此值将成为当前标高。

③圆角（F）：指定矩形的圆角半径，即设定矩形四角为圆角及半径大小。输入该选项后，命令行提示如下：

指定矩形的圆角半径<当前半径>：指定距离或按 Enter 键。以后执行 Rectang 命令时此值将成为当前圆角半径。

如图 5-3 所示。

④厚度（T）：设置矩形厚度，即 *Z* 轴方向的高度。

⑤宽度（W）：设置线条宽度。

如图 5-4 所示。

图 5-3

图 5-4

⑥面积（A）：使用面积与长度或宽度创建矩形。如果“倒角”或“圆角”选项被激活，则区域将包括倒角或圆角在矩形角点上产生的效果。

⑦尺寸（D）：使用长和宽创建矩形。

⑧旋转（R）：按指定的旋转角度创建矩形。

5.2　多边形

可以用以下几种方法调用多边形命令：

①选择菜单中的“绘图”|“多边形”命令。

②选择工具栏中的“绘图”|“多边形”按钮。

③在命令行中输入：“Polygon”或快捷键“POL”。

执行命令后，命令行提示：

POLYGON 输入边的数目<4>：(输入正多边形的边数)

指定正多边形的中心点或［边（E）］：(指定正多边形的中心点)

输入选项［内接于圆（I）/外切于圆（C）］<I>：(指定用内接于圆的方式还是外切于圆的方式决定正多边形的大小，默认为内接于圆的方式)

指定圆的半径：(指定圆的半径大小)

各选项说明如下：

①边（E）：指定两个端点得到边，之后按这条边绘制正多边形。在工程图中，常会根据一条边的两个端点绘制正多边形，这样不仅确定了正多边形的边长，也指定了正多边形的位置。

②内接于圆（I）：在指定半径的圆里面构建正多边形。选择内接于圆时，命令行要求输入正多边形外圆的半径，也就是正多边形中心点至端点的距离，创建的正多边形所有的顶点都在此圆周上。

③外切于圆（C）：在指定半径的圆的外面构建正多边形。选择该项时，命令行要求输入的是正多边形中心点至各边线中点的距离。

注意：在绘制正多边形时，要注意选择内接于圆和选择外切于圆选项时，同样输入圆的半径为 100 时，创建的内接于圆正多边形小于外切于圆正多边形，如图 5-5 所示。

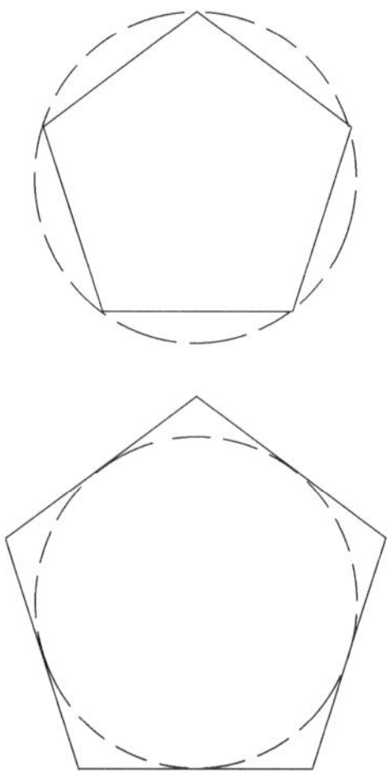

图 5-5

5.3 圆弧

可以用以下几种方法调用圆弧命令：

①选择菜单中的“绘图” | “圆弧”命令。

②选择工具栏中的“绘图” | “圆弧”按钮。

③在命令行中输入：“Arc”或快捷键“A”。

在菜单中，有不同的绘制圆弧的方法，如图 5-6 所示。

图 5-6

各种子菜单的用法说明：

①三点：根据圆弧的起点、圆弧上任意一点以及圆弧的终点位置绘制圆弧。执行 Arc 命令，AutoCAD 提示：

指定圆弧的起点或［圆心（C）］：(确定圆弧的起始点位置，即执行默认项)

指定圆弧的第二个点或［圆心（C）/端点（E）］：(确定圆弧上的任一点，即响应默认项)

指定圆弧的端点：(确定圆弧的终止点位置)

执行结果：AutoCAD 绘出由给定 3 点确定的圆弧。

如图 5-7 所示。

②根据圆弧的起点、圆心以及端点（即终点）位置绘制圆弧：执行 Arc 命令，AutoCAD 提示：

指定圆弧的起点或［圆心（C）］：(确定圆弧的起始点位置，即执行默认项)

指定圆弧的第二个点或［圆心（C）/端点（E）］：C（执行“圆心（C）”选项）

指定圆弧的圆心：(确定圆弧的圆心位置)

指定圆弧的端点或［角度（A）/弦长（L）］：(确定圆弧的终止点位置，即执行默认项)

执行结果：AutoCAD 绘出指定条件的圆弧。

如图 5-8 所示。

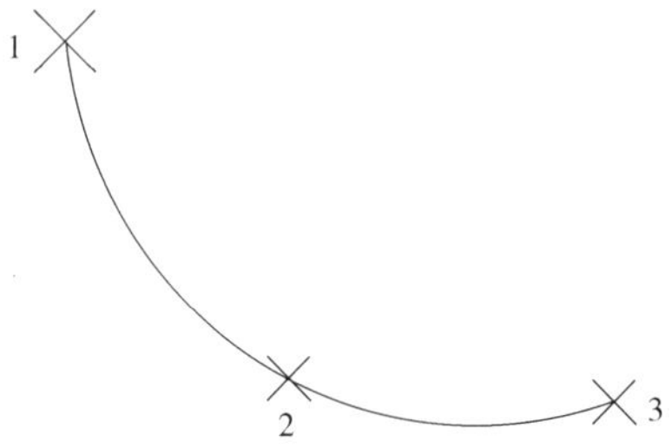

图 5-7

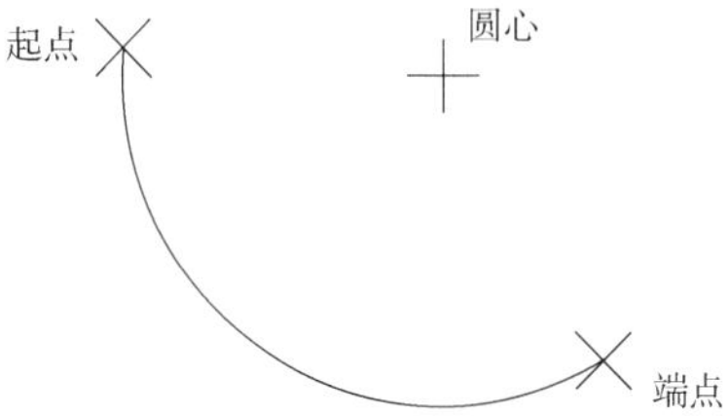

图 5-8

③根据圆弧的起点、圆心以及角度（圆弧的包含角）绘制圆弧：执行 Arc 命令，AutoCAD 提示：

指定圆弧的起点或［圆心（C）］：(确定圆弧的起始点位置，即执行默认项)

指定圆弧的第二个点或［圆心（C）/端点（E）］：C（执行“圆心（C）”选项）

指定圆弧的圆心：(确定圆弧的圆心位置)

指定圆弧的端点或［角度（A）/弦长（L）］：A（执行“角度（A）”选项）

指定包含角：(输入圆弧的包含角)

执行结果：AutoCAD 绘出指定条件的圆弧。

如图 5-9 所示。

说明：在提示“指定包含角：”时，若输入正角度值，AutoCAD 从起点绕圆心沿逆时针方向绘制圆弧。如果输入负的角度值，则 AutoCAD 从起点绕圆心沿顺时针方向绘制圆弧。

④根据圆弧的起点、圆心以及长度（即圆弧的弦长）绘制圆弧：执行 Arc 命令，AutoCAD 提示：

指定圆弧的起点或［圆心（C）］：（确定圆弧的起始点位置，即执行默认项）

指定圆弧的第二个点或［圆心（C）/端点（E）］：C（执行“圆心（C）”选项）

指定圆弧的圆心：（确定圆弧的圆心位置）

指定圆弧的端点或［角度（A）/弦长（L）］：L（执行“弦长（L）”选项）

指定弦长：（输入圆弧的弦长）

执行结果：AutoCAD 绘出指定条件的圆弧。

如图 5-10 所示。

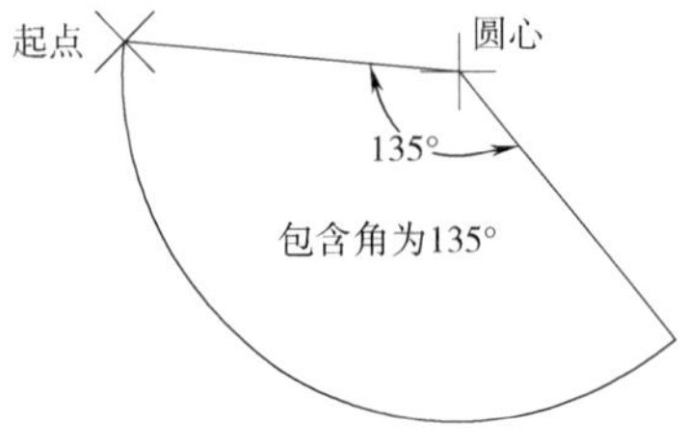

图 5-9

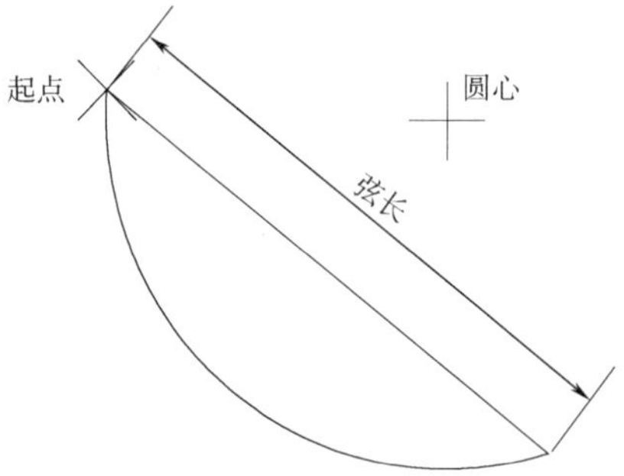

图 5-10

⑤根据圆弧的起点、端点（即终点）以及角度（圆弧的包含角）绘制圆弧：执行 Arc 命令，AutoCAD 提示：

指定圆弧的起点或［圆心（C）］：（确定圆弧的起始点位置，即执行默认项）

指定圆弧的第二个点或［圆心（C）/端点（E）］：E（执行“端点（E）”选项）

指定圆弧的端点：（确定圆弧的终止点位置）

指定圆弧的圆心或［角度（A）/方向（D）/半径（R）］：A（执行“角度（A）”选项）

指定包含角：（确定圆弧的包含角）

执行结果：AutoCAD 绘出指定条件的圆弧。

如图 5-11 所示。

⑥根据圆弧的起点、端点（即终点）以及方向（即圆弧在起始点处的切线方向）绘制圆弧：执行 Arc 命令，AutoCAD 提示：

指定圆弧的起点或［圆心（C）］：（确定圆弧的起始点位置，即执行默认项）

指定圆弧的第二个点或［圆心（C）/端点（E）］：E（执行“端点（E）”选项）

指定圆弧的端点：（确定圆弧的终止点位置）

指定圆弧的圆心或［角度（A）/方向（D）/半径（R）］：D（执行“方向（D）”选项）

指定圆弧的起点切向：（输入圆弧起始点处切线方向与水平方向的夹角）

执行结果：AutoCAD 绘出指定条件的圆弧。

如图 5-12 所示。

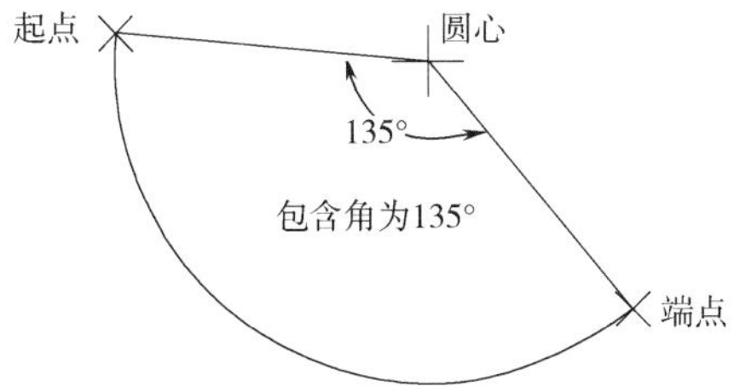

图 5-11

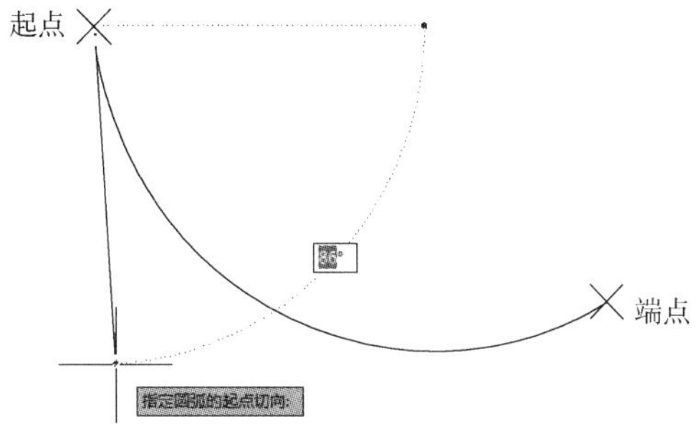

图 5-12

⑦根据圆弧的起点、端点（即终点）以及圆弧的半径绘制圆弧：执行 Arc 命令，AutoCAD 提示：

指定圆弧的起点或［圆心（C）］：(确定圆弧的起始点位置，即执行默认项)

指定圆弧的第二个点或［圆心（C）/端点（E）］：E（执行“端点（E）”选项)

指定圆弧的端点：(确定圆弧的终止点位置)

指定圆弧的圆心或［角度（A）/方向（D）/半径（R）］：R（执行“半径（R）”选项

指定圆弧的半径：(输入圆弧的半径)

执行结果：AutoCAD 绘出指定条件的圆弧。

如图 5-13 所示。

⑧根据圆弧的圆心、起点、端点（即终点）位置绘制圆弧：执行 Arc 命令，AutoCAD 提示：

指定圆弧的起点或［圆心（C）］：C（执行“圆心（C）”选项)

指定圆弧的圆心：(确定圆弧的圆心位置)

指定圆弧的起点：(确定圆弧的起始点位置)

指定圆弧的端点或［角度（A）/弦长（L）］：(确定圆弧的终止点位置，即执行默认项)

执行结果：AutoCAD 绘出指定条件的圆弧。

如图 5-14 所示。

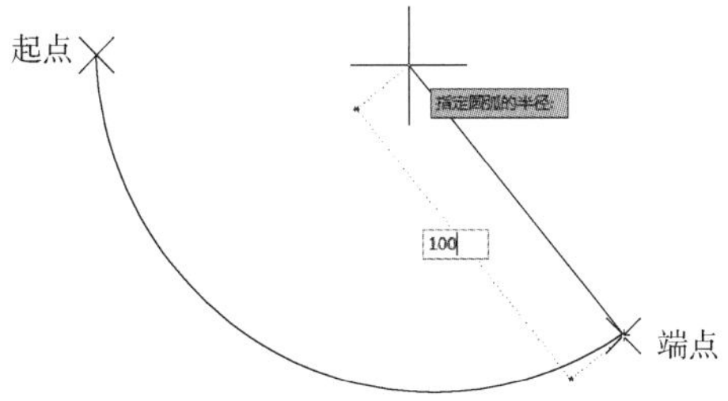

图 5-13

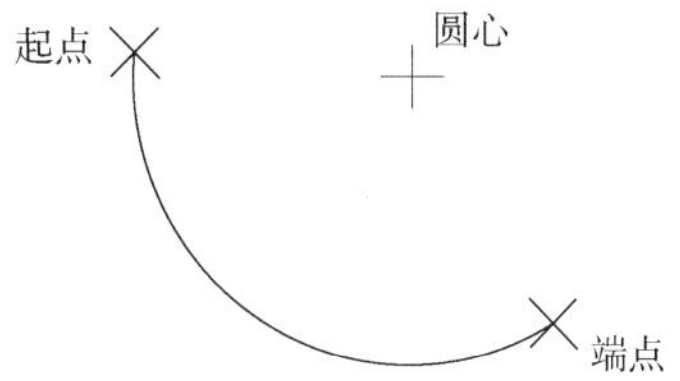

图 5-14

⑨根据圆弧的圆心、起点以及角度（圆弧的包含角）绘制圆弧：执行 Arc 命令。AutoCAD 提示：

指定圆弧的起点或［圆心（C）］：C（执行“圆心（C）”选项）

指定圆弧的圆心：(确定圆弧的圆心位置)

指定圆弧的起点：(确定圆弧的起始点位置)

指定圆弧的端点或［角度（A）/弦长（L）］：A（执行“角度（A）”选项）

指定包含角：(输入圆弧的包含角)

执行结果：AutoCAD 绘出指定条件的圆弧。

如图 5-15 所示。

⑩根据圆弧的圆心、起点以及长度（即圆弧的弦长）绘制圆弧：执行 Arc 命令。AutoCAD 提示：

指定圆弧的起点或［圆心（C）］：C（执行“圆心（C）”选项）

指定圆弧的圆心：(确定圆弧的圆心位置)

指定圆弧的起点：(确定圆弧的起始点位置)

指定圆弧的端点或［角度（A）/弦长（L）］：L（执行“弦长（L）”选项）

指定弦长：(输入圆弧的弦长)

执行结果：AutoCAD 绘出指定条件的圆弧。

如图 5-16 所示。

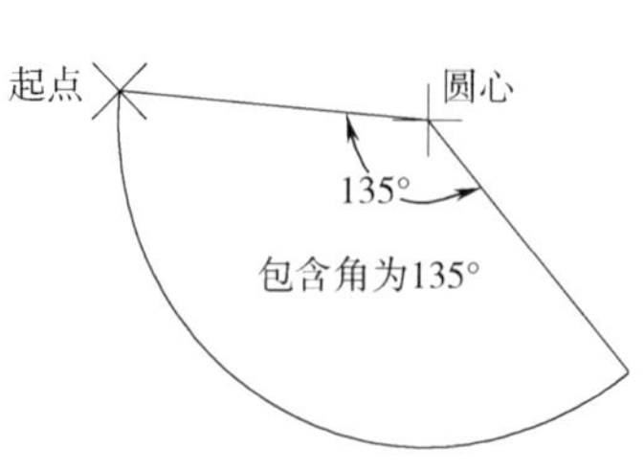

图 5-15

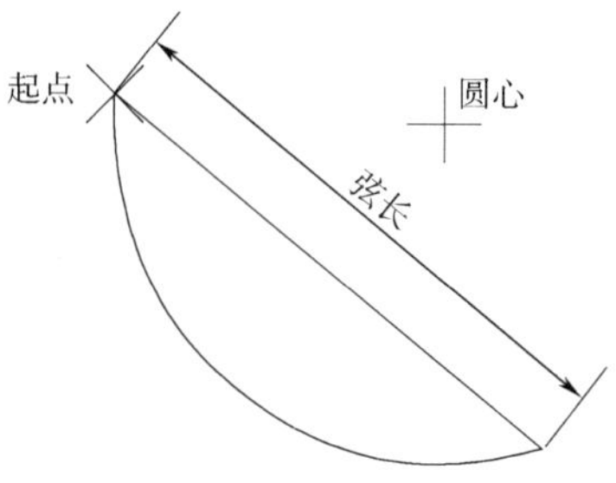

图 5-16

⑪绘制连续圆弧：当执行绘制圆弧命令并在“指定圆弧的起点或［圆心（C）］:”提示下直接按回车键，AutoCAD 以最后一次绘制线或绘制圆弧过程中确定的最后一点作为新圆弧的起始点，以最后所绘线方向或所绘圆弧终止点处的切线方向为新圆弧在起始点处的切线方向绘制圆弧，同时提示：指定圆弧的端点

在此提示下确定相应点，则可绘出对应的圆弧，通过这种方法可得到连续光滑的圆弧。

注意：

①所绘制的圆弧方向为绘制图形时的角度正方向（默认为逆时针方向），如图 5-17 所示。

②绘图条件中有半径和弦长时，当半径、弦长值为正时，逆时针画小圆弧；当半径、弦长值为负时，则逆时针画大圆弧，如图 5-18 所示。

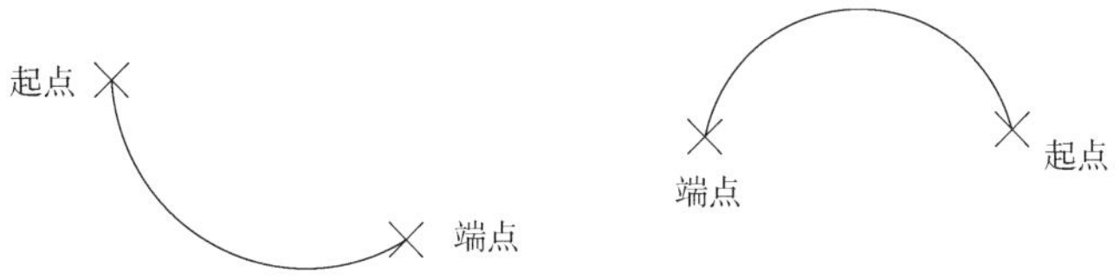

图 5-17

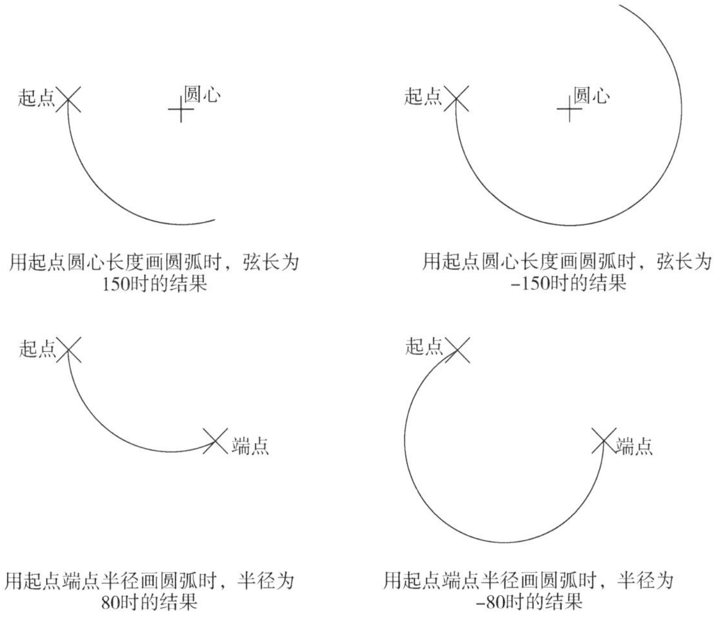

图 5-18

③绘图条件中有圆心角时，当角度为正时，逆时针绘制圆弧，当角度为负时，顺时针绘制圆弧，如图 5-19 所示。

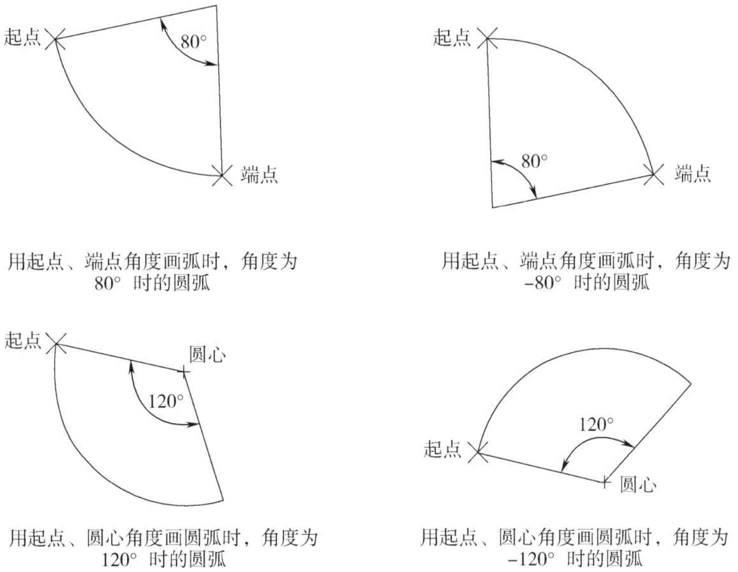

图 5-19

5.4 阵列图形

阵列图形：阵列是指将选中的对象按矩形方式或环形方式多重复制。

5.4.1 调用阵列命令

可采用以下方法调用阵列命令：

①选择菜单中的“修改” | “阵列”命令。

②选择工具栏中的“修改” | “阵列”按钮。

③在命令行中输入：“Array”或快捷键“AR”。

执行 Array 命令，AutoCAD 弹出如图 5-20 所示的“阵列”对话框。利用此对话框，用户可以形象、直观地进行矩形或环形阵列的设置。

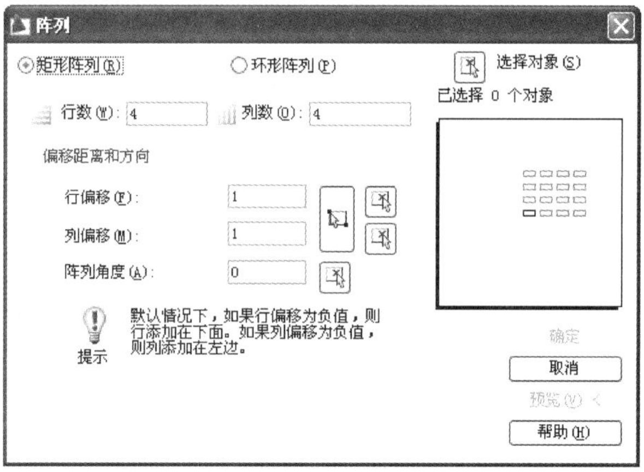

图 5-20

5.4.2 矩形阵列复制

在“阵列”对话框中，选择“矩形阵列”单选按钮，可以以矩形阵列方式复制对象。如图 5-21 所示。

图 5-20 为矩形阵列时用到的对话框，其主要项的功能解释如下：

①行数：指定阵列中的行数。如果只指定了一行，则必须指定多列。如果为此阵列指定了许多行和许多列，它可能要花费一些时间来创建副本。默认情况下，在一个命令中可以生成的阵列元素最大数目为 100000。用户可以直接在相应的文本框中输入数值即可。

②列数：指定阵列中的列数。如果只指定了一列，则必须指定多行。如果为此阵列指定了许多行和许多列，它可能要花费一些时间来创建副本。默认情况下，在一个命令中可以生成的阵列元素最大数目为 100000。用户可以直接在相应的文本框中输入数值即可。

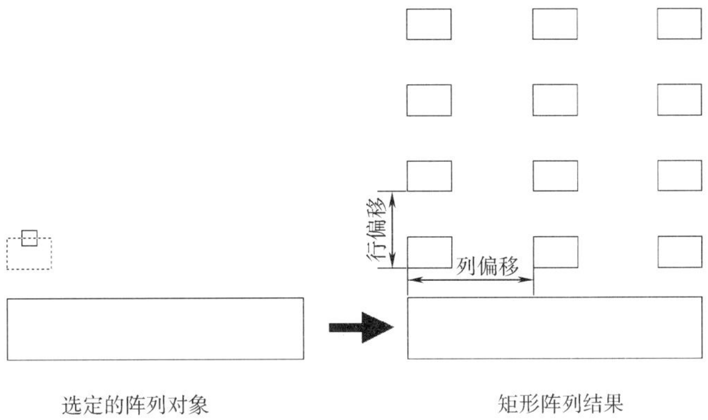

图 5-21

③偏移距离和方向：可以在此指定阵列偏移的距离和方向，即用于确定矩形阵列的行间距、列间距及整个阵列的旋转角度。用户在相应的文本框中输入数值即可。也可以单击相应的按钮，在绘图屏幕上拾取。在默认情况下，如果“行偏移”为负值，则阵列后的行添加在原对象的下方；如果“行偏移”为正值，则阵列后的行添加在原对象的上方。如果“列偏移”为负值，阵列后的列添加在原对象的左边；如果“列偏移”为正值，则阵列后的列添加在原对象的右边。

a. 行偏移：指定行间距（按单位）。要向下方添加行，请指定负值；要使用定点设备指定行间距，请用“拾取两个偏移”按钮或“拾取行偏移”按钮。

b. 列偏移：指定列间距（按单位）。要向左边添加列，请指定负值；要使用定点设备指定列间距，请用“拾取两个偏移”按钮或“拾取列偏移”按钮。

c. 阵列角度：指定旋转角度。此角度通常为 0°，因此，行和列与当前 UCS 的 *X* 和 *Y* 图形坐标轴正交。

④“选择对象”按钮：选择要阵列的对象。单击该按钮，AutoCAD 切换到绘图屏幕，提示“选择对象”。在此提示下选择阵列对象后按 Enter 键，AutoCAD 又返回到图 5-20 所示的对话框。

⑤“预览”按钮：预览阵列效果。利用“阵列”对话框确定阵列参数并选择阵列对象后，用户可以预览阵列效果。单击“预览”按钮，AutoCAD 切换到绘图屏幕并按当前设置显示阵列效果，同时弹出一个对话框，让用户确认接受或是修改。当通过“阵列”对话框设置了阵列参数后，AutoCAD 会在对话框内右侧的图像框中显示阵列模拟效果。

5.4.3　环形阵列复制

在“阵列”对话框中，选择“环形阵列”单选按钮，可以以环形阵列方式复制对象，从而通过围绕指定的圆心复制选定对象来创建阵列，如图 5-22 所示。

如图 5-23 所示为环形阵列时用到的对话框，其主要项的功能说明如下：

①中心点：确定环形阵列的阵列中心位置。用户可以直接在文本框中输入坐标值，也可以单击“拾取中心点”按钮，从屏幕上拾取。

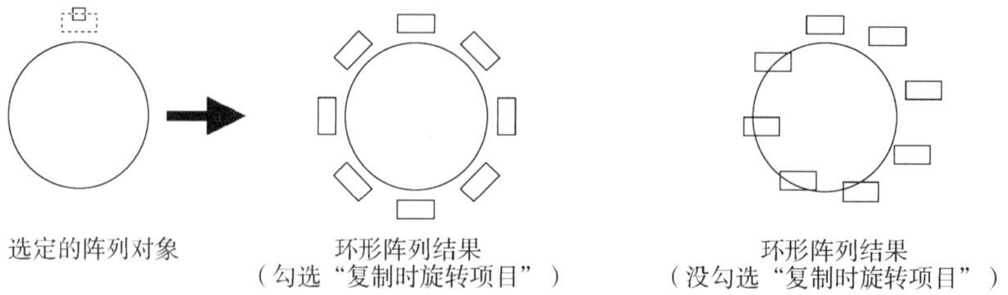

图 5-22

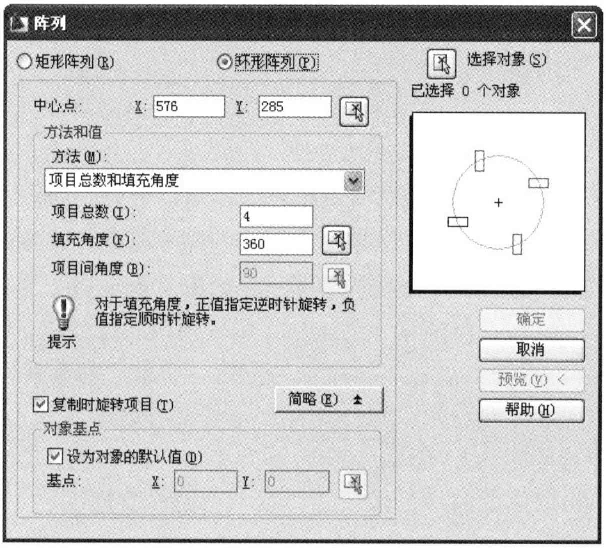

图 5-23

②“方法和值”选项组：确定环形阵列的具体方法与相应数据。

a. “方法”：确定环形阵列的方法。可以通过下拉列表在“项目总数和填充角度”“项目总数和项目间角度”以及“填充角度和项目间角度”之间选择。其中“项目总数”表示环形阵列后的对象个数（包括原对象）；“填充角度”表示环形阵列的填充角度；“项目间角度”表示阵列后相邻两个对象之间的角度。

b. “项目总数”“填充角度”“项目间角度”文本框：根据所选择的阵列方法，分别确定阵列时项目总数、填充角度、项目间角度的具体数值。对于填充角度来说，在默认设置下，正值将沿逆时针方向环形阵列对象，负值则沿顺时针方向环形阵列对象。

③“复制时旋转项目”复选框：确定环形阵列对象本身是否绕其基点旋转，如图 5-22 所示。

④“对象基点”选项组：确定对象本身的基点位置，即相对于选定对象指定新的参照（基准）点。对对象指定阵列操作时，这些选定对象将与阵列中心点保持不变的距离。要构造环形阵列，Array 将确定从阵列中心到最后选定对象上的参照点（基点）之间的距离，所使用的点取决于对象类型，如表 5-1 所示。

a. 设为对象的默认值：使用对象的默认基点定位阵列对象。要手动设置基点，请清除此选项。

表 5-1

对象类型	默认基点
圆弧、圆、椭圆	圆心
多边形、矩形	第一个角点
圆环、直线、多段线、三维多段线、射线、样条曲线	起点
块、段落文字、单行文字	插入点
构造线	中点

b. 基点：设置新的 *X* 和 *Y* 基点坐标。选择“拾取基点”临时关闭对话框，并指定一个点；指定了一个点后，“阵列”对话框将重新显示。

⑤其他项的功能：与矩形阵列一样，“选择对象”按钮用于确定要阵列的对象，“预览”按钮用于预览阵列效果，“确定”按钮用于确认阵列设置。

5.5　镜像图形

镜像图形是指将选中的对象按指定的镜像线作镜像复制。

可采用以下方法调用镜像命令：

①选择菜单中的“修改” | “镜像”命令。

②选择工具栏中的“修改” | “镜像”按钮。

③在命令行中输入：“Mirro”或快捷键“Mi”。

执行镜像命令后，AutoCAD 命令行提示：

选择对象：(选择要镜像的对象)

选择对象：(可继续选择，也可回车结束选择对象)

指定镜像线的第一点：(确定镜像线上的一点)

指定镜像线的第二点：(确定镜像线上的另一点)

要删除源对象吗？［是（Y）/否（N）］<N>：（若输入 Y 即回答“是”选项，则 AutoCAD 除镜像复制对象外，还要删除掉原对象；若输入 N 即回答“否”选项，则 AutoCAD 镜像复制对象，并保留原来的对象）

说明：

①镜像线由输入的两点决定，该线不一定要真实存在，而且，镜像线可以是任意角度的直线，不一定是水平线或垂直线。

②当文字属于镜像范围时，有两种镜像结果：一种为文字完全镜像；另一种是文字不完全镜像，即文字仍为可读方式。这两种镜像状态由系统变量 Mirrtext 控制。系统变量 Mirrtext 的值为 1 时，文字作完全镜像，Mirrtext 的值为 0 时，文字则按可读方式镜像，如图 5-24 所示。系统变量 Mirrtext 的初始值是 0。

图 5-24

5.6 综合实例

请用矩形、阵列、镜像、圆弧、圆等命令绘制如图 5-25 所示的图形，并用“衣柜门板造型图”为名保存文件。

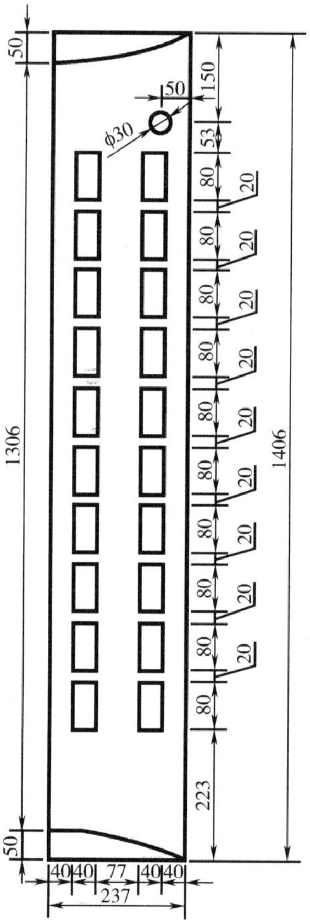

图 5-25

具体步骤如下：

①新建一个图层，名为“实线”，线型为默认的 Continuous，线宽为 0.30mm，图层颜色为默认。

②将“实线”图层设为当前层，使用矩形命令得到图 5-26。

要点提示：在屏幕上任意指定第一个角点，另一个角点输入相对直角坐标（@ 237，1406）即可。

③利用矩形命令、对象捕捉功能绘制如图 5-27 所示图形。

命令：rec

指定第一个角点或［倒角（C）/标高（E）/圆角（F）/厚度（T）/宽度（W）］：_ from 基点：（点击 A 点）<偏移>：@ -40，223（输入相对于 *A* 点的直角坐标得到 *B* 点）

指定另一个角点或［面积（A）/尺寸（D）/旋转（R）］：@ -40，80（输入相对直角坐标得到 *C* 点）

④使用阵列命令，按矩形方式阵列矩形，结果如图 5-28 所示。

要点提示：阵列行数设为 10，列数设为 2；行偏移距离为 100；列偏移距离为-117；阵列角度为 0°。

⑤使用圆弧命令、圆命令和镜像命令作图，结果如图 5-29 所示。

要点提示：使用“绘图” | “圆弧”命令中的“起点、端点、方向”的方式绘制上面的圆弧，其起点切线方向为 0°极轴方向。其命令行操作如下：

命令：a
指定圆弧的起点或［圆心（C）］：50（对象捕捉追踪 *D* 点向下偏移 50 的点作为起点）
指定圆弧的第二个点或［圆心（C）/端点（E）］：e
指定圆弧的端点：（对象捕捉端点 *F*）
指定圆弧的圆心或［角度（A）/方向（D）/半径（R）］：d
指定圆弧的起点切向：（指定其起点切线方向为 0°极轴方向）
⑥用“衣柜门板造型图”为名保存文件。

图 5-26

图 5-27

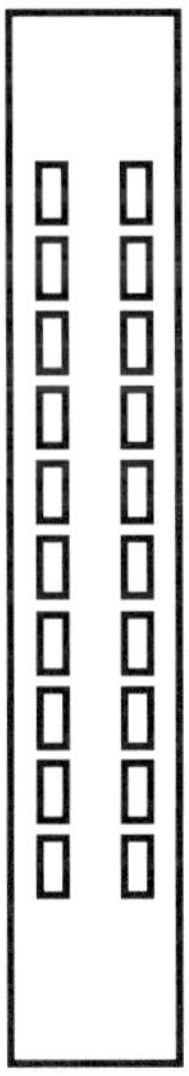
图 5-28

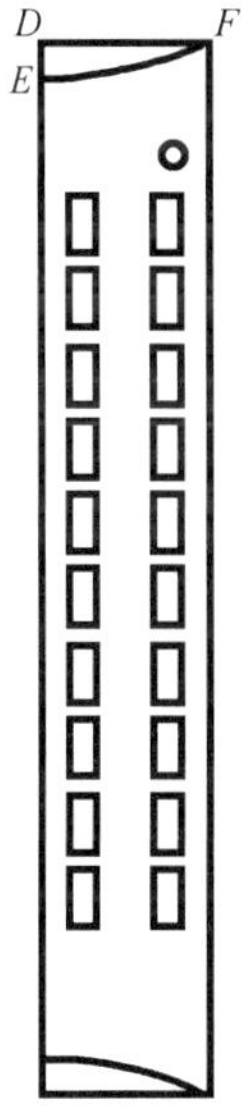

图 5-29

思考与练习

1. 练习绘制矩形的各种不同方法。
2. 练习绘制多边形的方法。
3. 练习绘制圆弧的各种不同方法。
4. 练习阵列对象的方法。
5. 练习镜像图形的方法。

第 6 章

文字、删除、旋转、缩放、拉伸、拉长、夹点

6.1 文字注释

在绘制家具图样的过程中，图样中一般均有少量文字用以说明图样未表达出的设计信息，此时就需要用到文字注释功能。

6.1.1 创建文字样式

在 AutoCAD 中，所有文字都有与之相关联的文字样式。在创建文字注释和尺寸标注时，AutoCAD 通常使用当前的文字样式。也可以根据具体要求重新设置文字样式或创建新的样式。文字样式包括“字体”“大小”“高度”“宽度因子”“倾斜角度”“反向”“颠倒”和“垂直”等参数。

可采用以下方法设置文字样式：

①选择菜单中的“格式” | “文字样式...”命令。

②单击工具中的“样式” | “文字样式...”按钮。

③在命令行中输入：“Style”或快捷键“ST”。

输入命令后，AutoCAD 弹出如图 6-1 所示的对话框。

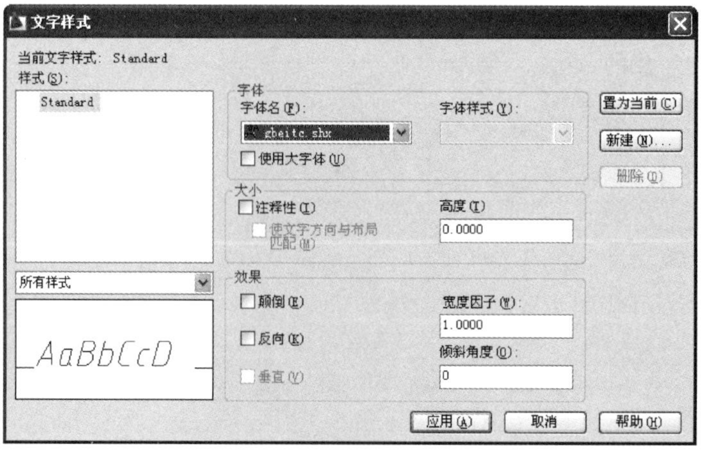

图 6-1

各选项说明如下：

①“样式”区：列出当前可以使用的文字样式，默认文字样式为 Standard。设置新文本样式，改名，删除原文本样式。

②“字体”区：设置文字的字体。字体文件分为两种：一种是 Windows 提供的字体文件，“True Type”类型的字体，如 Times New Roman、宋体等；另一种是 AutoCAD 特有的字体文件，被称为大字体文件。

a. 字体名：从下拉列表中选择字体文件名。

b. 使用大字体：该复选框用于选择大字体，此时，在字体下拉列表中列出大字体的文件名供用户选择设置。大字体的笔宽较细，有针管笔的效果，在家具制图中使用较多。

c. 字体样式：用于设置字体的一些附加特征。指定字体格式，比如斜体、粗体或者常规字体。选定“使用大字体”后，该选项变为“大字体”，用于选择大字体文件。

③“大小区”

a. 注释性：该复选框用于是否指定文字为注释性。

b. 使文字方向与布局匹配：该复选框用于指定图纸空间视口中的文字方向与布局方向匹配，如果清除“注释性”选项，则该选项不可用。

c. 高度：用于设置标注文字的高度。当设置为零时，表示在使用此文本样式时，AutoCAD 会在命令行提示输入高度值，这样就能根据使用时的需要，随时确定新的文字高度。如果选中了“注释性”复选框，则“高度”选项变为“图纸文字高度”。如果在“高度”文本框中输入了文字高度，AutoCAD 将按此高度标注文字，而不再提示指定高度。

④“效果”区：用于设置字体的具体特征，分别是文字的颠倒、反向、垂直、宽度因子、倾斜角度。改动后，其效果能在预览中立即呈现，如图 6-2 所示。在“宽度因子”文本框中可以设置文字字符的高度和宽度之比，当“宽度因子”值为 1 时，将按系统定义的高宽比书写文字；当“宽度因子”小于 1 时，字符会变窄；当“宽度因子”大于 1 时，字符则变宽。在“倾斜角度”文本框中可以设置文字的倾斜角度：角度为 0° 时不倾斜；角度为正值时向右倾斜；角度为负值时向左倾斜。

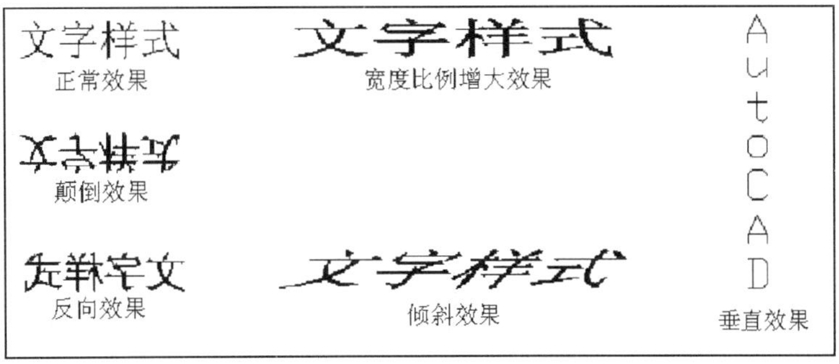

图 6-2

⑤左下角预览区：同步显示已设置好的文字效果。

⑥“新建”按钮：单击该按钮打开“新建文字样式”对话框，在“样式名”文本框中输入新建文字样式名称后，单击“确定”按钮可以创建新的文字样式，如图 6-3 所示。

新建文字样式将显示在“样式”区中。

⑦重命名按钮：在“样式”区中选定某一文字样式并单击鼠标右键，会出现“重命名”文本框，如图 6-4 所示。单击该按钮可在“样式”区文本框中输入新的名称，但无法重命名默认的 Standard 样式。

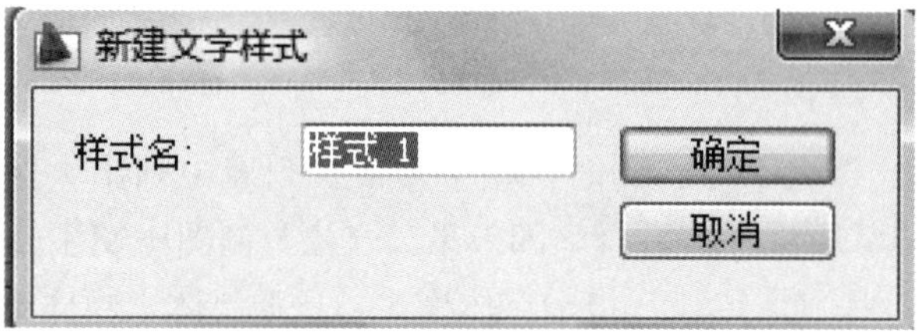

图 6-3

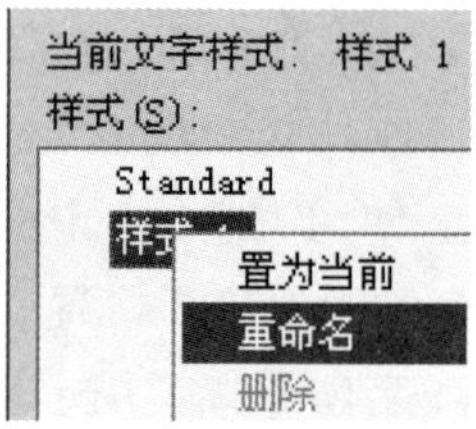

图 6-4

⑧“删除”按钮：单击该按钮可以删除已有的文字样式，但无法删除已经使用的文字样式和默认的 Standard 样式。

注意：AutoCAD 提供了符合标注要求的字体形文件：gbenor. shx，gbeitc. shx 和 gbcbig. shx 文件。在家具制图中，建议使用 gbeitc. shx 文件作为英文及数字的字体，建议使用 gbcbig. shx 作为中文字体。

6. 1. 2 创建单行文字

（1）调用单行文字

可用以下两种方法调用单行文字命令：

①选择菜单中的“绘图” | “文字” | “单行文字”命令。

②在命令行中输入：“Text”或快捷键“DT”。

输入命令后，命令行提示：

指定文字的起点或［对正（J）/样式（S）］：

指定高度<2. 5000>：

指定文字的旋转角度<0>：

各选项说明如下：

①对正（J）：设置文字的排列方式。选取该选项后，命令行提示：

输入选项

［对齐（A）/布满（F）/居中（C）/中间（M）/右对齐（R）/左上（TL）/中上（TC）/右上（TR）/左中（ML）/正中（MC）/右中（MR）/左下（BL）/中下（BC）/右下（BR）］：

②样式（S）：确定文本使用的文本样式。选取该选项后，根据提示可输入一个已定义的样式名称。如输入“?”，AutoCAD 会显示目前已定义的所有文本样式。

（2）使用文字控制符

在实际设计绘图中，往往需要标注一些特殊的字符，例如，在文字上方或下方添加划线、标注度（°）、±、Φ 等符号。这些特殊字符不能从键盘上直接输入，因此，AutoCAD 提供了相应的控制符，以实现这些标注要求。

在 AutoCAD 的控制符中，%%O 和%%U 分别是上划线与下划线的开关。第 1 次出现这些符号时，可打开上划线或下划线，第 2 次出现这些符号时，则会关掉上划线或下划线。%%D 表示标注符号度“°”，%%P 表示符号“±”，%%C 表示符号“Φ”。

在“输入文字”提示下输入控制符时，这些控制符也临时显示在屏幕上；当结束文本创建命令时，这些控制符将从屏幕上消失，转换成相应的特殊符号。

6.1.3　编辑单行文字

单行文字可进行单独编辑。编辑单行文字包括编辑文字的内容、对正方式及缩放比例，有两种方法进行编辑操作：

①可以选择“修改”|“对象”|“文字”子菜单中的命令进行设置，如图 6-5 所示。

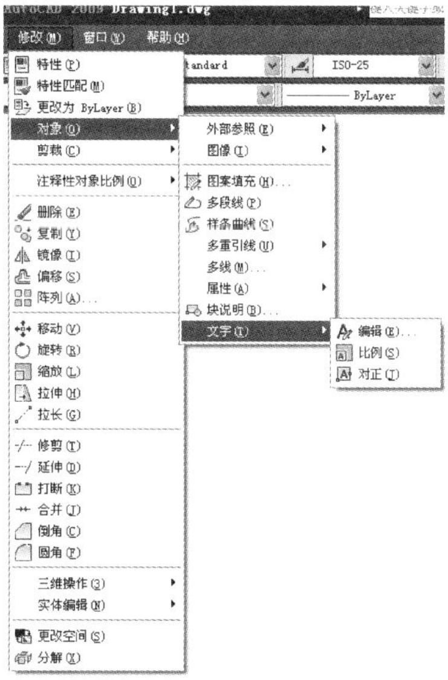

图 6-5

各命令的功能如下：

a.“编辑”命令（相当在命令行输入 DDEDIT）：选择该命令，然后在绘图窗口中单击需要编辑的单行文字，进入文字编辑状态，可以重新输入文本内容。

b.“比例”命令：选择该命令，然后在绘图窗口中单击需要编辑的单行文字，此时需要输入缩放的基点以及指定新高度、匹配对象（M）或比例因子（S）。

c.“对正”命令：选择该命令，然后在绘图窗口中单击需要编辑的单行文字，此时可以重新设置文字的对正方式。

②选择菜单中的“修改”|“特性”命令或者在命令行输入快捷键“PR”：输入命令后，弹出“对象特性”对话框。在此对话框中，很容易对文本内容、样式、高度等进行改变。

6.1.4　创建多行文字

“多行文字”又称为段落文字，是一种更易于管理的文字对象，可以由两行以上的文字组成。

可用以下三种方法调用多行文字命令：

①选择菜单中的“绘图”|“文字”|“多行文字”命令。

②选择工具栏中的“绘图”|“多行文字”按钮。

③在命令行中输入：“Mtext”或快捷键“T”。

输入命令后，命令行提示：

当前文字样式：“Standard”，文字高度：26.9149　注释性：否

指定第一角点：

指定对角点或［高度（H）/对正（J）/行距（L）/旋转（R）/样式（S）/宽度

（W）/栏（C）]：

各选项说明如下：

①指定对角点后，会弹出如图 6-6 所示的“文字格式”对话框，在此对话框中可输入多行文字，并对其进行设置和编辑后，按确定按钮，就创建了多行文字。

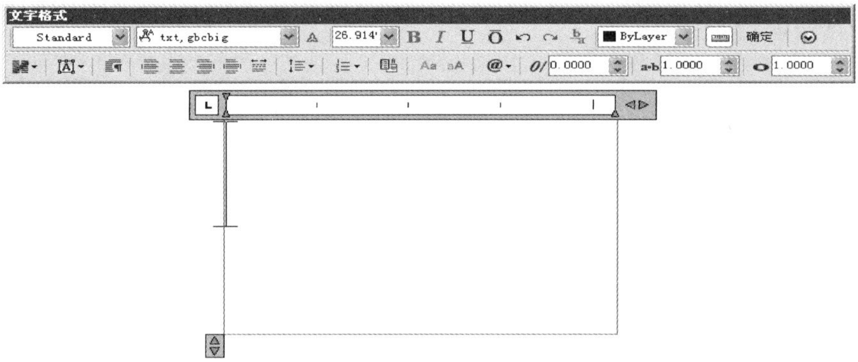

图 6-6

各选项说明如下：

a. 按钮：字符堆叠按钮。输入含有字符堆叠控制码的字符集串，选择该字符串并单击堆叠按钮，则显示含有字符堆叠控制码的字符串。

字符堆积控制码有三种：

“/”：字符堆积成分式或分数形式。

“#”：字符堆积成比值的形式，如 2/3。

“^”：字符堆积成上下排列形式。

注意：在使用堆叠时，需要分别输入分子和分母，其间使用“/”“#”或“^”分隔，然后选择这一部分文字，单击堆叠按钮即可。

b. 用户可通过对话框上方的“文字格式”工具栏来设置文字的样式，如选择文字样式、字体、高度、加粗、倾斜、下划线、上划线、颜色等。

c. 在输入框中单击鼠标右键，将弹出如图 6-7 所示快捷菜单，在该菜单中选择相应的选项也可以对文字的各个参数进行设置。

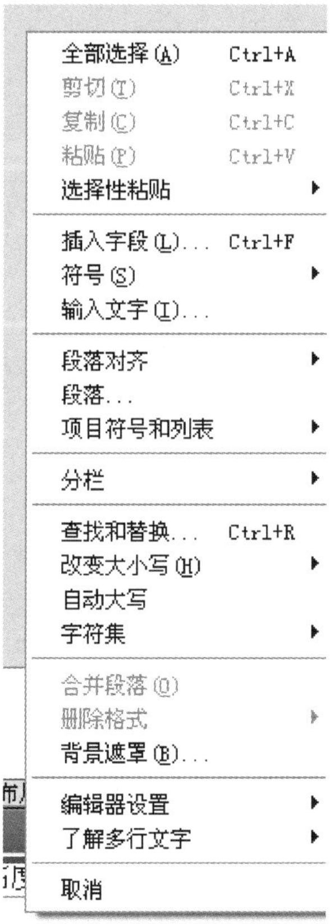

图 6-7

②“指定对角点或［高度（H）/对正（J）/行距（L）/旋转（R）/样式（S）/宽度（W）/栏（C）］：”提示信息中，各部分含义如下：

a. 高度（H）：指定所要标注的多行文字的高度。

b. 对正（J）：指定多行文字的对齐方式，如中心对齐、左对齐等。

c. 行距（L）：指定多行文字的行间距，它适用于具有两行以上的标注文字。

d. 旋转（R）：指定多行文字的旋转角度。

e. 样式（S）：指定多行文字所采用的文字标注样式。

f. 宽度（W）：指定多行文字所能显示的单行文字宽度。

6.1.5　编辑多行文字

有两种方法进行编辑操作：

①可以选择“修改”|“对象”|“文字”子菜单中的命令进行设置，如图 6-4 所示。并单击创建的多行文字，打开多行文字编辑窗口，然后参照多行文字的设置方法，修改并编辑文字。

②选择菜单中的“修改”|“特性”命令或者在命令行输入快捷键“PR”。输入命令后，弹出“对象特性”对话框。在此对话框中，很容易对文本内容、样式、高度等进行修改。

③在绘图窗口中双击输入的多行文字，或在输入的多行文字上右击，从弹出的快捷菜单中选择“重复编辑多行文字”命令或“编辑多行文字”命令，打开多行文字编辑窗口。

6.2　删除

在 AutoCAD 中，可以采用以下几种方法来删除对象：

①选择菜单“修改”|“删除”命令。

②选择工具“修改”|“删除”按钮。

③在命令行中输入：“Erase”或快捷键“E”。

④选中要删除的对象，按下键盘上的“Delete”键。

⑤选中要删除的对象，再按鼠标右键，从弹出的菜单中选“删除”即可。

6.3　旋转

旋转命令可以将对象参照某个基点进行旋转，该命令不会改变对象的整体尺寸大小。

6.3.1　调用旋转命令

可采用以下方法执行旋转命令：

①选择菜单“修改”|“旋转”命令。

②单击工具“修改” | “旋转”按钮。

③在命令行中输入：“Rotate”或快捷键“RO”。

输入命令后，命令行提示：

UCS 当前的正角方向：ANGDIR=逆时针 ANGBASE=0

选择对象：（选择将旋转的对象，选择结束后回车）

指定基点：（指定旋转参考的基点）

指定旋转角度，或［复制（C）/参照（R）］<0>：（指定旋转角度，若输入的旋转角度为正，对象将作逆时针方向旋转；若输入的角度为负，则对象作顺时针方向旋转）

各选项说明如下：

①旋转角度：决定对象绕基点旋转的角度。旋转轴通过指定的基点，并且平行于当前 UCS 的 Z 轴。

②复制：创建要旋转的选定对象的副本。

③参照：将对象从指定的角度旋转到新的绝对角度。命令行提示如下：

指定参照角度<上一个参照角度>：通过输入值或指定两点来指定角度。

指定新角度或［点（P）］<上一个新角度>：通过输入值或指定两点来指定新的绝对角度。

6.3.2 旋转命令具体用法

可以绕指定基点旋转图形中的对象。要确定旋转的角度，请输入角度值，使用光标进行拖动，或者指定参照角度，以便与绝对角度对齐。

①按指定角度旋转对象：输入旋转角度值（0°～360°），输入正角度值逆时针或负角度值顺时针旋转对象，这取决于“图形单位”对话框中的“方向控制”设置。

②通过拖动旋转对象：绕基点拖动对象并指定第二点，为了更加精确，请使用极轴追踪、对象捕捉、对象捕捉追踪。例如，如图 6-8 所示，通过选择对象，指定基点 1 并通过拖动到另一点指定旋转角度来旋转对象。

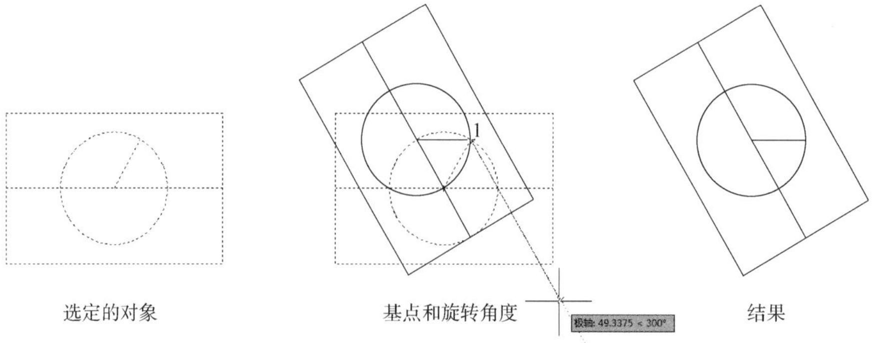

图 6-8

③旋转对象到绝对角度：使用“参照”选项，可以旋转对象，使其与绝对角度对齐。例如，要旋转图 6-9 中的部件，使斜边（23）旋转到 90°，可以选择要旋转的对象，指定

基点（圆心1），然后输入“参照”选项。对于参照角度，可以指定斜边（23）的两个端点；对于新角度，请输入90或者直接捕捉向上90°方向。

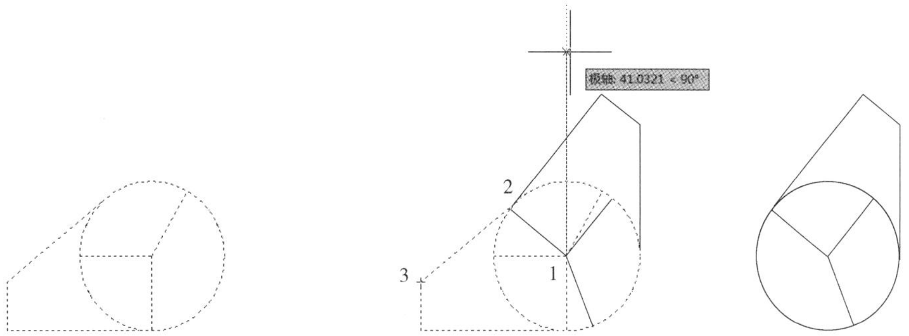

选定的对象　　基点（1）和参照角度（2,3两点）　　结果

图6-9

6.4　缩放

缩放命令可以改变目标对象的尺寸大小。该命令可以把整个实体或者实体的一部分沿*X*、*Y*、*Z*方向使用相同的比例因子放大或缩小，由于三个方向的缩放率相同，保证了缩放实体的形状不变。

可采用以下几种方法对目标对象进行缩放：

①选择菜单“修改”|“缩放”命令。

②选择工具栏“修改”|“缩放”按钮。

③在命令行中输入：“Scale”或快捷键“SC”。

输入命令后，命令行提示：

选择对象：(选择将要缩放的对象，完成后按回车)

指定基点：(指定缩放时参考的基准点，基点是在缩放时保持不动的点)

指定比例因子或［复制（C）/参照（R）］<1.0>：(输入缩放比例因子)

各选项说明如下：

①复制（C）：创建要缩放的选定对象的副本。

②参照（R）：按参照的长度和指定的新长度缩放选定的对象。实际操作中，可以先指定选定对象原有的长度，再直接输入缩放后的长度。如图6-10所示，要将左边的圆放大为右边的圆，由于不知道左边圆的半径，所以就需要运用“参照”选项，参照长度可以指定左边圆的半径，也可以是直径，那么相应地指定新长度时，就要输入右边圆的半径500，或者输入右边圆的直径1000。

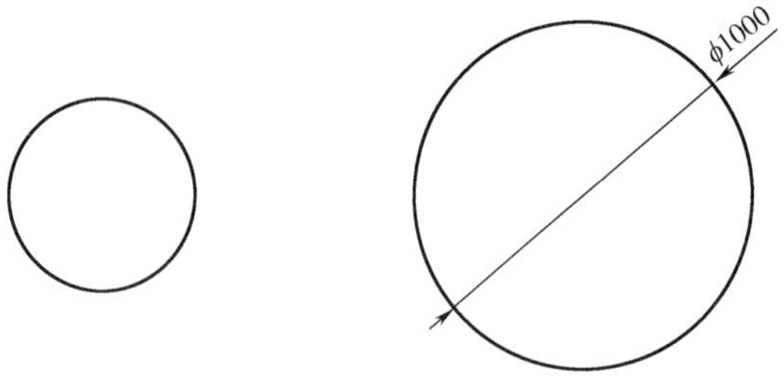

图 6-10

6.5 拉伸

拉伸可以按指定的方向和角度拉伸或缩短目标对象。它可以拉长、缩短或改变对象的形状。在选择拉伸对象时，只能使用交叉窗口或交叉多边形的方式，与窗口相交的对象将被拉伸，窗口内的对象将随之移动。

可采用以下几种方法对目标对象进行拉伸：

①选择菜单“修改” | “拉伸”命令。

②选择工具栏“修改” | “拉伸”按钮。

③在命令行中输入：“Stretch”或快捷键“S”。

输入命令后，命令行提示：

以交叉窗口或交叉多边形选择要拉伸的对象...（用交叉窗口或交叉多边形选择要拉伸的对象，选择完成后回车）

指定基点或［位移（D）］<位移>：

指定第二个点或（使用第一个点作为位移>：

说明如下：

①对于直线、圆弧、区域填充和多段线等对象，若其所有部分均在选择窗口内，则对象将被移动，如果只有一端在选择窗口内，则遵循以下拉伸规则：

a. 直线：位于窗口外的端点不动，位于窗口内的端点移动。

b. 圆弧：与直线类似，但在圆弧改变的过程中，圆弧的弦高保持不变，同时调整圆心的位置和圆弧起始角、终止角的值。

c. 区域填充：位于窗口外的端点不动，位于窗口内的端点移动。

d. 多段线：与直线和圆弧相似，但多段线两端的宽度、切线方向及曲线拟合信息均不改变。

②其他对象，如圆、椭圆、块及文本等没有端点的图形元素将不能被拉伸。如果其定义点位于选择窗口内，对象发生移动，否则不动。其中，圆和椭圆对象的定义点为圆心，块对象的定义点为插入点，文字和属性定义的定义点为字符串基线的左端点。

6.6 拉长

拉长命令可以改变直线、圆弧、椭圆弧及开放多段线（相对闭合多段线来说）等对象的长度，对其进行伸长或缩短操作。

可采用以下几种方法调用“拉长”命令：

①选择菜单“修改”｜“拉长”命令。

②选择工具栏“修改”｜“拉长”按钮。

③在命令行中输入：“Lengthen”或快捷键“Len”。

输入命令后，命令行提示：

选择对象或［增量（DE）/百分数（P）/全部（T）/动态（DY）］：（选择对象后，会显示所选择对象当前的长度，如果选择的是圆弧，则还会显示圆弧的包含角）

各选项说明如下：

①增量（DE）：通过指定增量值的方法改变对象的长度或角度。

②百分数（P）：通过指定拉长后总长度相对于原长度的百分数来进行拉长操作。

③全部（T）：通过指定直线或圆弧的新长度值或新的包含角度来进行对象的拉长操作。

④动态（DY）：通过拖动鼠标的方法来动态地确定对象的新端点以改变对象的长度。

下面以将长为 100 的直线拉长为 150 的直线为例，详细说明以上几个选项的用法，如图 6-11 所示。

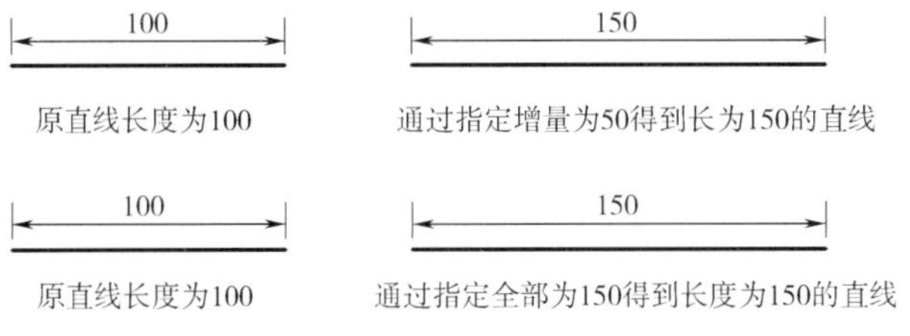

图 6-11

过程如下：

①选择增量（DE）选项

命令：len

选择对象或［增量（DE）/百分数（P）/全部（T）/动态（DY）］：de

输入长度增量或［角度（A）］<0.0000>：50

选择要修改的对象或［放弃（U）］：（选择直线，选择的位置接近哪一端，则往哪一端拉长 50）

选择要修改的对象或［放弃（U）］：（回车结束命令）

②选择百分数（P）选项

命令：len

选择对象或［增量（DE）/百分数（P）/全部（T）/动态（DY）］：p

输入长度百分数<100.0000>：150

选择要修改的对象或［放弃（U）］：（选择直线，选择的位置接近哪一端，则往哪一端拉长 50）

选择要修改的对象或［放弃（U）］：（回车结束命令）

③选择全部（T）选项

命令：len

选择对象或［增量（DE）/百分数（P）/全部（T）/动态（DY）］：t

指定总长度或［角度（A）］<1.0000）>：150

选择要修改的对象或［放弃（U）］：（选择直线，选择的位置接近哪一端，则往哪一端拉长 50）

选择要修改的对象或［放弃（U）］：（回车结束命令）

④选择动态（DY）选项。此选项不能精确指定拉长距离，作用不大。

6.7 使用夹点编辑

AutoCAD 在图形对象上定义了一些特殊点，如直线的端点、中点，圆的圆心、象限点，圆弧的起点、端点、中点等。在没有输入任何操作命令，选取要编辑的图形对象时，该图形对象上会显示很多小方框（蓝色方框），这些小方框就是用于标记被选中对象的夹点，也就是对象上的控制点，该点也称为冷夹点。此时，若用鼠标左键单击某一冷夹点，则该冷夹点呈现为红色方框，称为热夹点。按住 Shift 键点击冷夹点可以得到多个热夹点。各种常见图形对象的夹点如图 6-12 所示。

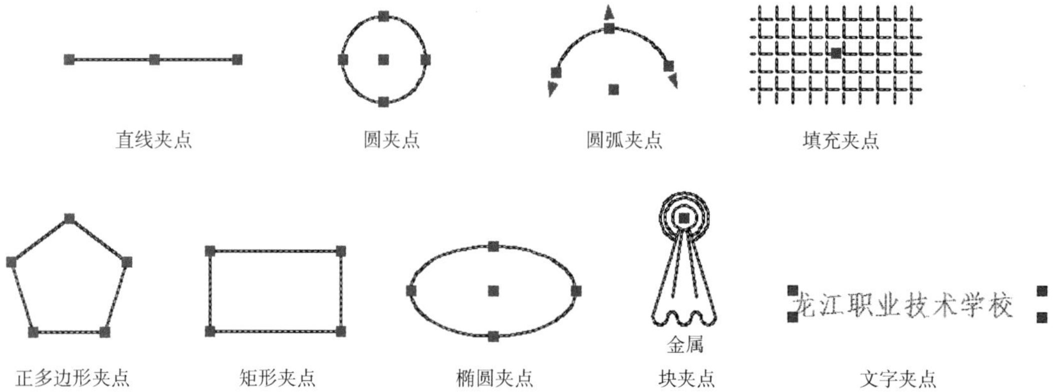

图 6-12

利用热夹点，用户可以非常方便地对所选对象进行拉伸、移动、旋转、缩放等操作。当所选择的图形对象处于热夹点状态时，AutoCAD 在命令行提示如下内容：

＊＊拉伸＊＊

指定拉伸点或［基点（B）/复制（C）/放弃（U）/退出（X）］：

这时的状态是默认的拉伸模式，通过下面两种方法，可以改变操作模式：

①按回车键或空格键，则各操作模式依次显示：

＊＊移动＊＊

指定移动点或［基点（B）/复制（C）/放弃（U）/退出（X）］：

＊＊旋转＊＊

指定旋转角度或［基点（B）/复制（C）/放弃（U）/参照（R）/退出（X）］：

＊＊比例缩放＊＊

指定比例因子或［基点（B）/复制（C）/放弃（U）/参照（R）/退出（X）］：

＊＊镜像＊＊

指定第二点或［基点（B）/复制（C）/放弃（U）/退出（X）］：

②键入各命令的前两个字母（旋转可以键入 Ro 或 R），可以实现拉伸（Stretch）、移动（Move）、旋转（Rotate）、缩放（Scale）和镜像（Mirror）等操作。

特别说明：在拉伸、移动、旋转、缩放等各操作模式中，各选项在前面章节中已经讲述，读者可以举一反三，在此不再啰唆。

6.8　综合实例

如图 6-13 所示，请用缩放、拉伸、多行文字等命令，将图 6-13（1）的图形改成图 6-13（2）的图形并标上文字，最后将图 6-13（2）的图形及文字以“衣柜外形图”为名保存文件。

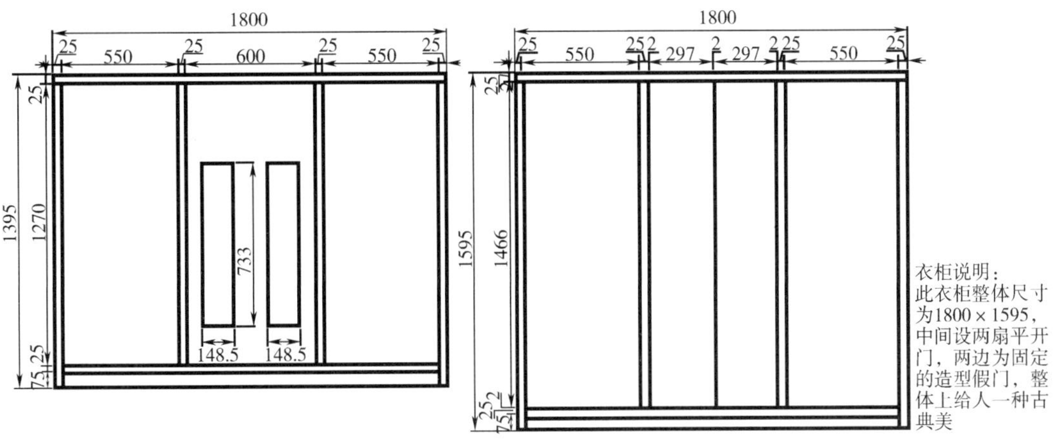

(1)　　(2)

图 6-13

具体步骤如下：

①先使用拉伸命令作图，如图 6-14 所示。选中对象，其命令行操作如下：

命令：s

STRETCH

以交叉窗口或交叉多边形选择要拉伸的对象...

选择对象：指定对角点：找到 11 个

选择对象：(回车或鼠标右键结束选择)

指定基点或［位移（D）］<位移>：(在屏幕上任意指定一点为基点)

指定第二个点或<使用第一个点作为位移>：200（追踪 270°的极轴方向并输入 200 的拉伸距离)

结果如图 6-15 所示。

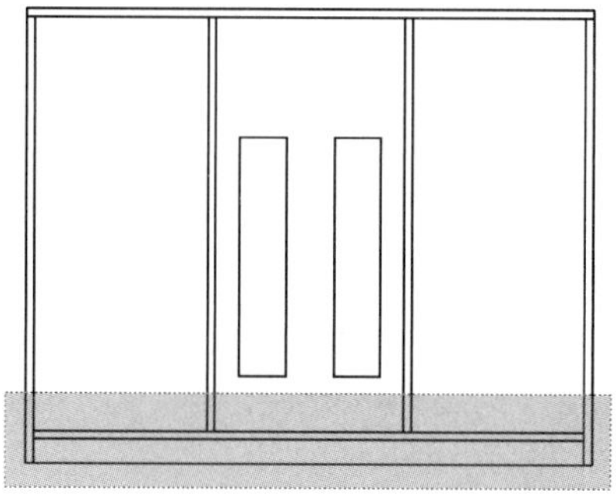

图 6-14

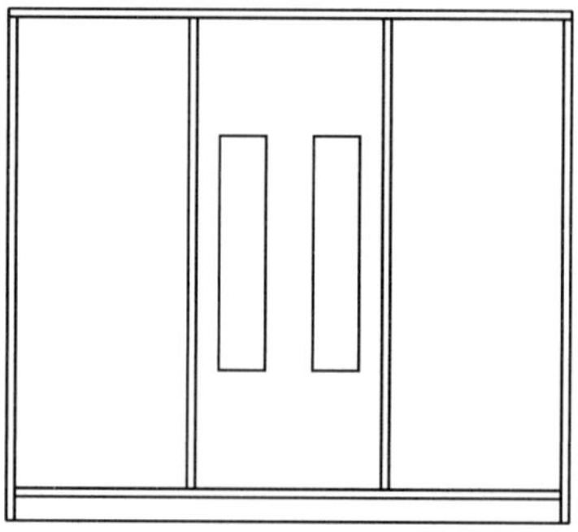

图 6-15

②使用缩放命令作图，如图 6-16 所示。选中对象，其命令行操作如下：

命令：sc

SCALE

选择对象：指定对角点：找到 1 个（选择左边的矩形)

选择对象：(回车或鼠标右键结束选择)

指定基点：(对象捕捉追踪所选对象的中心点为缩放的基点)

指定比例因子或［复制（C）/参照（R）］<0.5000>：2（输入放大的比例因子)

结果如图 6-17 所示。

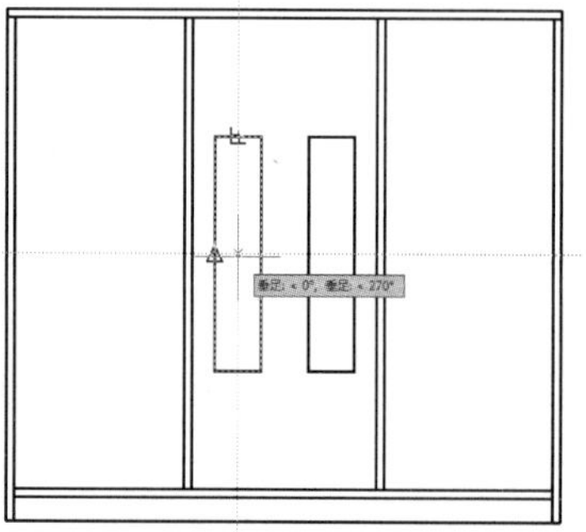

图 6-16

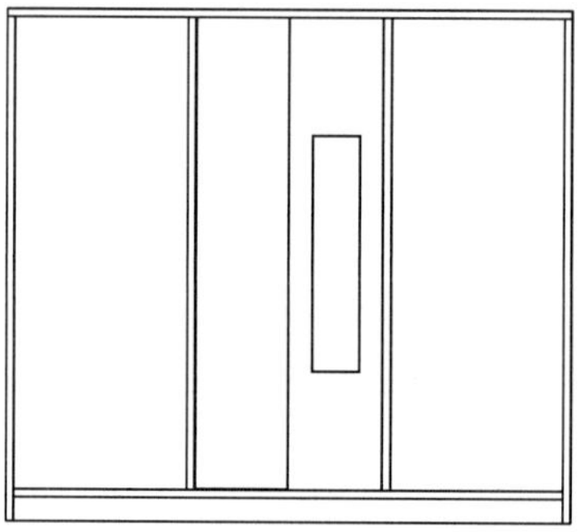

图 6-17

③同样使用缩放命令，将图 6-17 中右边较小的矩形放大 2 倍，结果如图 6-18 所示。

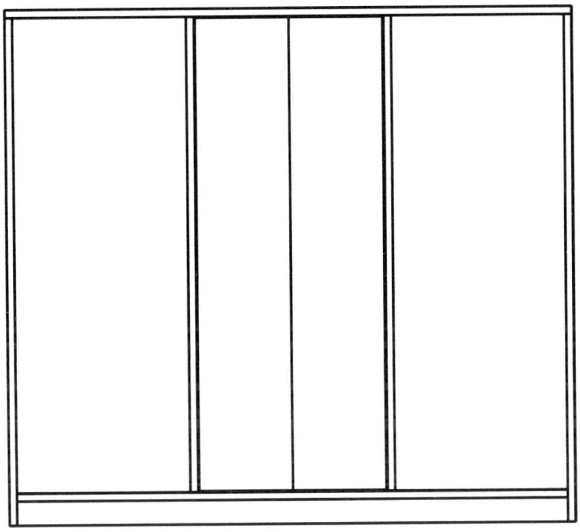

图 6-18

④输入文字

第一步：打开菜单中的“格式 | 文字样式”或者直接输入“ST”，弹出对话框，在其中设置文字样式。

a. 新建一个“文字样式”，样式名为“家具样式”。

b. 设置字体为 gbeitc. shx，勾选“使用大字体”，大字体设为 gbcbig. shx，如图 6-19 所示。

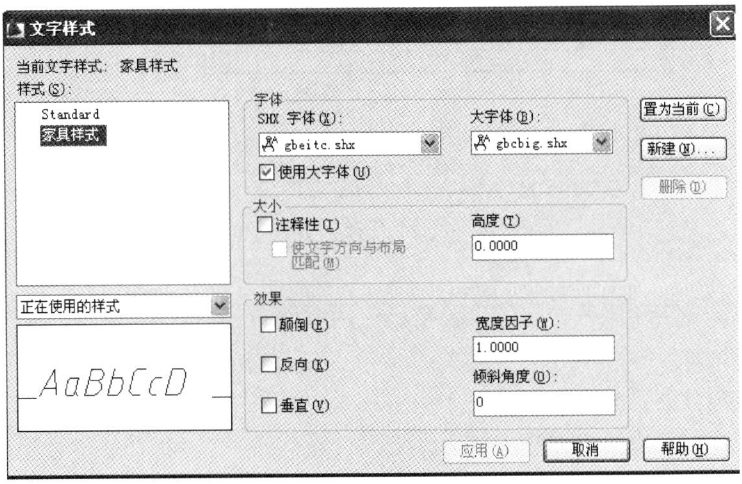

图 6-19

第二步：设置“家具样式”为当前文字样式，并设置“文字说明”图层为当前图层，输入文字。可以在输入全部文字后选中文字，将文字字体改为仿宋体，如图 6-20 所示。所绘图形最终结果如图 6-21 所示。

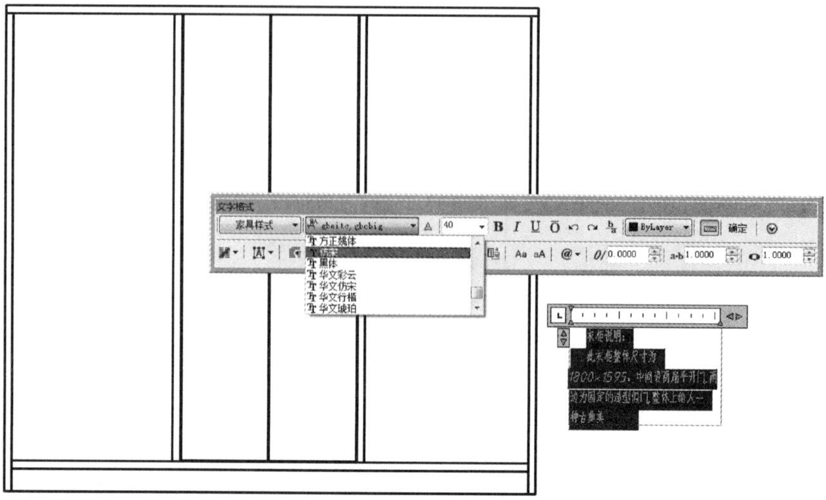

图 6-20

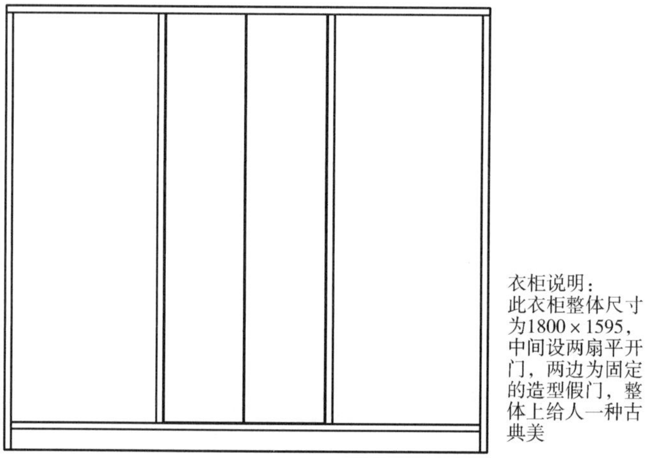

图 6-21

思考与练习

1. 练习单行文字和多行文字的设置及标注的方法。
2. 练习删除对象的几种方法。
3. 练习旋转对象的编辑方法。
4. 练习缩放对象的编辑方法。
5. 练习拉伸对象的编辑方法。

第7章

点、面域、图案填充、分解、徒手画

7.1 点

在 AutoCAD 中，点对象可用作捕捉和偏移对象的节点或参考点。可以通过“单点”“多点”“定数等分”和“定距等分”4 种方法创建点对象，如图 7-1 所示。

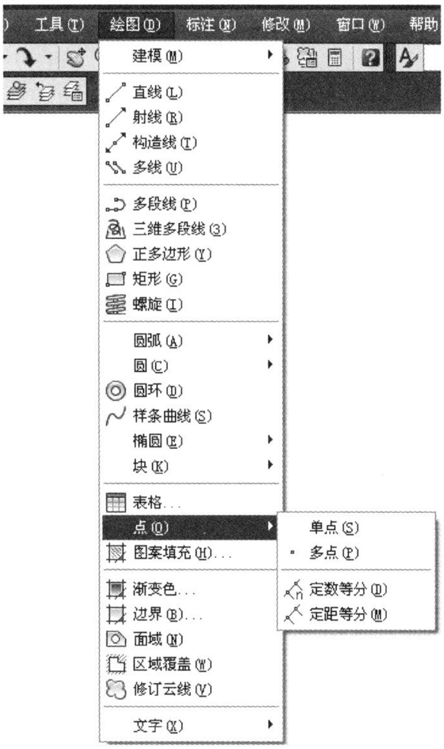

图 7-1

7.1.1 设置点的样式

设置点的样式的目的在于增加其在屏幕上的可视性。可采用以下方法调用点样式对话框：

①选择菜单中的“格式”｜“点样式”命令。

②在命令行中输入：“Ddptype”。

输入命令后，弹出如图 7-2 所示的对话框，在此对话框中选择拟使用的点的样式。

如果想将需要的点在图纸上打印出来，可选择“按绝对单位设置大小”；如果用户只想在屏幕上画一个临时点，而不需要将它在图纸上打印出来，则选择“相对于屏幕设置大小”。

7.1.2 绘制单点和多点

在 AutoCAD 中，单击“菜单浏览器”按钮，在弹出的菜单中选择“绘图”｜“点”｜“单点”命令，可以在绘图窗口中一次指定一个点；单击“菜单浏览器”按钮，在弹出的

菜单中选择“绘图” | “点” | “多点”命令，或在“功能区”选项板中选择“常用”选项卡，在“绘图”面板中单击“多点”按钮，就可以在绘图窗口中一次指定多个点，直到按 Esc 键结束。

例如：在绘图窗口中任意位置创建 3 个点，如图 7-3 所示。

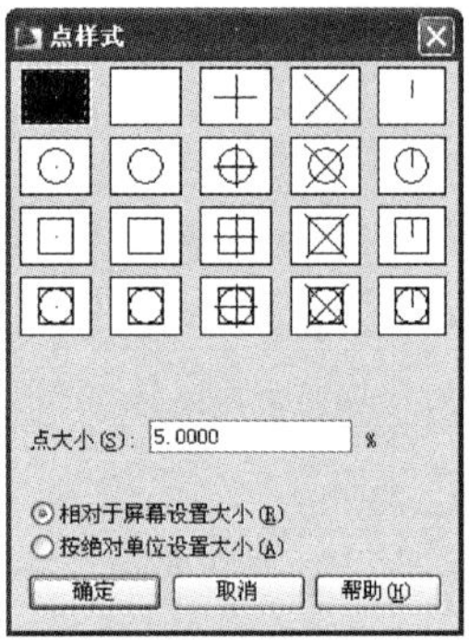

图 7-2

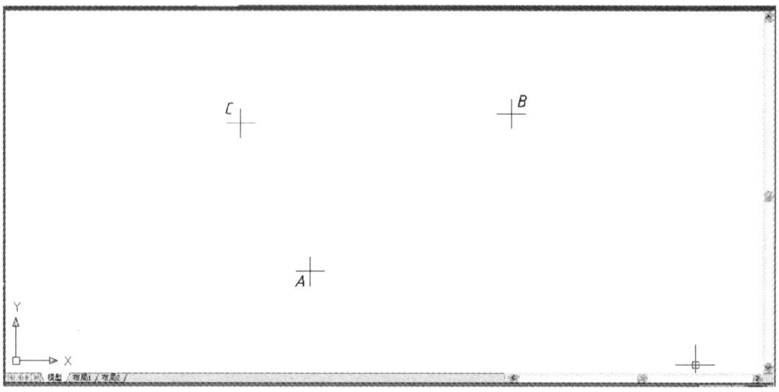

图 7-3

7.1.3 绘制定数等分点

可采用以下方法对已有的对象进行定数等分：

①选择菜单中的“绘图” | “点” | “定数等分”命令。

②在命令行中输入：“Divide”或快捷键“DIV”。

输入命令后，命令行提示：

选择要定数等分的对象：

输入线段数目或［块（B）］：（输入要等分的数目或输入在等分点要插入的图块的名称）

如图 7-4 上面图形所示。

7.1.4 绘制定距等分点

可采用以下方法对已有的对象进行定距等分：

①选择菜单中的“绘图” | “点” | “定距等分”命令。

②在命令行中输入：“Measure”或快捷键“ME”。

输入命令后，命令行提示：

选择要定距等分的对象：

输入线段长度或［块（B）］：（输入测量的长度或输入选项“B”）

如图 7-4 下面图形所示。

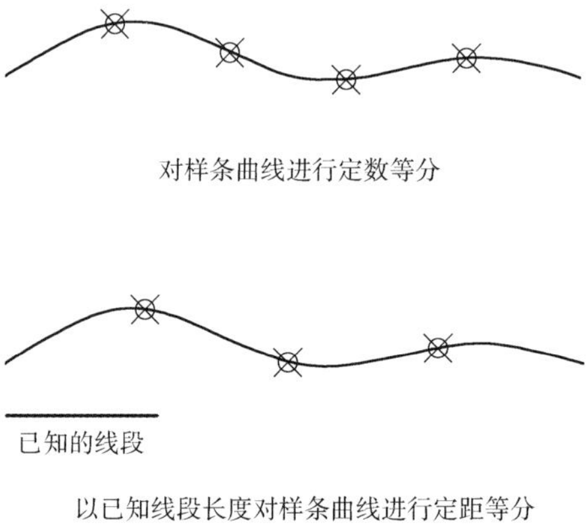

图 7-4

7.2 面域

面域具有遮挡属性，它能遮挡住其后面的对象，同时，面域必须是一个二维的封闭区域，可以将面域进行布尔运算（并集、差集、交集），也就是说可以将面域相加、相减或取面域之间的相交部分。在 AutoCAD 中，可以将由某些对象围成的封闭区域定义为面域，这些封闭区域可以是圆、椭圆、封闭的二维多段线和封闭的样条曲线等对象，也可以是由圆弧、直线、二维多段线、椭圆弧、样条曲线等对象构成的封闭区域。

7.2.1 创建面域

可采用以下方法调用面域命令：

①选择菜单中的“绘图” | “面域”命令。

②选择工具栏中的“绘图” | “面域”按钮。

③在命令行中输入：“Region”或快捷键“REG”。

输入命令后，命令行提示如下：

选择对象：(选择拟创建面域的对象，这些对象必须是首尾相连，而且形成封闭区域)

结果创建出面域，并提示创建出的面域数量。

注意：

①圆、多边形等封闭图形属于线框模型，而面域属于实体模型，因此，在选中时表现的形式也不相同。如图 7-5 所示，左边为圆形，而右边已经将圆形定义为面域，二者被选中时的表现形式不同。

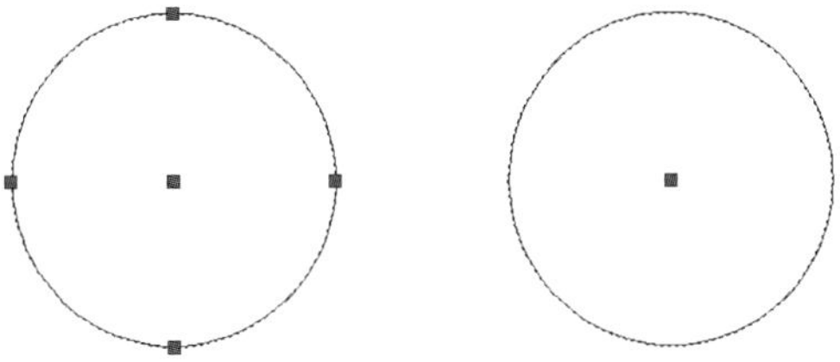

图 7-5

②选择“绘图” | “边界”命令（BOUNDARY），或快捷键“BO”，也可以使用打开的“边界创建”对话框来定义面域，如图 7-6 所示。此时，在“对象类型”下拉列表中选择“面域”选项，单击“确定”按钮后创建的图形将是一个面域，而不是边界。

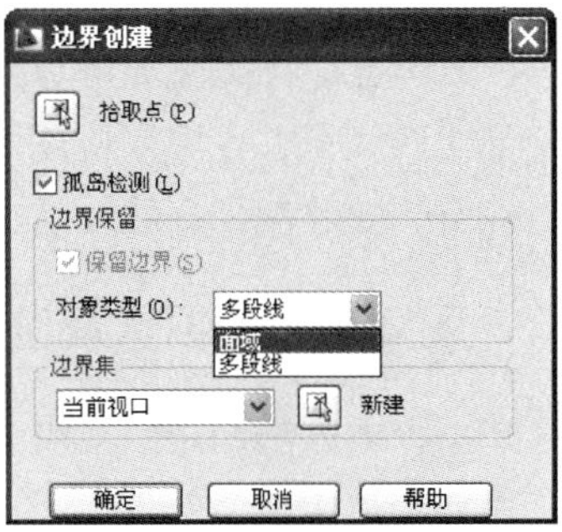

图 7-6

7.2.2 面域之间的布尔运算

可采用以下方法进行面域之间的布尔运算：

①选择菜单中的“修改”|“实体编辑”|“并集（差集或交集）”命令，如图 7-7 所示。

②在命令行中相应输入并集（差集或交集）的命令：“Union”（Subtract 或 Intersect）或者相应的快捷键“UNI”（SU 或 IN）。输入命令后，根据命令行的提示选择相关的对象，就会得到最终的新面域，如图 7-8 所示。

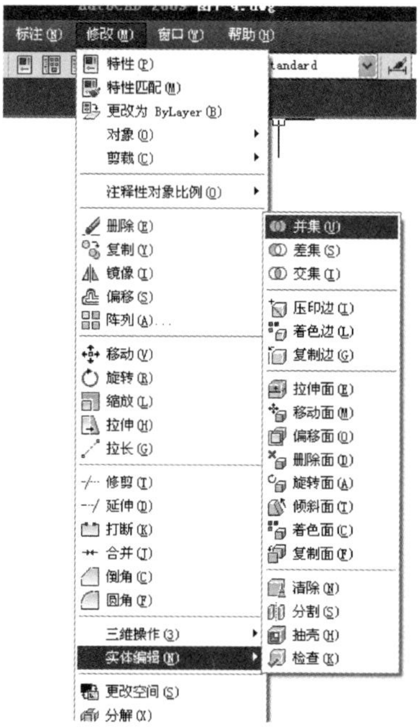

图 7-7

两个圆形构成的原始面域　两个原始面域作并集运算　两个原始面域作差集运算（左边的圆面域减去右边的圆面域）　两个原始面域作交集运算

图 7-8

7.3 图案填充

要重复绘制某些图案以填充图形中的一个区域，从而表达该区域的特征，这种填充操作称为图案填充。图案填充的应用非常广泛，例如，在机械工程图中，可以用图案填充表达一个剖切的区域，也可以使用不同的图案填充表达不同的零部件或者材料。而在家具制图中，经常需要绘制剖面线，这个问题就可以由图案填充功能来解决。

7.3.1 图案填充的设置及应用

可采用以下方法调用图案填充命令：

①选择菜单中的“绘图”|“图案填充”命令。

②选择工具栏中的“绘图”|“图案填充”按钮。

③在命令行中输入：“Bhatch”或快捷键“H”或“BH”。

输入命令后，AutoCAD 会弹出如图 7-9 所示的“图案填充和渐变色”对话框。单击“图案填充和渐变色”对话框右下角的按钮，将显示更多选项，如图 7-10 所示，可以对“孤岛”和“边界”进行设置。

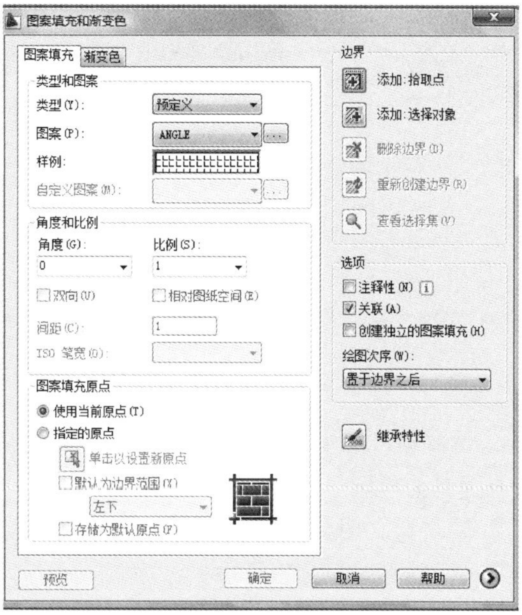

图 7-9

各选项说明如下：

①“类型和图案”：在“类型和图案”选项组中，可以设置图案填充的类型和图案，主要选项的功能如下：

a.“类型”下拉列表框：设置填充的图案类型，包括“预定义”“用户定义”和“自定义”3 个选项。其中，选择“预定义”选项，可以使用 AutoCAD 提供的图案；选择“用户定义”选项，则需要临时定义图案，该图案由一组平行线或者相互垂直的两组平行线组成；选择“自定义”选项，可以使用事先定义好的图案。

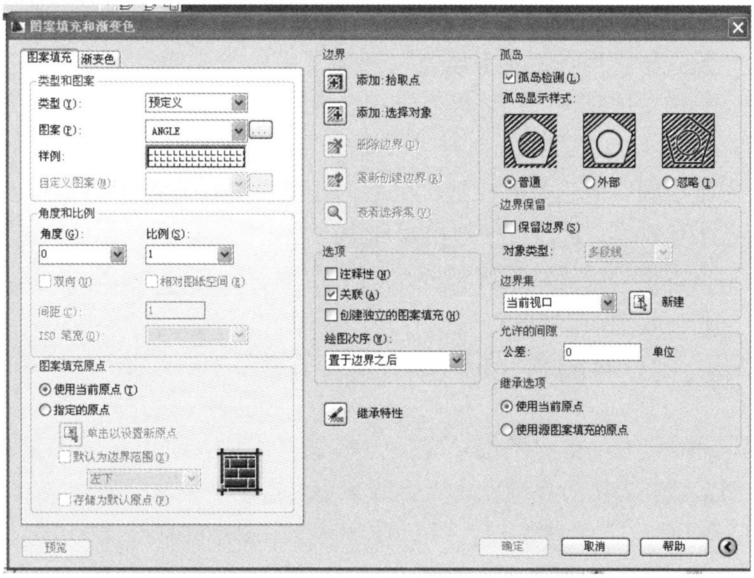

图 7-10

b.“图案”下拉列表框：设置填充的图案，当在“类型”下拉列表框中选择“预定义”时该选项可用。在该下拉列表框中可以根据图案名选择图案，也可以单击其后的按钮，在打开的“填充图案选项板”对话框中进行选择，如图 7-11 所示。

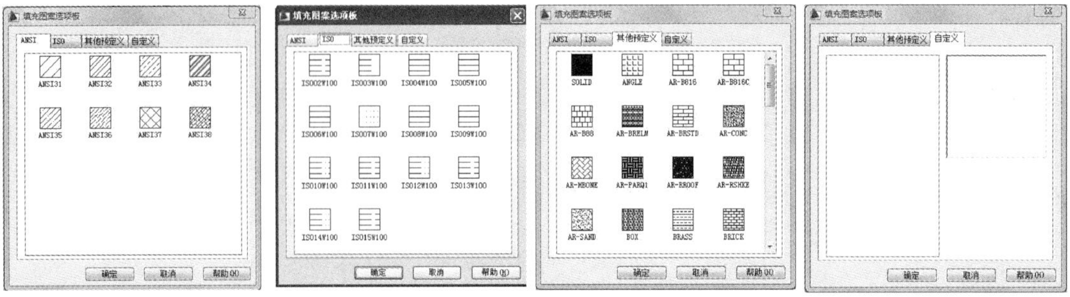

图 7-11

c. “样例”预览窗口：显示当前选中的图案样例，单击所选的样例图案，也可打开“填充图案选项板”对话框选择图案。

d. “自定义图案”下拉列表框：选择自定义图案，在“类型”下拉列表框中选择“自定义”类型时该选项可用。

② “角度和比例”：在“角度和比例”选项组中，可以设置用户定义类型的图案填充的角度和比例等参数，主要选项的功能如下：

a. “角度”下拉列表框：设置填充图案的旋转角度，每种图案在定义时的旋转角度都为零。

b. “比例”下拉列表框：设置图案填充时的比例值。每种图案在定义时的初始比例为1，可以根据需要放大或缩小。在“类型”下拉列表框中选择“用户自定义”时该选项不可用。

c. “双向”复选框：当在“图案填充”选项卡中的“类型”下拉列表框中选择“用户定义”选项时，选中该复选框，可以使用相互垂直的两组平行线填充图形，否则为一组平行线。

d. “相对图纸空间”复选框：设置比例因子是否为相对于图纸空间的比例。该选项只有在布局中填充才有效，它可以方便地使布局中的填充图案以适当的比例显示出来。

e. “间距”文本框：设置填充平行线之间的距离，当在“类型”下拉列表框中选择“用户自定义”时，该选项才可用。

f. “ISO 笔宽”下拉列表框：设置笔的宽度，当填充图案采用 ISO 图案时，该选项才可用。

③ “图案填充原点”：在“图案填充原点”选项组中，可以设置图案填充原点的位置，因为许多图案填充需要对齐填充边界上的某一个点。主要选项的功能如下：

a. “使用当前原点”单选按钮：可以使用当前 UCS 的原点（0,0）作为图案填充原点。

b. “指定的原点”单选按钮：可以通过指定点作为图案填充原点。其中，单击“单击以设置新原点”按钮，可以从绘图窗口中选择某一点作为图案填充原点；选择“默认为边界范围”复选框，可以以填充边界的左下角、右下角、右上角、左上角或圆心作为图案填充原点；选择“存储为默认原点”复选框，可以将指定的点存储为默认的图案填充原点。

④“边界”：构造填充时用到的边界。

a. “添加：拾取点”按钮：以拾取点的形式来指定填充区域的边界。单击该按钮切换到绘图窗口，可在需要填充的区域内任意指定一点，系统会自动计算出包围该点的封闭填充边界，同时亮显该边界。如果在拾取点后系统不能形成封闭的填充边界，则会显示错误提示信息。

b. “添加：选择对象”按钮：单击该按钮将切换到绘图窗口，可以通过选择对象的方式来定义填充区域的边界。

c. “删除边界”按钮：单击该按钮可以取消系统自动计算或用户指定的边界。

d. “重新创建边界”按钮：重新创建图案填充边界。

e. “查看选择集”按钮：查看已定义的填充边界。单击该按钮，切换到绘图窗口，已定义的填充边界将亮显。

⑤“选项”：在“选项”选项组中，各主要选项的功能如下：

a. “注释性”复选框：指定图案填充为注释性。

b. “关联”复选框：用于创建其边界时随之更新的图案和填充，在边界变化时，填充会自动更新。

c. “创建独立的图案填充”复选框：用于创建独立的图案填充。

d. “绘图次序”下拉列表框：用于指定图案填充的绘图顺序，图案填充可以放在图案填充边界及所有其他对象之后或之前。

⑥“继承特性”按钮：可以将现有图案填充或填充对象的特性应用到其他图案填充或填充对象。

⑦“预览”按钮：可以使用当前图案填充设置显示当前定义的边界，单击图形或按 Esc 键返回对话框，单击、右击或按 Enter 键接受图案填充。

⑧“孤岛”：在进行图案填充时，通常将位于一个已定义好的填充区域内的封闭区域称为孤岛。“孤岛”选项控制在最外边界内还有边界时的填充方法，对话框中的图示已非常形象地表达出有三种填充方式：

a. “普通”：定义从最外部边界开始，每隔一个边界，图案填充一次。

b. “外部”：只会对最外面的封闭区间填充图案。

c. “忽略”：以最外围的封闭区间为边界，忽略里面所有的区间填充图案。

⑨“边界保留”：控制是否将填充边界保存及保存时得到边界的类型（面域或多段线）。

⑩“边界集”：当通过“添加：拾取点”定义边界时，在此定义 AutoCAD 要分析的对象集。有两种定义对象的方式：“当前视口”项为系统默认值，表示将当前视图显示的图形（可见与不可见）作为定义填充边界时 AutoCAD 分析的对象集，这要花费较多的时间。若用户要排除当前视图中与填充无关的图案对象，可以使用自定义边界集，方法是用鼠标左键单击下拉箭头，在下拉列表中选择“现有集合”，注意在选择“现有集合”之前，先要用右边的“新建”按钮创建新的对象集。单击该按钮，对话框暂时消失，返回作图屏幕，AutoCAD 提示选取对象以建立新的对象集。

⑪“允许的间隙”：设置将对象用作图案填充边界时可以忽略的最大间隙。默认值为 0，此值指定对象必须封闭区域而没有间隙。

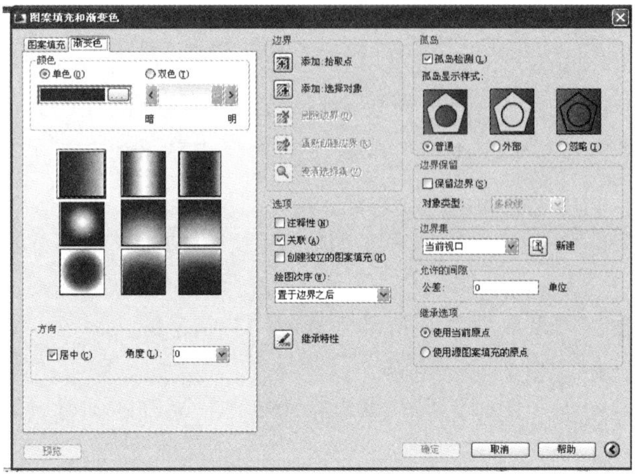

图 7-12

⑫“继承选项”：使用“继承特性”创建图案填充时，这些设置将控制图案填充原点的位置。

a. “使用当前原点”：使用当前的图案填充原点设置。

b. “使用源图案填充的原点”：使用源图案填充的图案填充原点。

⑬渐变色：可以创建单色或双色渐变色，并对图案进行填充，如图 7-12 所示。

系统变量 Fill 控制着图案填充是否可见，当 Fill = on（开）时，填充图案可见；当 Fill = off（关）时，填充图案不可见。

注意：输入开或关后，用“regen”或“RE”命令进行图形的重新计算，就可以看到结果了。

7.3.2 编辑图案填充

可采用以下方法编辑图案填充：

①选择菜单中的“修改”|“对象”|“图案填充”命令。

②在命令行中输入：“Hatchedit”或快捷键“HE”。

③选择填充图案后，右击鼠标，从右键菜单中选中“图案填充编辑”，如图 7-13 所示。

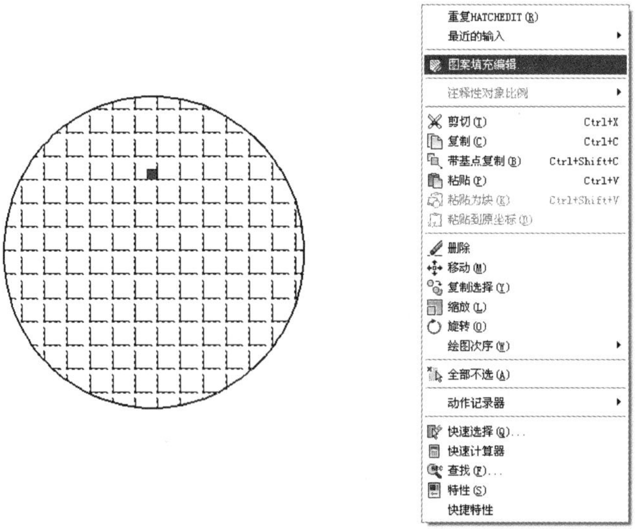

图 7-13

选择图案后，AutoCAD 会弹出如图 7-14 所示的“图案填充编辑”对话框，用户可从中对已填充的图案进行修改。

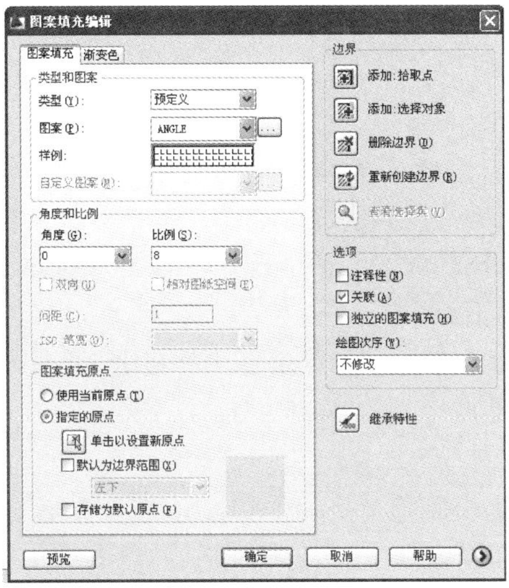

图 7-14

7.4　分解

用户可以利用分解（Explode）命令将所选实体分解，分解能使复杂的实体变成简单对象，便于对其进行其他的编辑操作。

可以采用以下方法调用分解命令：

①选择菜单中的“修改”|“分解”命令。

②选择工具中的“修改”|“分解”按钮。

③在命令行中输入：“Explode”或快捷键“X”。

输入命令后，AutocAD 提示如下：

选取对象：(选取拟分解的对象，选完后回车)

结果，AutoCAD 将用户所选对象进行分解。

说明：

①多段线分解后，其线宽变为零。

②带有属性的图块分解后，其属性值将被还原成属性定义的标志。

③多线分解后变成简单直线。

④图案被分解后，它将不再是一个单一对象，而是一组组成图案的线条。同时，分解后的图案也失去了与图形的关联性，因此，将无法使用“修改”|“对象”|“图案填充”命令来编辑。

7.5 徒手画

徒手绘图主要用于绘制一些无规则的很随意的线，如家具制图中的木纹线。利用 Sketch 命令可以徒手绘制图形、轮廓线及签名等。在 AutoCAD 中，Sketch 命令没有对应的菜单或工具按钮，因此要使用该命令，必须在命令行中输入 Sketch，这时系统要求指定增量距离，然后显示如下提示信息：

记录增量<1.0>：（输入新的记录增量值，该值越小，画出的线越细腻）

徒手画：画笔（P）/退出（X）/结束（Q）/记录（R）/删除（E）/连接（C）。

该命令中各选项的含义如下：

①画笔（P）：控制提笔与落笔，是一个切换开关（提笔与落笔也可以由鼠标左键来控制）。

②退出（X）：结束“Sketch”命令，并将刚才绘制的草图记录到图形中。

③结束（Q）：退出“Sketch”命令，不记录刚才所绘草图。

④记录（R）：记录刚才所绘草图，但不退出“Sketch”命令。

⑤删除（E）：删除未记录的线段，如果笔原来是落下的，则提笔。

⑥连接（C）：使笔落下，从上次所绘草图的终点继续绘图。

注意：用徒手画命令绘出的线条实际上是由许多小的直线段组成，直线段的长度由记录增量控制，增量设置太小会使图形中增加大量的直线段，导致图形文件过大。

7.6 综合实例

请用直线、点、面域、图案填充等命令绘制如图 7-15 左边所示的图形。

具体操作如下：

①使用直线命令、圆命令、椭圆命令和环形阵列方式作图，得到如图 7-16 所示图形。

要点提示：对象捕捉直径为 76 的圆的象限点为椭圆的中心点。

②利用面域命令和面域之间的差集和并集，得到如图 7-17 所示图形。其具体操作如下：

a. 创建面域，其命令行如下：

命令：reg REGION（面域命令）

选择对象：指定对角点：找到 6 个（框选对象）

选择对象：（回车键结束选择或鼠标右键结束选择）

已提取 6 个环。

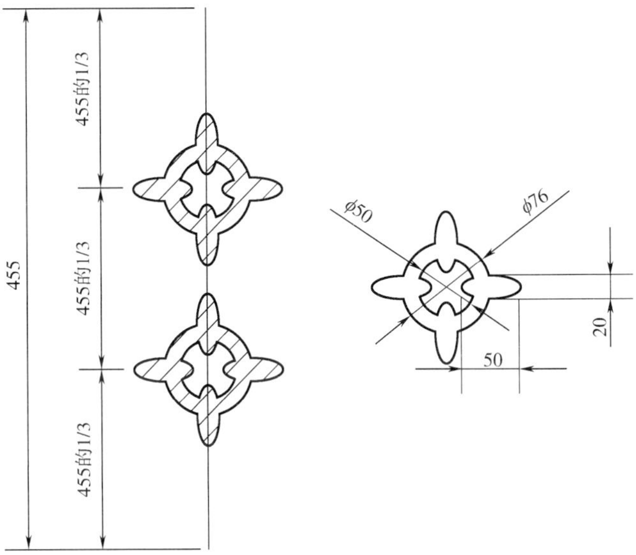

图 7-15

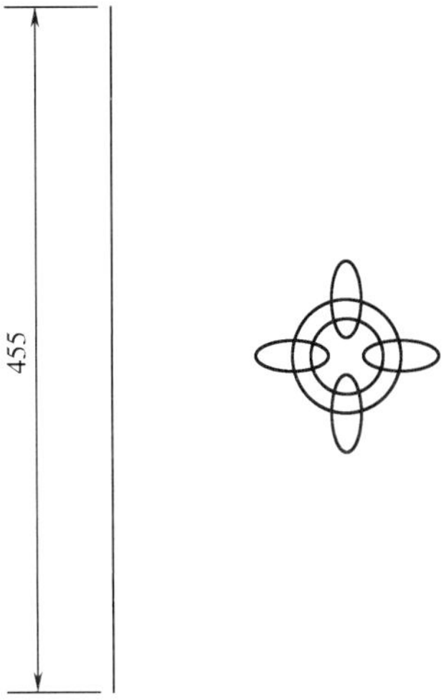

图 7-16

已创建 6 个面域。(系统提示所创建的面域数量)

b. 面域之间的计算（本图只需要差集和并集），其命令行如下：

命令：su SUBTRACT（差集命令）

选择要从中减去的实体或面域...（系统提示选择要从中减去的面域）

选择对象：找到 1 个（选择外圆即直径为 76 的圆）

选择对象：(回车键结束选择或鼠标右键结束选择)

选择要减去的实体或面域...（系统提示选择要减去的面域）

选择对象：找到 1 个（选择内圆即直径为 50 的圆）

选择对象：(回车键结束选择或鼠标右键结束选择，完成面域之间的差集)

接着用并集命令，框选所有面域进行并集运算，结果如图 7-17 所示。

图 7-17

③设置填充图层为当前图层，使用填充命令填充图形，结果如图 7-18 所示。

要点提示：图案填充类型为预定义；图案为 ANSI31；比例为 4。

④利用点样式、定数等分、复制等命令作图，其具体操作如下：

a. 选择菜单中的“格式”|“点样式”命令，设置点的样式为 ；

b. 选择菜单中的“绘图”|“点”|“定数等分”，如图 7-19 所示，其命令行操作如下：

命令：div DIVIDE（定数等分命令）

选择要定数等分的对象：(选择要定数等分的长度为 455 的直线)

输入线段数目或［块（B）］：3（输入线段数目）

图 7-18

图 7-19

图 7-20

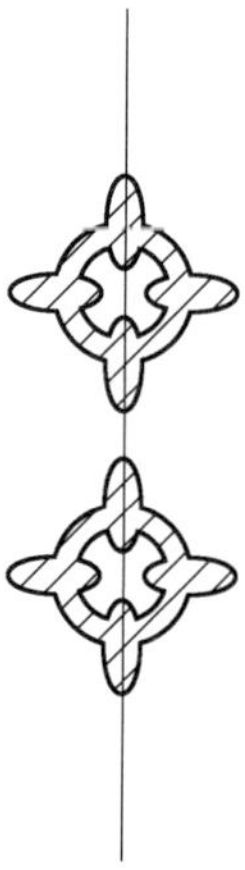

图 7-21

c. 打开对象捕捉追踪功能，使用复制命令作图，如图 7-20 所示。

要点提示：对象捕捉设置为捕捉节点（即要把对象捕捉模式中的节点勾上）。

d. 重新设置“点的样式”为 □，以便看不到点，最终结果如图 7-21 所示。

思考与练习

1. 练习绘制点的几种方法。
2. 练习图案填充的方法。
3. 练习面域的创建方法及面域之间的各种布尔运算。
4. 练习分解对象的方法。
5. 练习徒手画的方法。

第 8 章

多线、构造线、射线、图块、打断

8.1 多线

多线是一种特殊类型的直线，它由多条平行直线组成。多线是一个实体，在建筑绘图和工程绘图中十分有用。

8.1.1 定义多线线型样式

在不同场合，用户对多线的线型有不同的要求，可自定义多线的线型样式。方法有以下两种：

①选择菜单中的“格式” | “多线样式”命令。

②在命令行中输入：“Mlstyle”（若输入快捷键“ML”，则直接开始绘制多线）。

执行命令后，弹出如图 8-1 所示的多线样式对话框。通过此对话框，用户即可新建或修改多线样式。

对话框中各选项说明如下：

①“新建”：显示“创建新的多线样式”对话框，从中可以创建新的多线样式，如图 8-2 所示。

②“修改”：显示“修改多线样式”对话框，如图 8-3 所示，从中可以修改选定的多线样式。不能修改在图形中使用过的多线样式的元素和多线特性。要编辑现有多线样式，必须在使用该样式绘制任何多线之前进行。

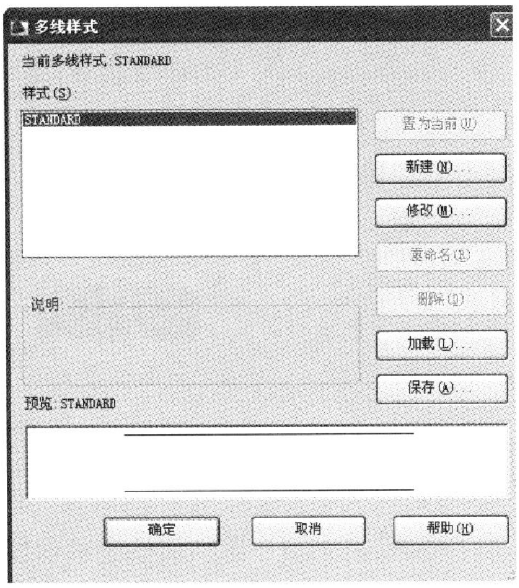

图 8-1

图 8-2

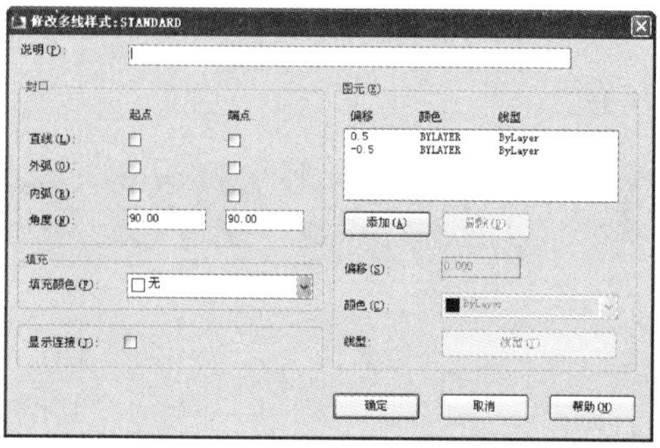

图 8-3

图 8-3 中各选项说明如下：

a. “直线”：选中“起点”和“端点”复选框，在绘制多线时，其起始端与终止端封闭，否则不封闭。

b. “外弧”：选中“起点”和“端点”复选框，在绘制多线时，其起始端与终止端的最外面两根线之间绘制圆弧，否则不绘制。

c. “内弧”：选中“起点”和“端点”复选框，在绘制多线时，其起始端与终止端的内部成偶数的线的两端绘制圆弧，否则不绘制。

d. “角度”：控制多线两端的角度。

e. “填充颜色”：控制是否对多线填充及填充时所用的颜色。

f. “显示连接”：控制是否在多线的转折处显示交叉线。

g. “图元”区域：这个区域主要是用来修改多线的线数、线与线之间的距离、各线的颜色、线型等。用“添加”按钮添加线，然后在“偏移”中修改偏移距离，在“颜色”中选择颜色，在“线型”中选择线型。建议在此设置多线的总宽度为 1（即偏移上下线各为 0.5），便于在应用时更方便地用比例来控制多线的实际宽度。

以上各种设置的不同效果如图 8-4 所示。

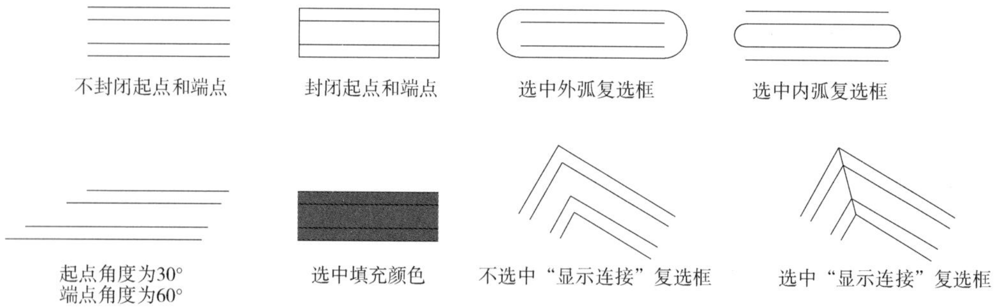

图 8-4

③“重命名”：重命名当前选定的多线样式，不能重命名 Standard 多线样式。

④“删除”：从“样式”列表中删除当前选定的多线样式，不能删除 Standard 多线样式、当前多线样式或正在使用的多线样式。

⑤“加载”：显示“加载多线样式”对话框，可以从指定的多线库（MLN）文件（在其中已预先定义了各种样式的多线）中加载多线样式，如图 8-5 所示。

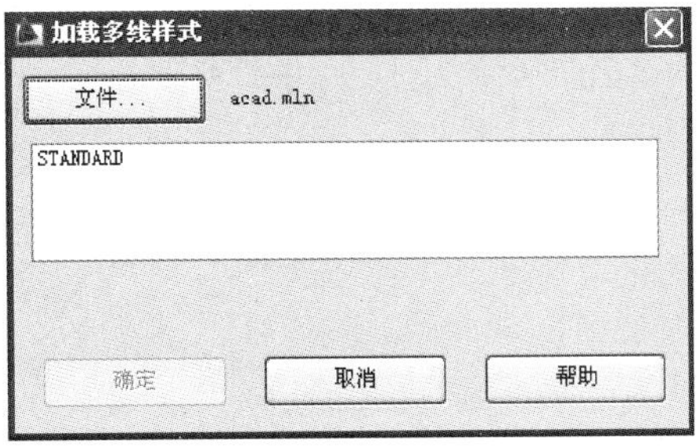

图 8-5

⑥“保存”：将多线样式保存或复制到多线库（MLN）文件中。如果指定了一个已存在的 MLN 文件，新样式定义将添加到此文件中，并且不会删除其中已有的定义，默认文件名是 acad. mln。

8.1.2 调用多线命令

可以用以下几种方法调用多线命令：

①选择菜单中的“绘图” | “多线”命令。

②在命令行中输入：“MLine”或快捷键“ML”。

执行命令后，命令行提示：

当前设置：对正=上，比例=20.00，样式=STANDARD

指定起点或［对正（J）/比例（S）/样式（ST）］：（指定绘图起始点，此时 AutoCAD 以当前样式及比例绘制多线）

指定下一点：（指定第二点）

指定下一点或［放弃（U）］：（指定第三点，也可输入 U 放弃第二点）

指定下一点或［闭合（C）/放弃（U）］：（继续指定点，或输入 C 并按回车键封闭所绘图形）

各选项说明如下：

①对正（J）：执行该选项时，AutoCAD 提示：

输入对正类型［上（T）/无（Z）/下（B）］<上>：

a. 上（T）：绘制多线时，多线上最顶端的线随光标移动。

b. 无（Z）：绘制多线时，多线的中心线随光标移动。

c. 下（B）：绘制多线时，多线上最底端的线随光标移动。

②比例（S）：确定多线最外的平行线间距离。

③样式（ST）：更改绘制多线的当前样式，默认多线样式为 Standard。可直接输入样式名改变当前样式，也可输入“?”查看所有的样式。

8.1.3 编辑多线样式

可用以下几种方法调用“编辑多线”命令：

①选择菜单中的“修改” | “对象” | “多线”命令。

②在命令行中输入：“Mledit”。

输入命令后，系统会弹出如图 8-6 所示对话框。此对话框中的各个图标形象地说明了多线的编辑方式。用户可以根据原多线的样式和想得到的样式，选择相应的图标后按命令行提示即可编辑。

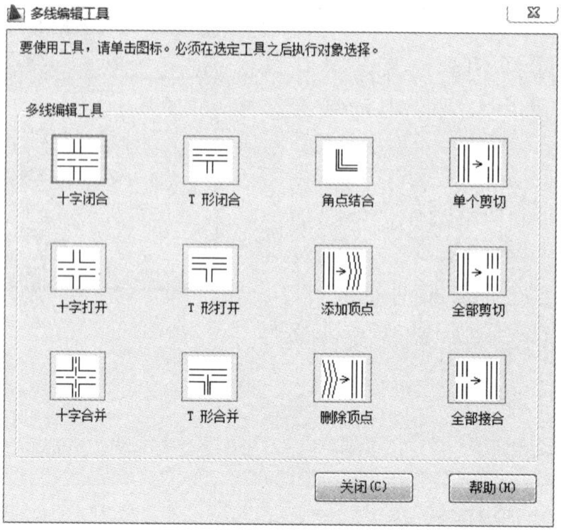

图 8-6

8.2 构造线

构造线为两端可以无限延伸的直线，没有起点和终点，可以放置在三维空间的任何地方，主要用于绘制辅助线，以便精确绘图。

有以下几种方法启动构造线命令：

①选择菜单中的“绘图” | “构造线”命令。

②选择工具中的“绘图” | “构造线”按钮。

③在命令行中输入：“Xline”或快捷键“XL”。

输入命令后，命令行提示：

指定点或［水平（H）/垂直（V）/角度（A）/二等分（B）/偏移（O）］：（指定构造线要经过的点）

各主要选项说明如下：

①点：根据指定两点来确定构造线的位置。

②水平：创建一条通过指定点并且与当前 UCS 的 *X* 轴平行的水平线。

③垂直：创建一条通过指定点并且与当前 UCS 的 *Y* 轴平行的垂直线。

④角度：以指定的角度和一指定点创建一条直线。角度可以是直接输入的度数，也可以是参照一已知线，以逆时针方向测量出的夹角度数。

⑤二等分：创建一条参照线，它经过选定的角顶点，并且将选定的两条线之间的夹角平分。此构造线位于由三个点确定的平面中。

⑥偏移：创建平行于指定基线的构造线。指定偏移距离，选择基线，然后指明构造线位于基线的哪一侧。

8.3 射线

射线为一端固定、另一端无限延伸的直线，射线可以用来作为图形设计的辅助线以帮助用户定位。

主要有以下几种方法启动射线命令：

①选择菜单中的“绘图” | “射线”命令。

②在命令行中输入：“Ray”。

输入命令后，命令行提示：

指定起点：(指定射线的起始点)

指定通过点：(指定射线经过的一点)

执行结果是不断地指定通过点，可以得到通过起始点与通过点的多条射线。

8.4 图块

块是一个或多个对象组成的对象集合，常用于绘制复杂、重复的图形。一旦一组对象组合成块，就可以根据作图需要将这组对象插入到图中任意指定位置，而且还可以按不同的比例和旋转角度插入。用 AutoCAD 画图的最大优点就是 AutoCAD 具有库的功能且能重复使用图形的部件。

8.4.1 块的特点

在 AutoCAD 中，使用块可以提高绘图速度、节省存储空间、便于修改图形并能够为其添加属性。AutoCAD 中的块具有以下特点。

（1）提高绘图速度

在 AutocAD 中绘图时，常常要绘制一些重复出现的图形。如果把这些图形做成块保存起来，绘制它们时就可以用插入块的方法实现，即把绘图变成了拼图，从而避免了大量的重复性工作，提高了绘图效率。

（2）节省存储空间

AutoCAD 要保存图中每一个对象的相关信息，如对象的类型、位置、图层、线型及颜色等，这些信息要占用存储空间。如果一幅图中包含有大量相同的图形，就会占据较大的磁盘空间。但如果把相同的图形事先定义成一个块，绘制它们时就可以直接把块插入到图中的各个相应位置，这样既满足了绘图要求，又可以节省磁盘空间。因为虽然在块的定义中包含了图形的全部对象，但系统只需要一次这样的定义。对块的每次插入，AutoCAD 仅需要记住这个块对象的有关信息（如块名、插入点坐标及插入比例等），对于复杂但需多次绘制的图形，这一优点更为明显。

（3）便于修改图形

一张工程图纸往往需要多次修改。如在机械设计中，旧的国家标准用虚线表示螺栓的内径，新的国家标准则用细实线表示。如果对旧图纸上的每一个螺栓按新国家标准修改，既费时又不方便。但如果原来各螺栓是通过插入块的方法绘制的，那么只要简单地对块进行再定义，就可对图中的所有螺栓进行修改。

（4）可以添加属性

很多块还要求有文字信息，以进一步解释其用途。AutoCAD 允许用户为块创建这些文字属性，并可在插入的块中指定是否显示这些属性，并且在每次插入带有属性的块时还可对属性值进行修改，可以非常方便地进行设计。

8.4.2 定义图块

可采用以下几种方法来定义图块：

①选择菜单中的“绘图” | “块” | “创建”命令。

②选择工具中的“绘图” | “创建块”按钮。

③在命令行中输入：“Block”“Bmake”或快捷键“B”。

输入命令后，AutoCAD 弹出如图 8-7 所示的“块定义”对话框。

图 8-7

各主要选项说明如下：

①“名称”文本框：输入所定义图块的名称。AutoCAD 规定，图块的名称最多只能有 31 个字符，可以由英文字母、数字、各种货币符号、连接符号以及下划线等字符组成。在图块名中不区分大小写；用户所定义的新的图块名不能与已有的图块名相同；用 Block 或 Bmake 创建的块只能在创建它的图形中应用。

②“基点”区域：设置块的插入基点位置。用户可以直接在 *X*、*Y*、*Z* 文本框中输入，也可以单击“拾取点”按钮，切换到绘图窗口并选择基点。一般基点选在块的对称中心、左下角或其他有特征的位置。

③“对象”区域：设置组成块的对象。单击“选择对象”按钮，可切换到绘图窗口选择组成块的各对象；单击“快速选择”按钮，可以使用弹出的“快速选择”对话框设置所选择对象的过滤条件；选择“保留”单选按钮，创建块后仍在绘图窗口上保留组成块的各对象；选择“转换为块”单选按钮，创建块后将组成块的各对象保留并把它们转换成块；选择“删除”单选按钮，创建块后删除绘图窗口上组成块的原对象。

④“方式”区域：设置组成块的对象的显示方式。选择“按统一比例缩放”复选框，设置对象是否按统一的比例进行缩放；选择“允许分解”复选框，设置对象是否允许被分解。

⑤“设置”区域：设置块的基本属性。单击“块单位”下拉列表框，可以选择从 AutoCAD 设计中心中拖动块时的缩放单位；单击“超链接”按钮，将打开“插入超链接”对话框，在该对话框中可以插入超链接文档，如图 8-8 所示。

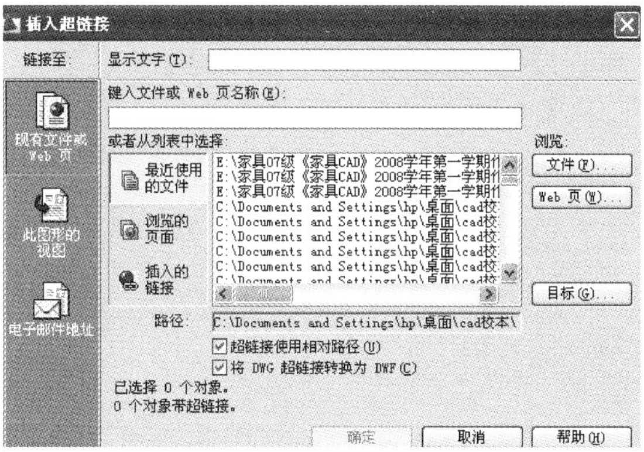

图 8-8

⑥“在块编辑器中打开”：单击“确定”后，在块编辑器中打开当前的块定义。这样就可以设置块的动态行为，具有动态行为的块可以在插入应用时，动态修改块的某些参数值。

命令实操：将图 8-9 所示的金属拉手定义成图块，块名为“金属拉手”。

具体操作如下：

①用定义图块的三种方法之中任意一种打开“块定义”对话框。

②在“名称”文本框中输入块的名称：“金属拉手”。

③在“基点”选项区域中单击“拾取点”按钮，然后单击图中的圆心，确定基点位置。

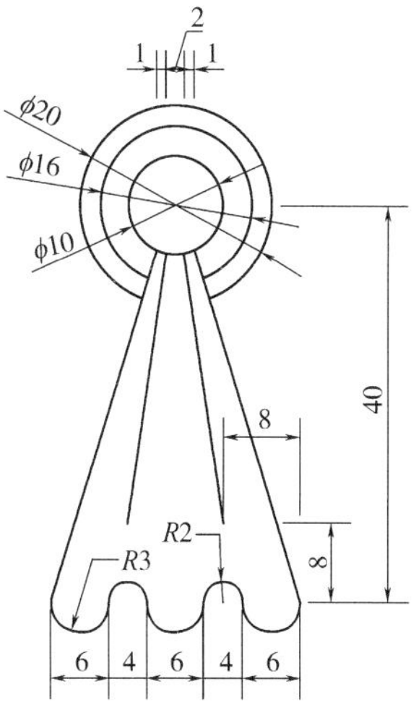

图 8-9

④在“对象”选项区域中选择“保留”选项，再单击“选择对象”按钮，切换到绘图窗口，选择图 8-9 所示

的金属拉手视图，然后按 Enter 键返回“块定义”对话框。

⑤在“块单位”下拉列表中选择“毫米”选项，将单位设置为毫米。

⑥在“说明”文本框中输入对图块的说明，如“金属拉手”。

⑦设置完毕，单击“确定”按钮保存设置。

8.4.3 将图块保存为图形文件

在 AutoCAD 中，使用 Block 创建的块只能在定义它的图形文件中使用，它跟随定义它的图形文件一同保存在图形文件内部。若要使该图块能被其他 AutoCAD 文件使用，则必须再把它所定义的块保存为图形文件。

使用 Wblock 命令可以将块以文件的形式写入磁盘，以便其他图形文件可以调用这个块。

在命令提示行中输入 Wblock 命令，并按 Enter 键，将打开“写块”对话框，如图 8-10 所示。在该对话框的“源”选项区域中，可以设置组成块的对象来源，各选项的功能说明如下：

图 8-10

①“块”单选按钮：用于将使用 Block 命令创建的块写入磁盘，可以在其后的下拉列表框中选择块名称。

②“整个图形”单选按钮：用于将全部图形写入磁盘。

③“对象”单选按钮：用于指定需要写入磁盘的块对象。选择该单选按钮时，用户可根据需要使用“基点”选项区域设置块的插入基点位置，使用“对象”选项区域设组成成块的对象。

在该对话框的“目标”选项区域中可以设置块的保存名称和位置，各选项的功能说明如下：

①“文件名和路径”文本框：用于输入块文件的名称和保存位置，用户也可以单击其后的图按钮，使用打开的“浏览文件夹”对话框设置文件的保存位置。

②“插入单位”下拉列表框：用于选择从 AutoCAD 设计中心中拖动块时的缩放单位。

8.4.4 插入图块

AutoCAD 允许用户将已定义的块插入到当前的图形文件中。在插入块时，需确定以下几组特征参数，即要插入的块名、插入点的位置、插入的比例系数以及图块的旋转角度等。插入图块可采用以下几种方法：

①选择菜单中的“插入” | “块”命令。

②选择工具中的“绘图” | “插入块”按钮。

③在命令行中输入：“Insert”或快捷键“I”。

输入命令后，AutoCAD 弹出如图 8-11 所示的“插入”对话框。

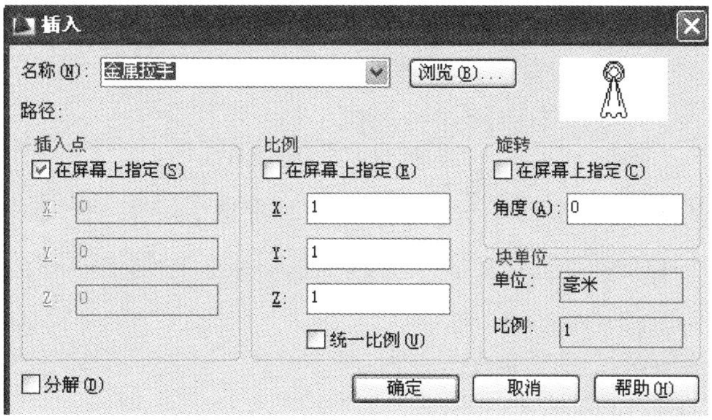

图 8-11

各主要选项的功能说明如下：

①“名称”下拉列表框：用于选择块或图形的名称。也可以单击其后的“浏览”按钮，打开“选择图形文件”对话框，选择保存的块和外部图形。

②“插入点”选项区域：用于设置块的插入点位置。插入点是块插入的基准点，块插入后，图形中参考点和基准点重合。可直接在 *X*、*Y*、*Z* 文本框中输入点的坐标，也可以通过选中“在屏幕上指定”复选框，在屏幕上指定插入点位置。

③“比例”选项区域：用于设置块的插入比例。可直接在 *X*、*Y*、*Z* 文本框中输入块在 3 个方向的比例；也可以通过选中“在屏幕上指定”复选框在屏幕上指定。此外，该选项区域中的“统一比例”复选框用于确定所插入块在 *X*、*Y*、*Z* 3 个方向的插入比例是否相同，选中时表示比例将相同，用户只需在 *X* 文本框中输入比例值即可。

④“旋转”选项区域：用于设置块插入时的旋转角度。可直接在“角度”文本框中输入角度值，也可以选择“在屏幕上指定”复选框，即可在屏幕上指定旋转角度。

⑤“分解”复选框：选择该复选框，可以将插入的块分解成组成块的各个基本对象。

命令实操：如图 8-12 所示，将前面所建立的“金属拉手”图块插入到图中，注意左边为原图块，中间的图形比例为 50%，右边的图形角度如图。

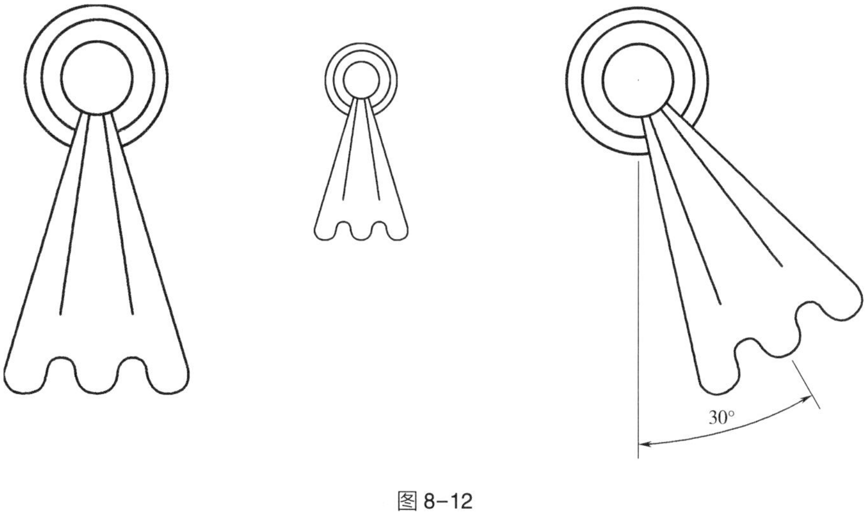

图 8-12

具体操作如下：

①用插入图块三种方法中的任意一种打开“插入”对话框。

②在“名称”下拉列表框中选择“金属拉手”。

③在“插入点”选项区域中选中“在屏幕上指定”复选框。

④在“比例”选项区域中选中“统一比例”复选框，并在 *X* 输入框中输入 0.5。

⑤单击确定，之后在屏幕上需要插入块的位置单击，得到中间的图形。

⑥重复前面①至③步骤。

⑦在“旋转”选项区域的“角度”文本框中输入 30，然后单击“确定”按钮。

⑧单击绘图窗口中需要插入块的位置，得到图 8-12 中右边的图形。

8.4.5 重新定义插入的图块

如果在一幅图形中一个块被插入了许多次，用户可以通过重新定义这些复制的块中的一个，使所有复制的块一起改变。这正是 AutoCAD 所具有的一个特别强大的功能。

当把一个命名的块多次插入到图形中，按需要对其中之一进行编辑修改，然后使用同一个块名把编辑后的图形重新定义成块，这时 AutoCAD 会告知用户已经存在一个同名的块且将询问是否重新定义块。用“是<Y>”响应这个提示，然后按回车键，这个块所有的实例都将被重新定义。

8.4.6 编辑与管理图块的属性

块属性是附属于块的非图形信息，是块的组成部分，可包含在块定义中的文字对象。在定义一个块时，属性必须预先定义而后选定。通常属性用于在块的插入过程中进行自动注释。属性不同于块中的一般文本，它具有如下特点：

①一个属性包括属性标记和属性值两个方面。如果用户把“地址”定义为属性标记，则具体的地名，如广州、上海等就是属性值。又如，可以把“姓名”定义为属性标记，则具体的姓名，如张三、李四等就是属性值。

②定义块之前，应该先定义该块的每个属性，即规定每个属性的标记名、属性提示、属性默认值、属性的显示格式（可见或不可见）及属性在图中的位置等。一旦定义属性，该属性就会以其标记名在图中显示出来，并保存有关的信息。定义块时，应将图形对象和表示属性定义的属性标记名一起用来定义块对象。

③属性可用“ATTEXT”命令进行数据提取。

（1）定义属性的方法

定义属性可采用以下两种方法：

①选择菜单中的“绘图”｜“块”｜“定义属性”命令，如图 8-13 所示。

②在命令行中输入：“Attdef”或快捷键“ATT”。

输入命令后，AutoCAD 弹出如图 8-14 所示的属性定义对话框。

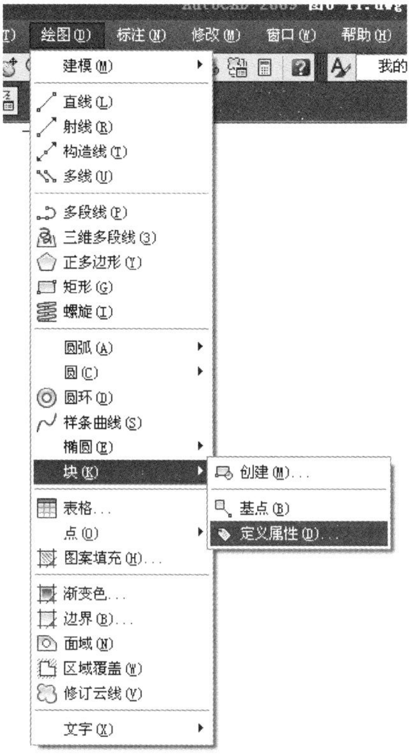

图 8-13

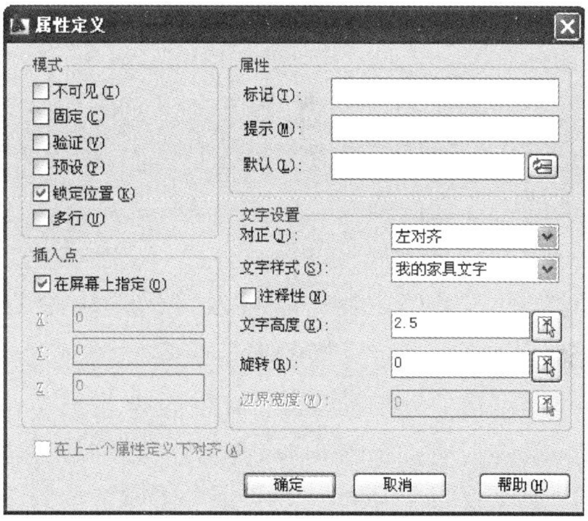

图 8-14

各主要选项的功能如下：

①“模式”选项区域：用于设置属性的模式。其中，“不可见”复选框用于确定插入块后是否显示其属性值；“固定”复选框用于设置属性是否为固定值，为固定值时，插入块后该属性值不再发生变化；“验证”复选框用于验证所输入的属性值是否正确；“预设”复选框用于确定是否将属性值直接预设成它的默认值；“锁定位置”复选框用于固定插入块的属性的位置；“多行”复选框用于使用多段文字来标注块的属性值。

②“属性”选项区域：用于定义块的属性。“标记”文本框用于输入属性的标记；“提示”文本框用于输入插入块时系统显示的提示信息；“默认”文本框用于输入属性的默认值。例如，要定义一个桌子图块使用者的属性，可以在“标记”文本框中输入“姓名”，在“提示”文本框中输入“请输入桌子使用者姓名”，在“默认”文本框中输入“李四”。

③“插入点”选项区域：用于设置属性值的插入点，即属性文字排列的参照点。用户可以直接在 X、Y、Z 文本框中输入点的坐标，也可以选中“在屏幕上指定”复选框，在绘图窗口拾取一点作为插入点。

④“文字设置”选项区域：用于设置属性文字的格式，包括对正、文字样式、文字高度以及旋转角度等选项。

⑤“在上一个属性定义下对齐”复选框：该复选项只有在已定义了一个属性后才有效。表示当前属性采用上一个属性的文字样式、字高及旋转角度，且另起一行，按上一个属性的对正方式排列。

（2）编辑属性的方法

若要对已定义的属性进行修改，可采用以下两种方法修改已定义的属性：

①在命令行输入：“Ddedit”。AutoCAD 弹出如图 8-15 所示的“编辑属性定义”对话框，用户可在该对话框中修改属性的标记、提示、默认值。

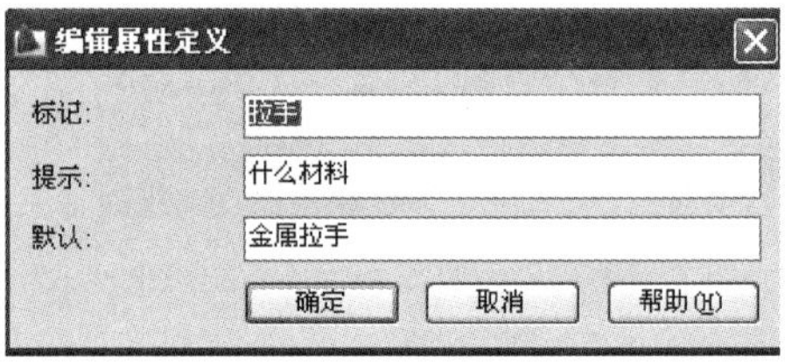

图 8-15

②利用属性对话框修改：选中属性对象，按鼠标右键，选特性选项，得到如图 8-16 所示的特性对话框，在其中修改相应的值。在 AutoCAD 中的任何对象都可在特性对话框中对其部分属性进行修改。

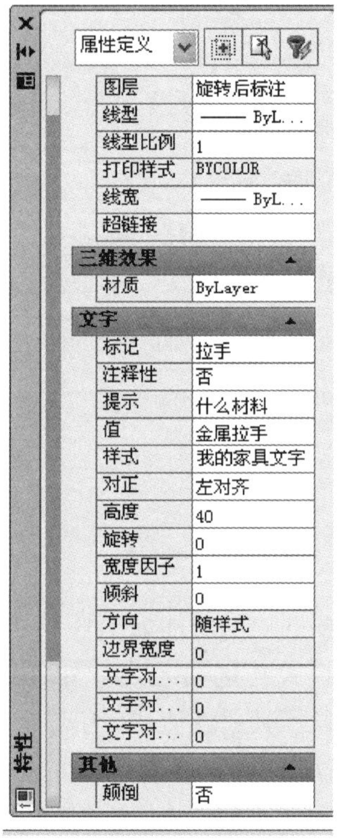

图 8-16

（3）定义带属性的图块

属性定义好之后，就可以使用建块命令，将图形对象及已定义好的属性文本对象一起选中，则建立了一个带有属性的块。

命令实操：将图 8-17 所示左边的拉手视图定义“材料”属性（按图 8-18 设置属性），如图 8-17 右边图所示，然后与视图对象一起定义成块（或文件），取名为“带材料名称的拉手”。

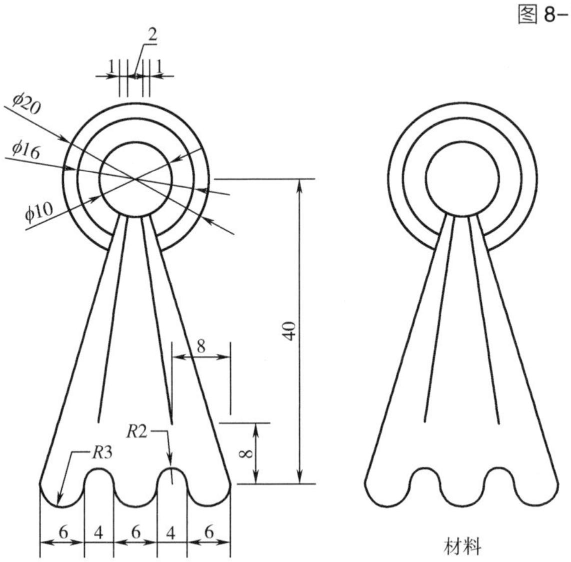

图 8-17

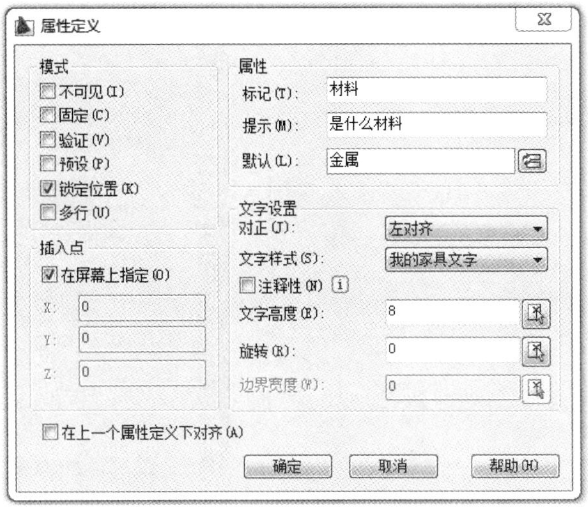

图 8-18

（4）插入带属性的图块及编辑图块中的属性值

插入带属性的图块的方法与插入一般图块的方法基本相同。只是在插入过程中会增加输入属性值的过程，但如果在定义属性时勾选了“预设”选项，则不会提示输入属性值。

下面是插入带属性的图块的过程，以上面刚创建的带属性的图块“带材料名称的拉手”为例：输入插入块的命令后会弹出如图 8-19 所示的“插入”对话框。之后点击“浏览”，找到保存的块或文件（带材料名称的拉手），如图 8-20 所示。点击“打开”，弹出图 8-21 对话框，按照前面 8.4.4 所讲的插入图块的方法将各选项设置好后，点击“确定”按钮，AutoCAD 工作界面出现图 8-22 所示图形和命令行文字提示，在屏幕上指定插入点，命令行出现图 8-23 所示的提示，按实际输入材料的名称就可以了，如金属就回车确认，结果如图 8-24 所示。如要改成塑料，就输入塑料，结果如图 8-25 所示。

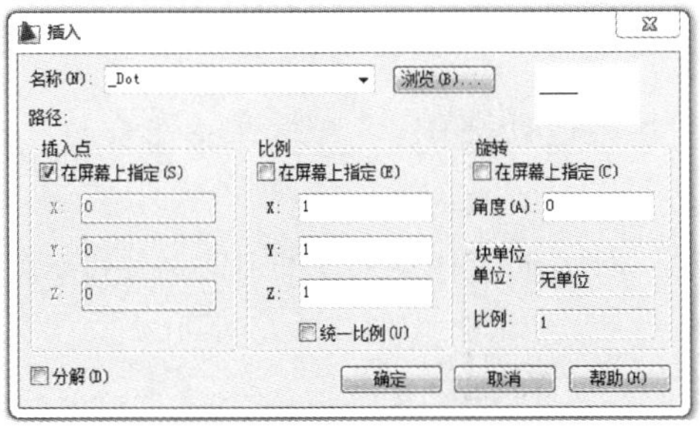

图 8-19

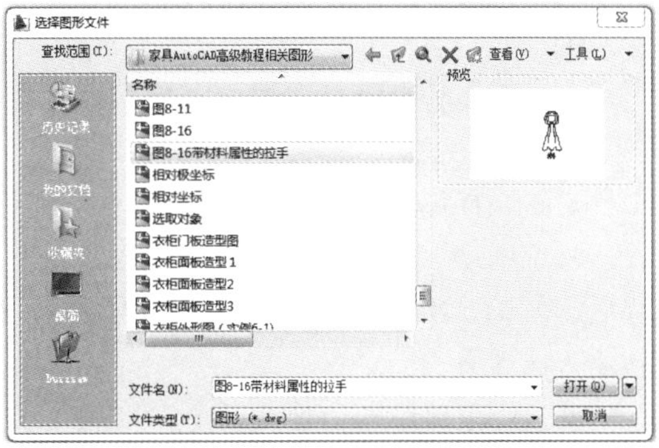

图 8-20

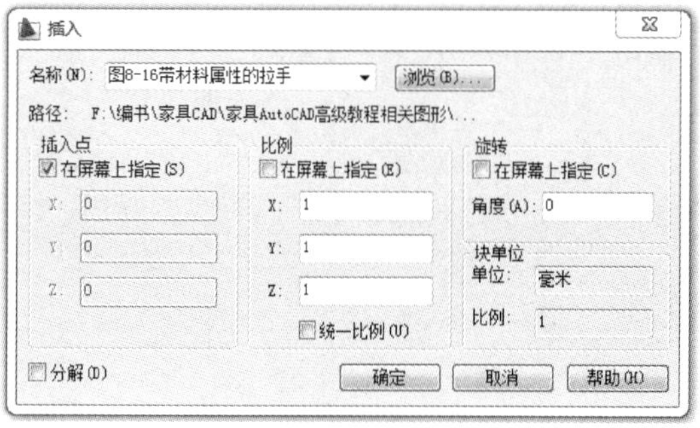

图 8-21

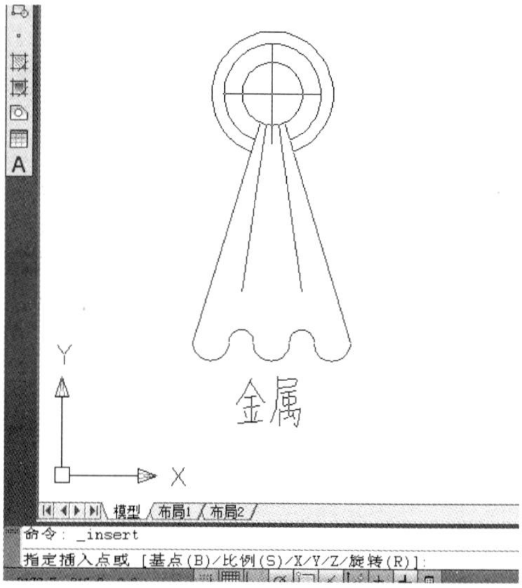

图 8-22

图 8-23

金属

图 8-24

塑料

图 8-25

编辑图块中的属性值只能编辑图块中的非常量属性值（在属性定义时选中“固定”选项的为常量属性值），可采用以下方法进行图块中属性值的编辑：

①在命令行中输入：“Attedit”或快捷键“ATE”。

AutoCAD 提示：

（选择一个带属性的块），选择一个带属性的块后，AutoCAD 会弹出如图 8-26 所示的“编辑属性”对话框。在此对话框中用户可以重新输入属性值。

②选择菜单中的“修改”|“对象”|“属性”|“单个...”

AutoCAD 提示：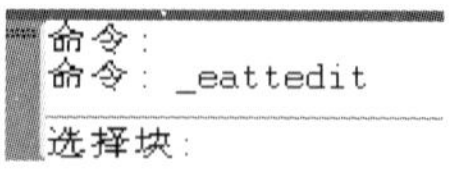

（选择一个带属性的块），选择一个带属性的块后，AutoCAD 会弹出如图 8-27 所示的“增强属性编辑器”对话框。在此对话框中，用户可以重新输入属性值，还可以修改一些文字及图层的特性。

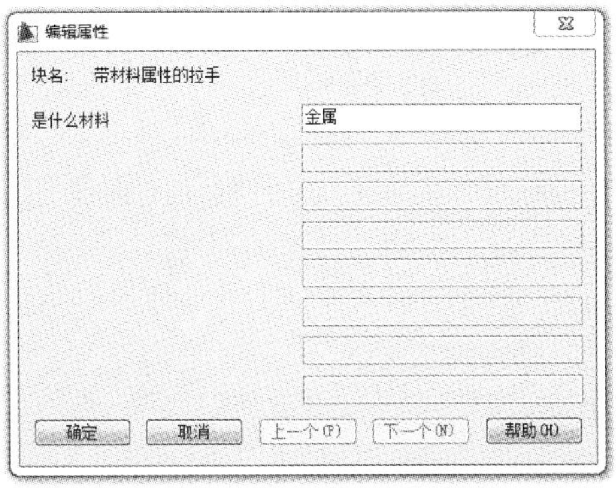

图 8-26

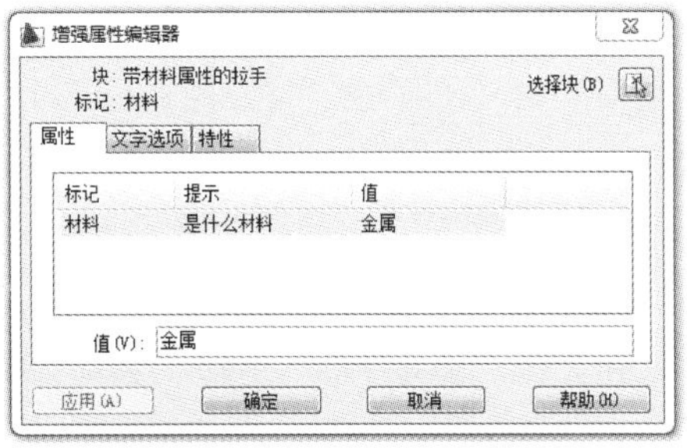

图 8-27

8.4.7　外部参照

外部参照，指把已有的图形文件“参照”插入到当前图形文件中。插入外部参照不同于插入图块，二者的处理过程是不一样的。用插入图块的方法插入一个图形文件的处理过程是先在当前图形文件中建立一个与所插入的图形文件同名的图块，再将该图块插入到当前图形文件中。而插入外部参照，只插入文件的引用关系，并不把所插入的图形文件真正复制到当前图形文件中。通过这种方法，可以节省图形文件的存储空间，因为当用户打开一个含有外部参照的文件时，系统仅会按照记录的路径去搜索外部参照文件，而不会将外部参照作为图形文件的内部资源进行储存。这里再形象地举个例子：比方说你在建筑平面图上画房子，如果按常规把建筑平面图复制过来，文件量就非常大，而如果用外部参照插入建筑平面图，文件量就很小，而且外部参照不会改变，除非修改了参照的文件，然后再选择“重载”才会改变。但要注意：如果将图形文件复制到另一台计算机中使用，则必须连同外部参照文件一同复制，否则，不能正确地显示图形，而只能显示图形文件的引用关系。

（1）插入外部参照的方法

①选择菜单中的“插入”｜“DWG 参照...”命令。

②选择菜单中的“插入”｜“DWF 参考底图...”命令。

③选择菜单中的“插入”｜“DGN 参考底图...”命令。

④选择菜单中的“插入”｜“光栅图像参照...”命令。

输入插入外部参照命令后，按提示操作即可。

（2）对 CAD 外部参照进行编辑

①在命令行中输入：Xref。在弹出的参照管理器中右键点击需要编辑的 CAD 外部参照即可。

②选择 AutoCAD 菜单，点击“插入”，之后选择“外部参照”，在弹出的参照管理器中右键点击需要编辑的 AutoCAD 外部参照即可。

8.5 打断

用打断命令可以把实体中某一部分在选中的某点处断开，进而删除。可采用以下方法：

①选择菜单中的“修改” | “打断”命令。

②选择工具中的“修改” | “打断”按钮。

③在命令行中输入：“Break”或快捷键“BR”。

AutoCAD 提示：

选择对象：(选取要打断的对象)

指定第二个打断点或［第一点（F）］：(选取第二个打断点或者输入 F)

选项说明如下：

①当提示“指定第二个打断点或［第一点（F）］”时，若直接点取对象上的一点，则将对象上所点取的点与选择对象时鼠标点击位置之间的那部分删除。

②若键入@，则将对象在选取点处一分为二。

③若在对象外面的一端方向处点取一点，则把选择对象时的位置与现鼠标点击位置之间的那部分删除（这种情况与①相似）。

④若键入“F”，AutoCAD 将会出现提示：

指定第一个打断点：(输入打断的第一点位置，这样通过捕捉方式精确指定位置)

指定第二个打断点：(在此提示下，用户可按前面介绍的几种方式选取第二个点)

注意：如果对圆执行打断命令，则 AutoCAD 将圆上第一个点取点与第二个点取点之间沿逆时针方向的圆弧删除。

8.6 综合实例

请利用构造线命令、多线命令、文字命令及图案填充命令绘制如图 8-28 所示的室内平面图。

说明：室内平面布置图常常需要绘制好平面图后，再以插入块的方式插入门和家具，在插入门图块和家具图块时通常要进行旋转、镜像、缩放等操作，由于前面章节已经详细介绍了插入图块的相关操作，因此，本综合实例不再插入门图块和家具图块，而只详细介绍平面图的绘制方法。

具体操作如下：

①先建立“点划线”图层（线宽为 0.09）、“窗”图层（线宽为 0.09）、“粗实线”

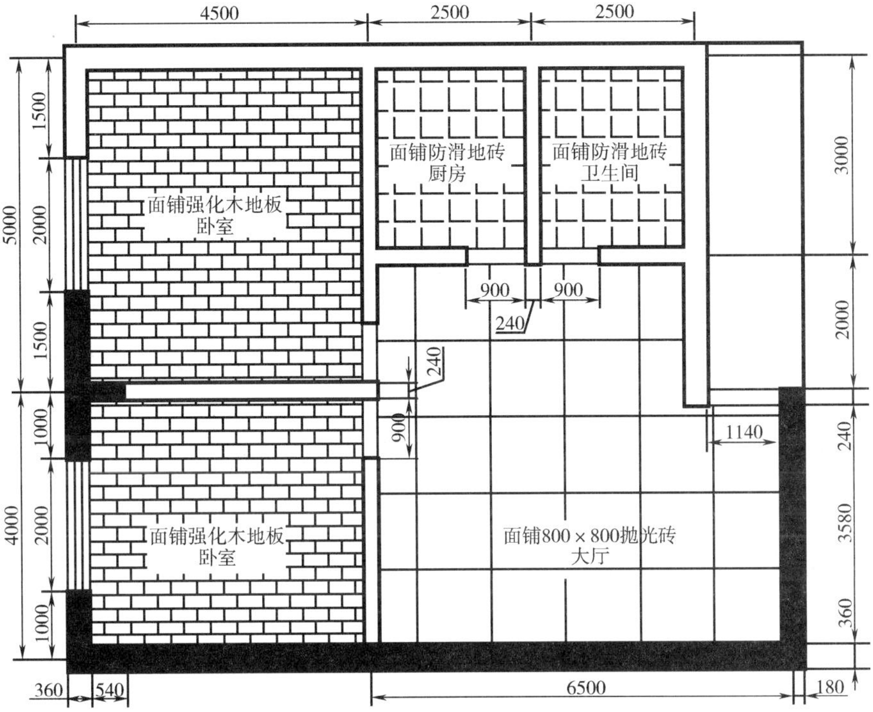

图 8-28

图层（线宽为 0.5）、“细实线”图层（线宽为 0.09）、“填充”图层（线宽为 0.09）、“多段线填充”图层（线宽为 0.09）、“文字说明”图层（线宽为 0.09）、“家具”图层（线宽为 0.3）、“门”图层（线宽为 0.3）。其中，家具图层与门图层，本实例只建立图层，不插入门图块和家具图块。

②将“点划线”图层设为当前图层，使用构造线命令作图，绘制出所有墙体结构线，结果如图 8-29 所示。

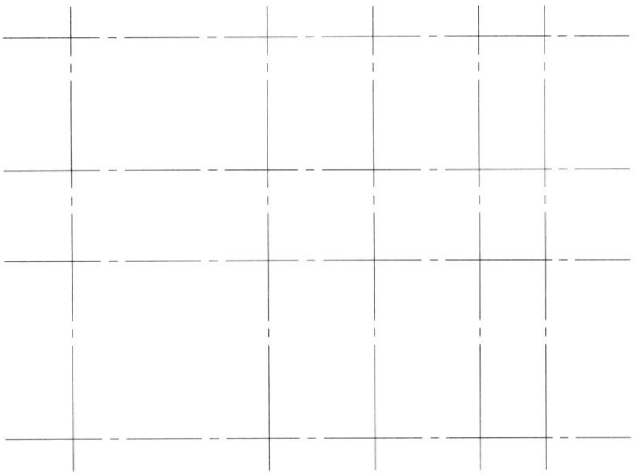

图 8-29

要点提示：分别画出一条水平和垂直构造线后，可以用偏移命令绘制出其他墙体结构线。

③选择菜单中的“格式”｜“多线样式...”命令，弹出“多线样式”对话框，对其参数设置如下：

a. 对系统当前默认样式 Standard 进行修改，在“封口”选项区域的直线选项中勾选起点和端点，其余选项保持默认。

b. 在 Standard 样式的基础上，新建一个名为“窗”的多线样式，在“图元”选项区域中，分别添加偏移距离为 0.17 和-0.17 的两条线（通俗的理解就是将距离为 1 的上下两条线之间等分为三份，也就是说将上半部分 0 至 0.5 等分为三份，约 0.5/3 约等于 0.17，即偏移距离为 0.17；同样道理，下半部分的偏移距离为-0.17)，如图 8-30 所示。

c. 将“粗实线”图层设为当前图层，选择菜单中的“绘图” | “多线”命令，在图 8-29 基础上作图，结果如图 8-31 所示。

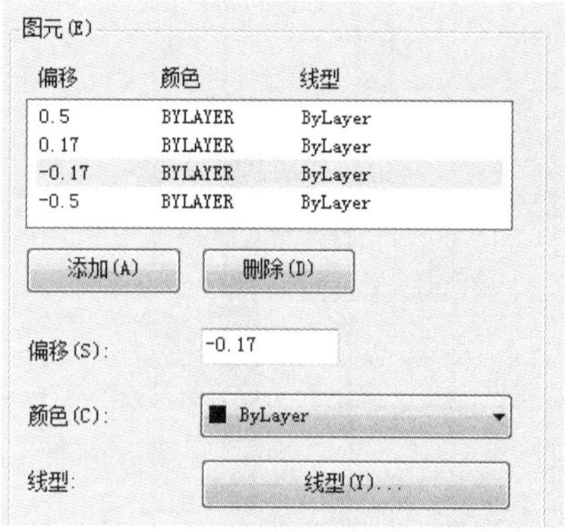

图 8-30

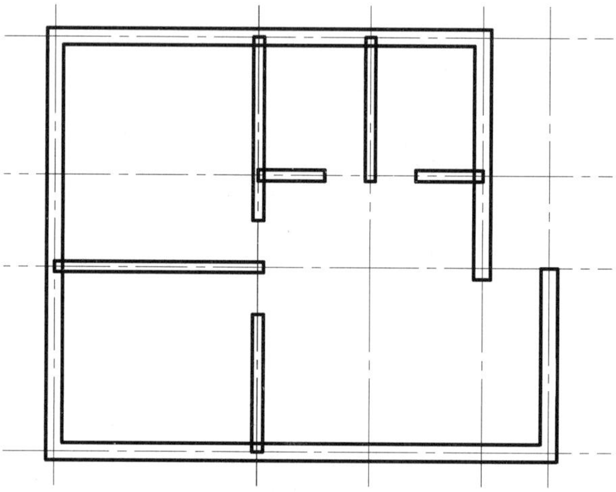

图 8-31

要点提示：在多线命令中，输入比例（S）选项来设置修改多线的线宽，输入对正（J）选项来设置修改多线与墙体结构线的对正方式。

多线命令执行后，命令行提示：

命令：ml（多线命令）

当前设置：对正=上，比例=20.00，样式=STANDARD（系统显示当前状态）

指定起点或［对正（J）/比例（S）/样式（ST）］：j（输入 J 选项，准备修改对正类型）

输入对正类型［上（T）/无（Z）/下（B）］<上>：z（无对正类型，意即中心对正）

当前设置：对正=无，比例=20.00，样式=STANDARD

指定起点或［对正（J）/比例（S）/样式（ST）］：S（输入 S 选项，准备修改比例）

输入多线比例<1.00>：360（外墙厚度为 360）

当前设置：对正=无，比例=360.00，样式=STANDARD

指定起点或［对正（J）/比例（S）/样式（ST）］：（指定开始点）

指定下一点：（指定下一点）

指定下一点或［放弃（U）］：（指定下一点）

指定下一点或［闭合（C）/放弃（U）］：（指定下一点）

指定下一点或［闭合（C）/放弃（U）］：（继续指定点，回车结束命令）

④选择菜单中的“修改” | “对象” | “多线”命令（或者直接双击任何一条多线），弹出“多线编辑工具”对话框。鼠标分别点选“T 型打开”和“T 型合并”对多线进行修改。对于不能修改的地方，可用分解命令将多线分解后，用修剪命令完成，结果如图 8-32 所示。

⑤利用直线命令和修剪命令画出窗口的位置后，将“窗”图层设为当前图层，选择菜单中的“绘图”｜“多线”命令绘制窗户，结果如图 8-33 所示。

要点提示：将当前多线样式设为“窗”。

⑥将“细实线”图层设为当前图层，利用直线命令作图，结果如图 8-34 所示。

⑦将“多段线填充”图层设为当前图层，用多段线命令来填充图形，最终结果如图 8-35 所示。

要点提示：本例用多段线的宽度选项来代替“solid”图案类型的填充，此处设置多段线起点和端点的宽度均为 360（及 240）。

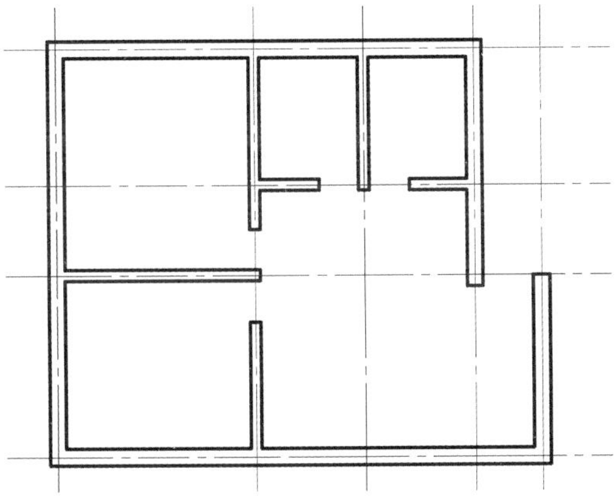

图 8-32

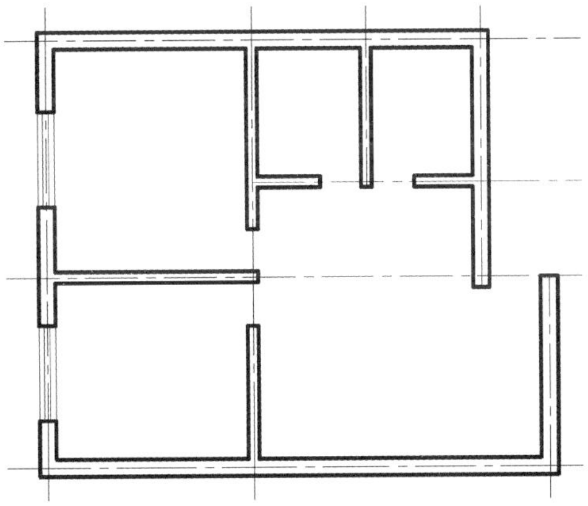

图 8-33

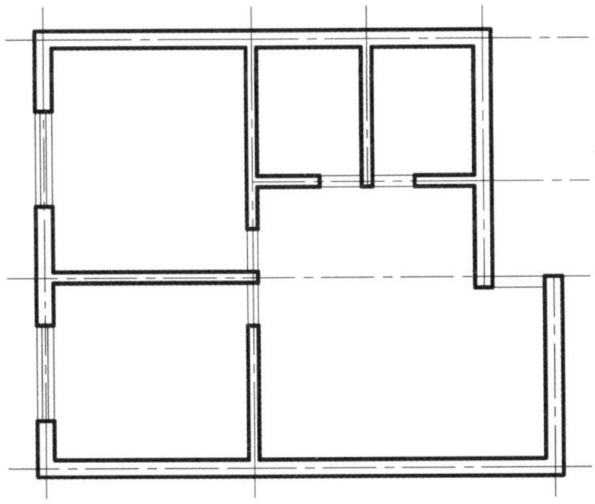

图 8-34

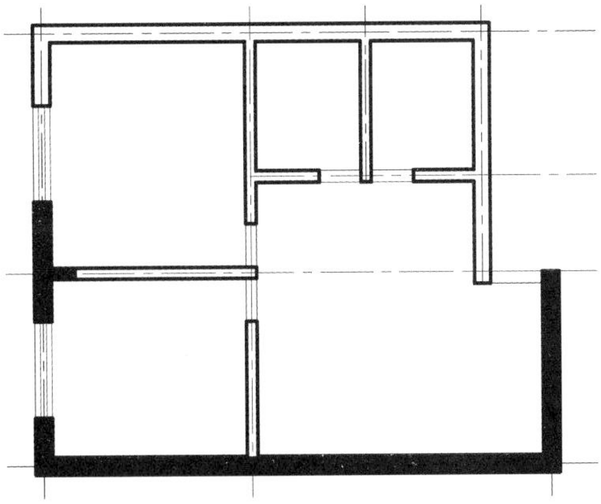

图 8-35

⑧将“文字说明”图层设为当前图层，并用多行文字命令输入文字，结果如图 8-36 所示。

要点提示：输入一个房间的文字后，可以复制加编辑修改的方式完成其他房间的文字，以提高效率。

⑨将“填充”图层设为当前图层，并对室内地面进行填充，结果如图 8-37 所示。

要点提示：填充时一定要注意比例；可用分解命令把填充图案分解，然后再作更细致的修改编辑。

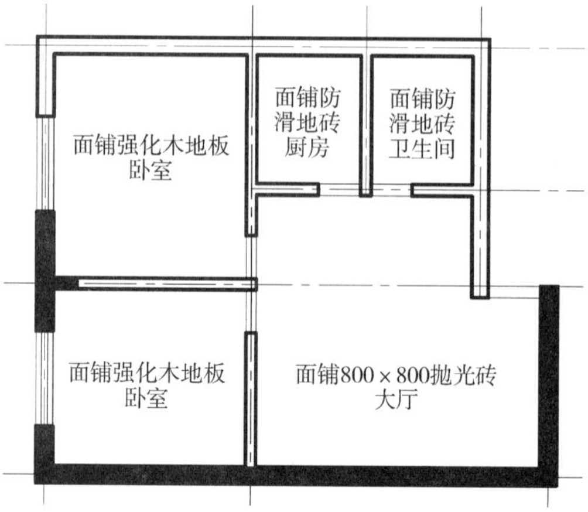

图 8-36

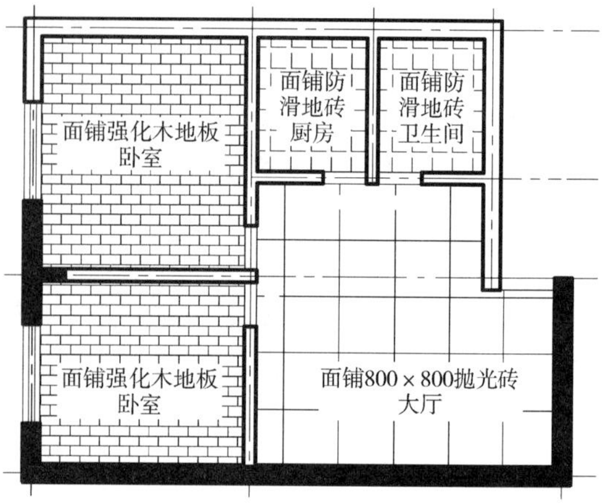

图 8-37

思考与练习

1. 练习绘制构造线的各种方法。
2. 练习设置不同的多线样式。
3. 练习多线的编辑方法。
4. 练习图块的创建及插入方法。
5. 练习创建带属性图块的方法及编辑方法。

第 9 章

尺寸标注

9.1 尺寸标注的组成

尺寸标注可以精确反映图形对象各部分的大小及其相互关系，是建筑设计、家具设计及机械图样中必不可少的内容。无论一幅图样绘制得多么精确，加工的依据还是图样中的标注尺寸。一个完整的尺寸标注是由尺寸线、延伸线（即尺寸界线）、尺寸起止符号（箭头、细斜线或者小圆点）及尺寸文字组成，如图 9-1 所示。在家具制图中，尺寸的起止符号及尺寸文字的大小都要符合国家标准。

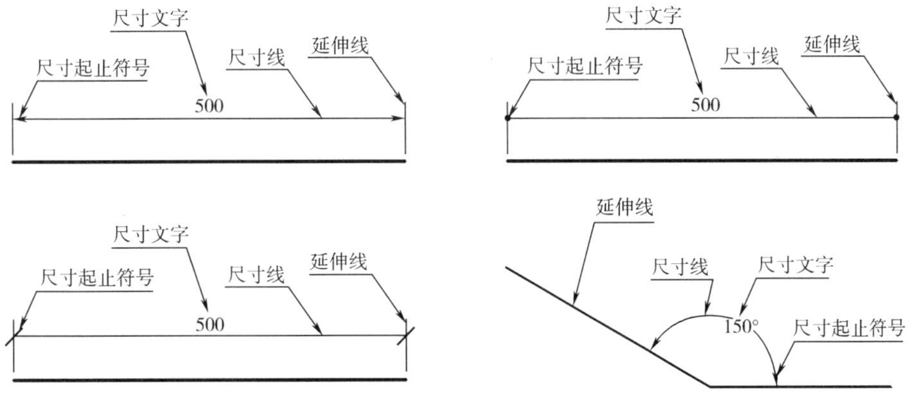

图 9-1

9.2 标注样式管理器

标注样式用来控制尺寸标注的外观，使尺寸标注的外观符合技术制图规范或者使用者的要求。尺寸标注样式是在“标注样式管理器”对话框中设置。用以下方法：

①选择菜单中的“标注” | “标注样式...”命令。

②选择工具栏中的“标注” | “标注样式...”按钮。

③在命令行中输入：“Dimstyle”或者快捷键“D”。

输入以上命令后，AutoCAD 弹出如图 9-2 所示的对话框。在此对话框中，可以实现以下功能：创建新的尺寸标注样式；修改已定义的尺寸标注样式；将已定义的尺寸标注样式设置为当前样式；覆盖某一尺寸标注样式；比较两种尺寸标注样式之间的差别。

选项说明如下：

①当前标注样式：显示当前尺寸标注样式名。

②“样式”列表框：显示图形中已设置的标注样式，选中的样式以高亮显示。在列表框中单击右键，弹出快捷菜单，可进行置为当前、重命名及删除操作。

③“列出”下拉菜单：控制列表框中显示哪些尺寸样式，包括“所有样式”和“正在使用的样式”。

④预览：显示在样式列表框中选择的尺寸标注样式的示例图。

⑤置为当前：将列表框中选定的标注样式置为当前尺寸标注样式，在标注尺寸时将使用这种样式。

⑥“新建（N）...”按钮：建立一个新的尺寸标注样式。单击该按钮，AutoCAD 弹出如图 9-3 所示的“创建新标注样式”对话框。该按钮的详细用法将在后面介绍。

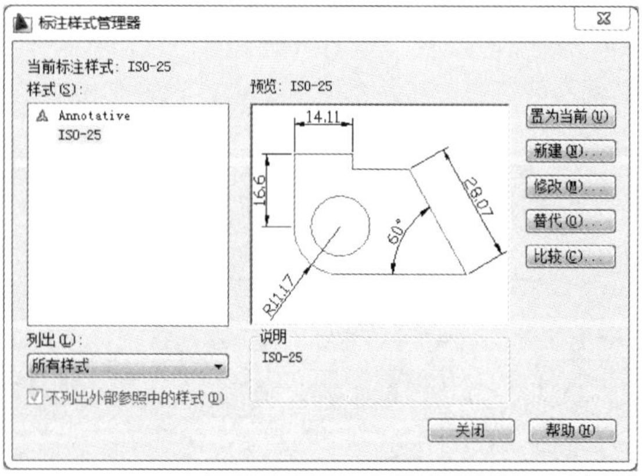

图 9-2

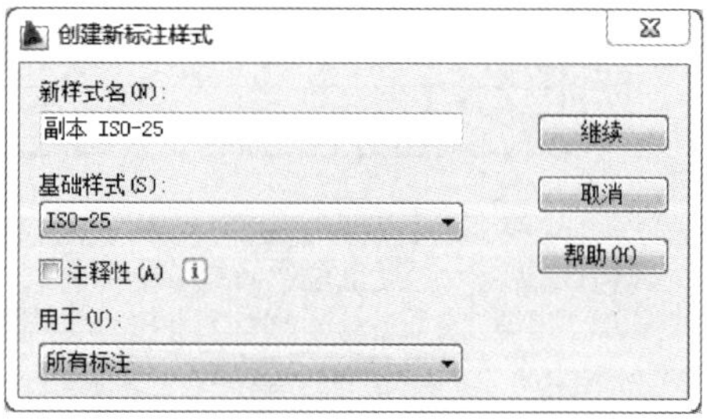

图 9-3

⑦“修改（M）...”按钮：修改已定义的尺寸标注样式。单击该按钮，AutoCAD 弹出如图 9-4 所示的“修改标注样式”对话框，用以修改在“样式”列表框中选中的尺寸标注样式。此对话框的内容也将在后面章节中详细介绍。

⑧“替代（O）...”按钮：用于设置临时尺寸标注样式代替当前尺寸标注样式的相应设置，但并不会改变当前尺寸标注样式的设置。单击该按钮，AutoCAD 弹出如图 9-5 所示的“替代当前样式”对话框，此对话框中各选项的含义与“修改标注样式”对话框完全相同。

⑨“比较（C）...”按钮：用于比较两个尺寸标注样式在参数上的区别或浏览其中一个尺寸标注样式的参数设置。

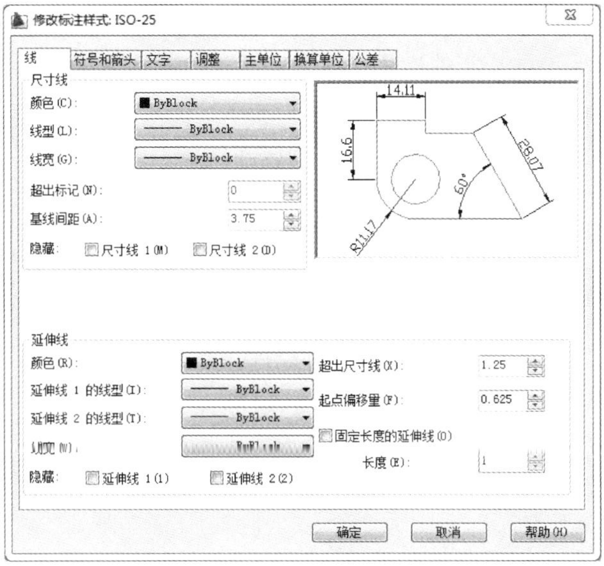

图 9-4

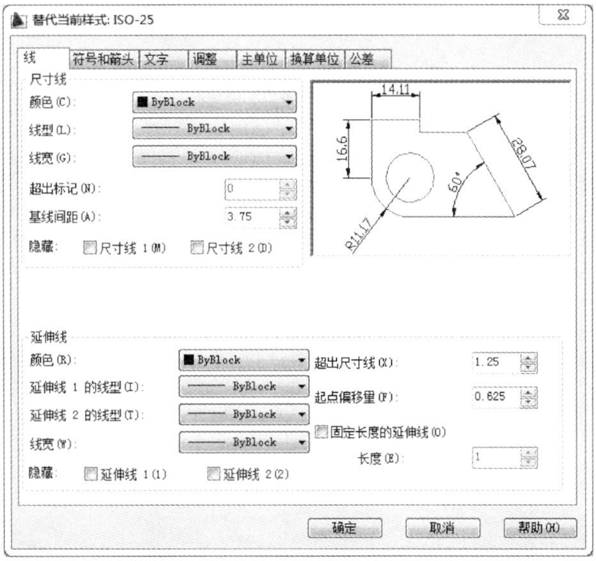

图 9-5

9.2.1　创建新标注样式

在“标注样式管理器”对话框中单击“新建（N）...”按钮，打开如图 9-3 所示的“创建新标注样式”对话框。

选项说明：

①“新样式名”文本框：显示新的尺寸标注样式名（缺省名为基础样式名的副本），也可以修改为其他名称。

② “基础样式”下拉列表框：用于选择建立新样式时将参照的老样式名。单击右侧的下拉按钮，出现当前样式列表，从中选取一个作为定义新样式的基础，新样式就获得了与老样式完全相同的起始参数。新的样式可以在老样式的基础上修改一些特性得到。

③ “注释性”：指定标注样式为注释性。

④ “用于”下拉列表：确定新样式应用的尺寸标注类型。

a. “所有标注”：该尺寸标注样式用于所有的尺寸标注类型。

b. “线性标注”：该尺寸标注样式用于长度型尺寸标注类型。

c. “角度标注”：该尺寸标注样式用于角度型尺寸标注类型。

d. “半径标注”：该尺寸标注样式用于半径标注。

e. “直径标注”：该尺寸标注样式用于直径标注。

f. “坐标标注”：该尺寸标注样式用于坐标型尺寸标注类型。

g. “引线和公差”：该尺寸标注样式用于引线及公差类型。

9.2.2 修改新标注样式

创建新标注样式后，按“继续”按钮，弹出如图 9-6 所示的“修改标注样式”对话框。在该对话框中，用户可以对标注样式的各种参数进行详细设置。

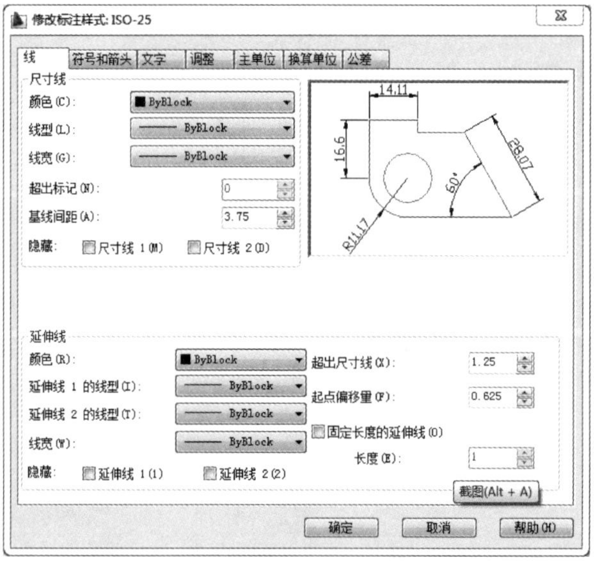

图 9-6

在“修改标注样式”对话框中，有 7 个选项，各选项说明如下：

① “线”选项卡：用来设置尺寸线、延伸线（即尺寸界线）。

a. “尺寸线”区域：用于设置尺寸线。

- “颜色”下拉列表：设置尺寸线的颜色。建议用默认的“ByBlock”。
- “线型”下拉列表：设置尺寸线的线型。建议用默认的“ByBlock”。
- “线宽”下拉列表：设置尺寸线的线宽。建议用默认的“ByBlock”。
- “超出标记”框：设置当使用细斜线或者小圆点作为延伸线（即尺寸界线）时，

尺寸线超出尺寸界线的距离，如图9-7所示。建议设置为0或2。

- “基线间距”框：当使用基线标注时，相邻两平行尺寸线之间的距离，如图9-7所示，建议设置为6或7。
- “隐藏”：设置是否显示第一条尺寸线与第二条尺寸线，如图9-7所示。

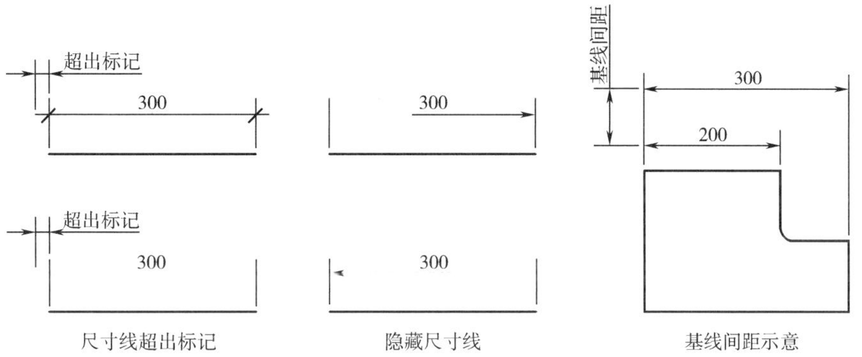

图9-7

b. “延伸线”区域：用于设置延伸线（即尺寸界线）。

- “颜色”下拉列表：设置延伸线（即尺寸界线）的颜色。建议用默认的“ByBlock”。
- “延伸线1的线型”下拉列表：设置第一条延伸线的线型。建议用默认的“ByBlock”。
- “延伸线2的线型”下拉列表：设置第二条延伸线的线型。建议用默认的“ByBlock”。
- “线宽”下拉列表：设置延伸线（即尺寸界线）的线宽。建议用默认的“ByBlock”。
- “隐藏”：设置是否显示第一条延伸线与第二条延伸线，如图9-8所示。

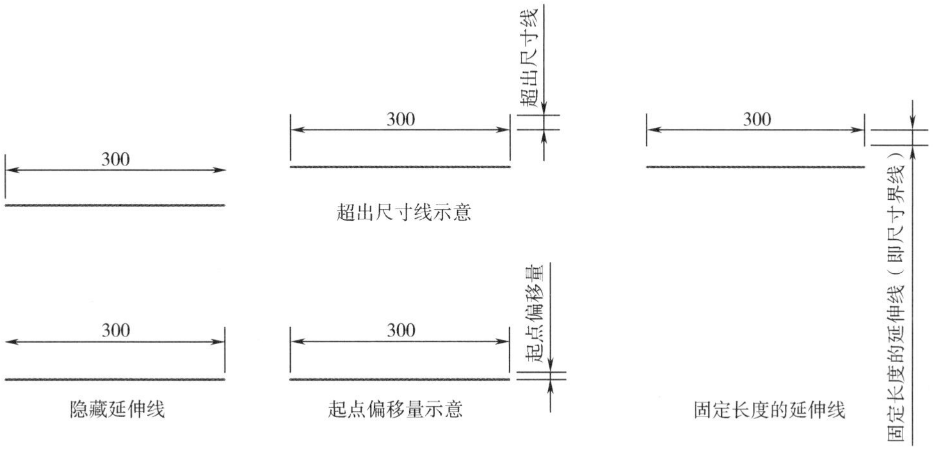

图9-8

● “超出尺寸线”框：设置延伸线（即尺寸界线）超出尺寸线距离。建议设置为 2，如图 9-8 所示。

● “起点偏移量”框：设置延伸线（即尺寸界线）的实际起始点和用户指定延伸线（即尺寸界线）起始点之间的偏移量，如图 9-8 所示。建议设置为 1。

● “固定长度的延伸线”选项：设置是否采用固定长度的延伸线（即尺寸界线），如图 9-8 所示。

● “长度”框：如果勾选了“固定长度的延伸线”选项，则此选项为可输入，在可输入的情况下此选项设置延伸线（即尺寸界线）的总长度，总长度起始于尺寸线止于标注原点方向。

② “符号和箭头”选项卡：用来设置箭头、圆心标记、折断标注、弧长符号、半径折弯标注和线性折弯标注的格式和位置，如图 9-9 所示。

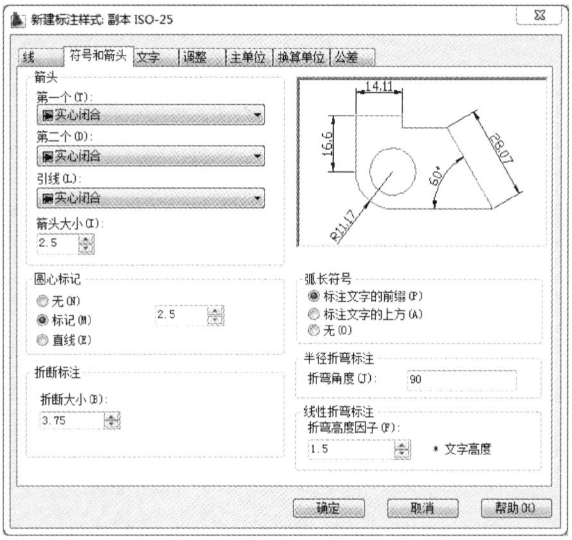

图 9-9

a. “箭头”区域：用于设置箭头的种类及大小。

● “第一个”下拉列表：设置第一条尺寸线的箭头，用户可以使用 AutoCAD 提供的样式，也可以使用自定义的箭头。家具制图国家标准规定要选用箭头、小圆点或者倾斜这三种中的一种。

● “第二个”下拉列表：设置第二条尺寸线的箭头，用户可以使用 AutoCAD 提供的样式，也可以使用自定义的箭头。家具制图国家标准规定要选用箭头、小圆点或者倾斜这三种中的一种。

● “引线”下拉列表：设置引线标注时的引线端部的箭头样式。

● “箭头大小”框：显示和设置箭头的大小。建议设置为 2~3，也可以直接接受默认的 2.5。

b. “圆心标记”区域：用于创建圆的中心标记。

● “无”选项：不创建中心标记。

- “标记”选项：创建中心标记。
- “直线”选项：创建中心线。
- “显示和设置圆心标记或中心线的大小”输入框：显示和设置圆心标记或中心线的尺寸大小。

c. “折断标注”区域：控制折断标注的间距宽度。

“折断大小”输入框：显示和设置用于折断标注的间距大小。

d. “弧长符号”区域：控制弧长标注中圆弧符号的显示。

- “标注文字的前缀”选项：将弧长符号放置在标注文字之前。
- “标注文字的上方”选项：将弧长符号放置在标注文字的上方。
- “无”选项：不显示弧长符号。

e. “半径折弯标注”区域：控制折弯（Z 字型）半径标注的显示。折弯半径标注通常在圆或圆弧的圆心位于页面外部时创建。

“折弯角度”选项：确定折弯半径标注中，尺寸线的横向线段的角度，如图 9-10 所示。

f. “线性折弯标注”区域：控制线性标注折弯的显示。当标注不能精确表示实际尺寸时，通常将折弯线添加到线性标注中。

- “折弯高度因子 * 文字高度”：二者相乘的积就是折弯高度（通过形成折弯的角度的两个顶点之间的距离确定折弯高度），如图 9-11 所示。

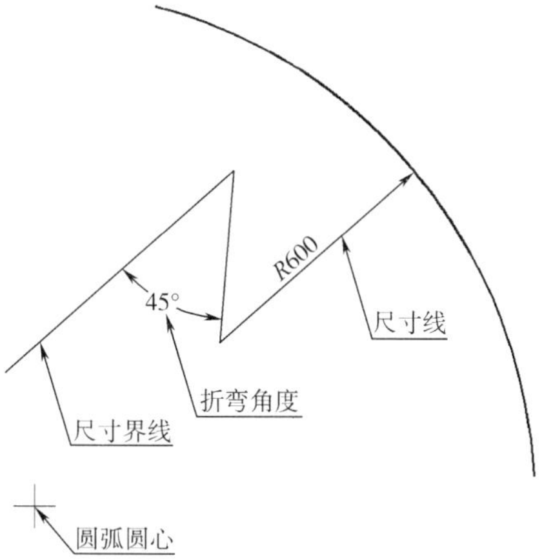

图 9-10

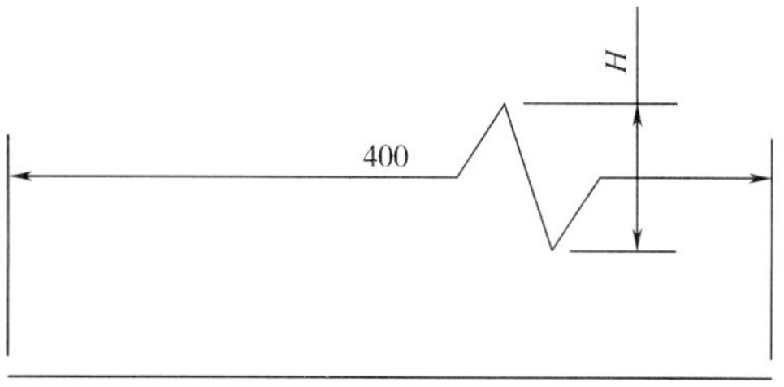

图 9-11

③“文字”选项卡：用来设置尺寸文字的外观、位置和对齐方向。其选项卡如图 9-12 所示。

a. “文字外观”区域：控制标注文字的格式和大小。

- “文字样式”下拉列表：显示和设置当前标注文字样式。从列表中选择一种样式，要创建和修改标注文字样式，请选择列表旁边的“...”按钮。
- “文字样式”按钮：显示“文字样式”对话框，从中可以定义或修改文字样式。
- “文字颜色”下拉列表：设置标注文字的颜色。建议用默认的“ByBlock”。
- “填充颜色”下拉列表：设置标注中文字背景的颜色。

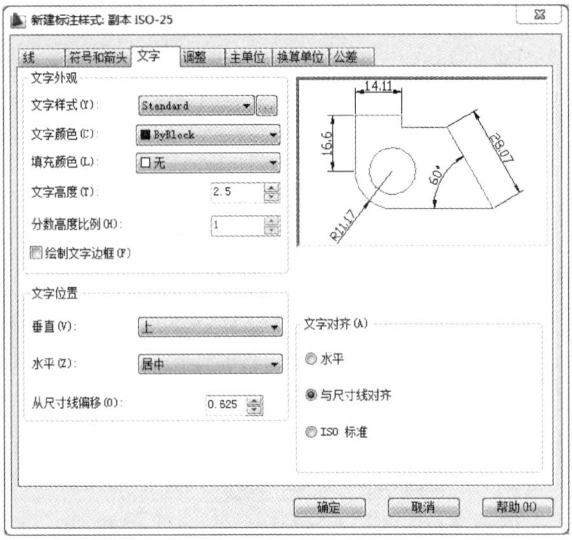

图 9-12

• “文字高度”：设置当前标注文字样式的高度。在文本框中输入值，如果在“文字样式”中将文字高度设置为固定值（即文字样式高度大于 0），则该高度将替代此处设置的文字高度。如果要使用在“文字”选项卡上设置的高度，请确保“文字样式”中的文字高度设置为 0。

• “分数高度比例”：设置相对于标注文字的分数比例。仅当在“主单位”选项卡上选择“分数”作为“单位格式”时，此选项才可用。在此处输入的值乘以文字高度，可确定标注分数相对于标注文字的高度。

• “绘制文字边框”复选框：如果选择此选项，将在标注文字周围绘制一个边框，一般建议不选。

b.“文字位置”区域：控制标注文字的位置。

• “垂直”下拉列表：控制标注文字相对尺寸线的垂直位置。垂直位置选项包括：“居中”，将标注文字放在尺寸线的两部分中间；“上方”，将标注文字放在尺寸线上方，从尺寸线到文字的最低基线的距离就是当前的字线间距，请参见下面的“从尺寸线偏移”选项；“外部”，将标注文字放在尺寸线上远离第一个定义点的一边；“JIS”，按照日本工业标准（JIS）放置标注文字。各种设置效果如图 9-13 所示。

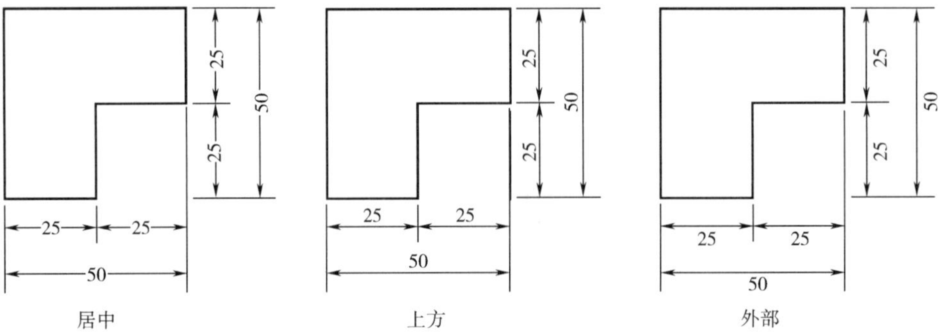

图 9-13

● “水平”下拉列表：控制标注文字在尺寸线上相对于延伸线（即尺寸界线）的水平位置。水平位置选项包括：“居中”，将标注文字沿尺寸线放在两条延伸线的中间，建议选择此项；“第一条延伸线”，沿尺寸线与第一条延伸线左对正，延伸线与标注文字的距离是箭头大小加上字线间距之和的两倍，请参见前面的“符号和箭头”中的“箭头大小”和下面的“从尺寸线偏移”选项；“第二条延伸线”，沿尺寸线与第二条延伸线右对正，延伸线与标注文字的距离是箭头大小加上字线间距之和的两倍，请参见前面的“符号和箭头”中的“箭头大小”和下面的“从尺寸线偏移”选项；“第一条延伸线上方”，沿第一条延伸线放置标注文字或将标注文字放在第一条延伸线之上，一般不选择此项；“第二条延伸线上方”，沿第二条延伸线放置标注文字或将标注文字放在第二条延伸线之上，一般不选择此项。各种设置效果如图 9-14 所示。

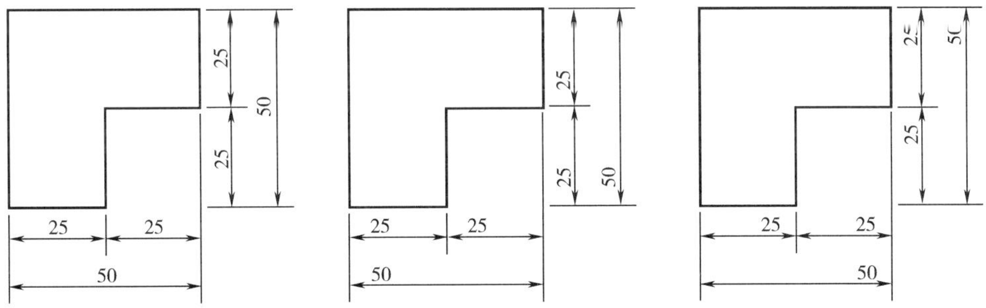

居中　　第一条延伸线　　第二条延伸线

图 9-14

● “从尺寸线偏移”微调框：用于设置标注文字与尺寸线之间的距离，如图 9-15 所示。

c. “文字对齐”区域：控制标注文字放在延伸线外边或里边时的方向是保持水平还是与延伸线平行。

● “水平”单选按钮：设置标注文字为水平放置。

● “与尺寸线对齐”单选按钮：设置标注文字方向与尺寸线对齐。

● “ISO 标准”单选按钮：设置标注文字按照 ISO 标准放置。即当标注文字在延伸线内时，文字与尺寸线对齐，而文字在延伸线外时，文字水平排列。

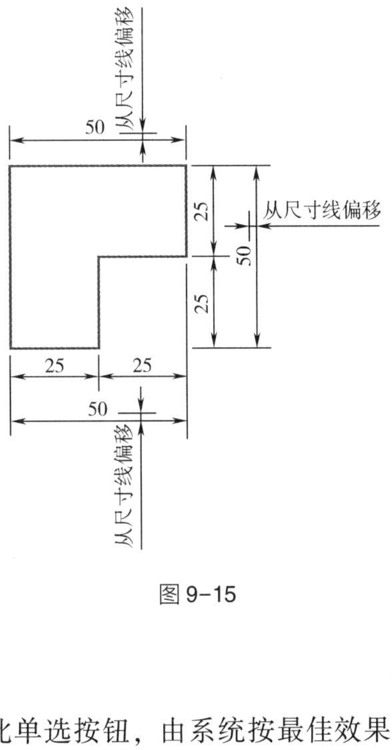

图 9-15

④ “调整”选项卡：用来控制标注文字、箭头、引线和尺寸线的放置，如图 9-16 所示。

a. “调整选项”区域：定义当延伸线之间没有足够的空间来放置标注文字和箭头时，标注文字和箭头的布置方式。

● “文字或箭头（最佳效果）”单选按钮：单击此单选按钮，由系统按最佳效果自动移动标注文字和箭头到延伸线外。即当延伸线间的距离足够放置文字和箭头时，文字和

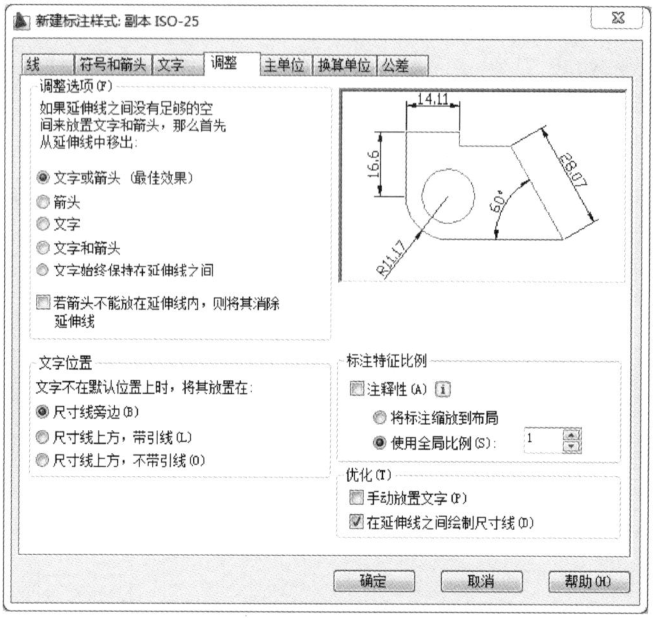

图 9-16

箭头都放在延伸线内；当延伸线间的距离仅够容纳文字时，将文字放在延伸线内，而箭头放在延伸线外；当延伸线间的距离仅够容纳箭头时，将箭头放在延伸线内，而文字放在延伸线外；当延伸线间的距离既不够放文字又不够放箭头时，文字和箭头都放在延伸线外。在家具制图中，建议选择此项。

- “箭头”单选按钮：单击此单选按钮，则先将箭头移动到延伸线外，然后移动文字。具体处理如下：当延伸线间的距离足够放置文字和箭头时，文字和箭头都放在延伸线内；当延伸线间距离仅够放下箭头时，将箭头放在延伸线内，而文字放在延伸线外；当延伸线间距离不足以放下箭头时，文字和箭头都放在延伸线外。

- “文字”单选按钮：单击此单选按钮，则先将文字移动到延伸线外，然后移动箭头。具体处理如下：当延伸线间的距离足够放置文字和箭头时，文字和箭头都放在延伸线内；当延伸线间距离仅够放下文字时，将文字放在延伸线内，而箭头放在延伸线外；当延伸线间距离不足以放下文字时，文字和箭头都放在延伸线外。

- “文字和箭头”单选按钮：单击此单选按钮，则将文字和箭头都移动到延伸线外。

- “文字始终保持在延伸线之间”单选按钮：单击此单选按钮，始终将文字放在延伸线之间。

- “若箭头不能放在延伸线内，则将其消除延伸线”复选框：勾选此复选框，如果延伸线之间的空间不足以容纳箭头，则不显示标注箭头。

b. “文字位置”区域：设置标注文字从默认位置（由标注样式定义的位置）移动时标注文字的位置，如图 9-17 所示。

c. “标注特征比例”区域：设置全局标注比例值或图纸空间比例。勾选“注释性”复选框，则将标注特征比例设置为注释性的。

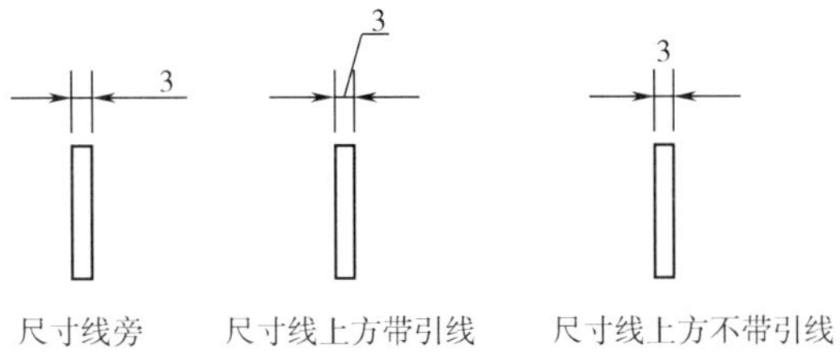

图 9-17

• “将标注缩放到布局”单选按钮：单击此单选按钮，则根据当前模型空间视口和图纸空间之间的比例确定比例因子，即将根据图纸空间的视口比例设置标注比例。当在图纸空间而不是模型空间视口中绘图时，或当 TILEMODE 设置为 1 时，将使用默认比例因子 1.0。

• “使用全局比例”单选按钮：单击此单选按钮，则为所有标注样式设置一个比例，这些设置指定了大小、距离或间距，包括文字和箭头大小。该缩放比例并不更改标注的测量值，但影响尺寸标注所有组成元素的大小。用户可在其后的微调框里输入缩放因子。例如，图形打印比例为 1∶10，则全局比例因子可设为 10，若标注文字高度按系统默认的 2.5，则绘图区内标注文字显示的高度为 25，即将尺寸标注放大 10 倍。

d. “优化”区域：提供用于放置标注文字的其他选项。

• “手动放置文字”复选框：勾选此复选框，则忽略所有水平对正设置，并将文字放置在“尺寸线位置”提示中的指定位置。

• “在延伸线之间绘制尺寸线”复选框：勾选此复选框，则标注对象时，始终在延伸线之间绘制尺寸线。

⑤“主单位”选项卡：设置尺寸标注单位的格式和精度，并设置标注文字的前缀和后缀，如图 9-18 所示。

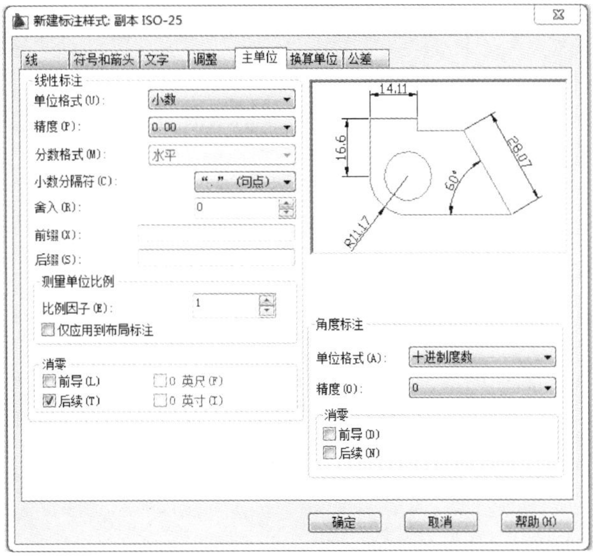

图 9-18

a. “线性标注”区域：设置线性标注的单位、格式和精度。

● “单位格式”下拉列表：设置除角度之外的所有标注类型的当前单位格式。家具制图中建议保持缺省，即“小数”。

● “精度”下拉列表：显示和设置标注文字中的小数位数。家具制图中建议设置精度为 0.0。

● “分数格式”下拉列表：家具制图中建议不用修改，保持缺省。

● “小数分隔符”下拉列表：家具制图中建议不用修改，保持缺省。

● “舍入”微调框：家具制图中建议不用修改，保持缺省。

● “前缀”输入框：家具制图中建议不用修改，保持缺省。

● “后缀”输入框：家具制图中建议不用修改，保持缺省。

● “比例因子”微调框：设置线性标注测量值的比例因子，AutoCAD 将标注测量值与此处输入的值相乘。例如，如果输入 3，则 1mm 直线的尺寸将显示为 3mm，该值不应用到角度标注，也不应用到舍入值或者正负公差值。

● “仅应用到布局标注”复选框：选中该复选框，仅将测量单位比例因子应用于布局视口中创建的标注。

● “消零”区域：控制不输出前导零和后续零以及零英尺和零英寸部分。例如，0.300 变为 .300；0.400 变为 0.4；0′-6 1/2″变成 6 1/2″；1′-0″变为 1′。

b. “角度标注”区域：设置角度的单位、格式和精度。

● “单位格式”下拉列表：设置角度单位格式。家具制图中建议不用修改，保持缺省，即“十进制度数”。

● “精度”下拉列表：设置角度标注的小数位数。家具制图中建议不用修改，保持缺省，即“0”。

● “消零”区域：控制是否禁止输出前导零和后续零。前导：不输出角度十进制标注中的前导零。例如，0.5000 变成 .5000。后续：不输出角度十进制标注中的后续零。例如，12.5000 变成 12.5，30.0000 变成 30。

⑥“换算单位”选项卡：设置不同单位尺寸间的换算格式及精度。由于在家具制图中，基本不用去换算单位，所以在此不再赘述。

⑦“公差”选项卡：控制标注文字中公差的格式及显示。由于在家具制图中，基本不用公差，所以在此不再赘述。

9.3 标注尺寸的方法

在标注尺寸时，可采用三种方法执行相应的命令，一种是在命令行输入相关命令并按下 Enter 键；一种是从标注菜单中选择命令；还有一种是从标注工具栏中选择命令。

9.3.1 线性标注

利用“线性标注”，可以创建水平、垂直或旋转的尺寸标注，它需要指定两点来确定延伸线，也可以直接选取需要标注的尺寸对象，一旦所选对象确定，系统则自动标注，如图 9-19 所示。

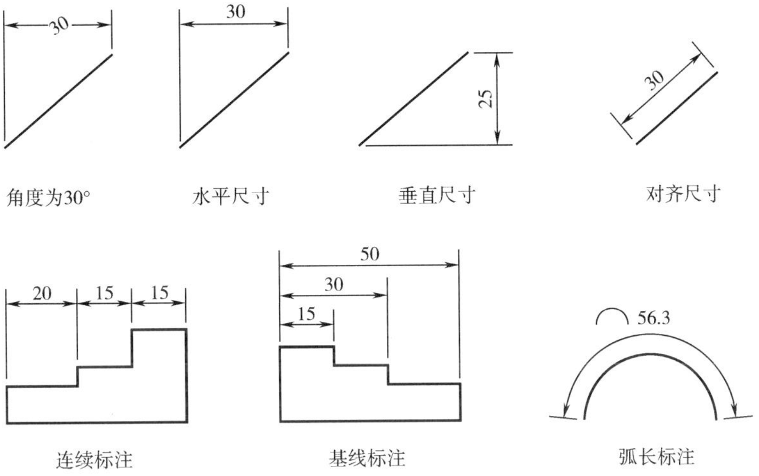

图 9-19

执行命令后，命令行提示：

指定第一条延伸线原点或<选择对象>：（指定第一条延伸线的起点，如直接回车，表示将选取一直线并标注该直线的长度）

指定第二条延伸线原点：（指定第二条延伸线的起点）

指定尺寸线位置或［多行文字（M）/文字（T）/角度（A）/水平（H）/垂直（V）/旋转（R）］：（指定一点确定尺寸线的位置或选择某一选项）

标注文字 = 30（标注出指定的两点间的距离）

各选项说明如下：

①多行文字：表示将通过对话框输入尺寸文字。AutoCAD 打开多行文字输入框，可在其中修改标注文字。对话框中的文字即表示标注文字，可编辑或替换标注文字，输入新文字，单击“确定”按钮完成修改。之后通过点击鼠标在屏幕上指定尺寸线位置。

②文字：直接在命令行中修改标注文字。选择该选项后系统提示：“输入标注文字<30>”，其中默认值（即尖括号中的值）是系统自动测量得到的被标注线段的长度，直接按下 Enter 键即可采用此长度值，用户也可以输入其他的值代替默认值。

③角度：指定标注文字在尺寸线上的角度。家具制图中很少用到。

④水平：用于创建水平方向上的尺寸标注。

⑤垂直：用于创建垂直方向上的尺寸标注。

⑥旋转：用于创建有一定倾斜角度的尺寸标注，使尺寸线与坐标轴正方向形成一定的倾斜角度。家具制图中基本不用。

9.3.2　对齐标注

对齐标注是指尺寸线与两个延伸线起点的连线相平行的尺寸，即创建与指定位置或对象平行的标注，如图 9-19 所示。

9.3.3 连续标注

连续标注是在已有的标注基础上，连续创建的线性标注，如图 9-19 所示。需要注意的是：在命令执行后，其中的“选择”选项是指选择已有的某一延伸线作为当前标注的第一条延伸线。

9.3.4 基线标注

基线标注是指有一条公有延伸线的一系列标注，如图 9-19 所示。需要注意的是：在命令执行后，其中的“选择”选项是指选择已有的某一延伸线作为当前标注的第一条延伸线。

9.3.5 弧长标注

弧长标注用于测量圆弧或多段线弧线段上的距离，如图 9-19 所示。家具制图中很少用到。

执行命令后，AutoCAD 提示：

选择弧线段或多段线弧线段：(选择要标注的弧线或者多段线中的弧线部分)

指定弧长标注位置或［多行文字（M）/文字（T）/角度（A）/部分（P）/引线（L）］：(指定一点作为标注尺寸线的位置)

标注文字=56.3（显示出标注结果）

各选项说明如下：

①“多行文字”“文字”“角度”的含义与线性标注中各选项含义相同，在此不再重复。

②“部分”选项：用于标注弧上的指定两点间的弧线长。

③“引线”选项：用于添加引线对象。仅当圆弧（或弧线段）大于 90°时才会显示此选项。引线是按径向绘制的，指向所标注圆弧的圆心。

9.3.6 坐标标注

坐标标注用于标明位置点相对于当前坐标系原点的坐标值，它是由 X 坐标或 Y 坐标和引线组成。坐标标注一般在机械绘图中应用较多，在家具制图中基本不用。

9.3.7 半径标注

半径标注就是标注圆或圆弧的半径尺寸，并显示前面带有字母 R 的标注文字。家具制图中规定，半圆或小于半圆的圆弧用半径标注，如图 9-20 所示。

执行命令后，AutoCAD 提示：

选择圆弧或圆：(选择要标注的圆弧或圆)

标注文字=10（显示标注文字的系统测量值）

指定尺寸线位置或［多行文字（M）/文字（T）/角度（A）］：(指定一点作为标注尺寸线的位置)

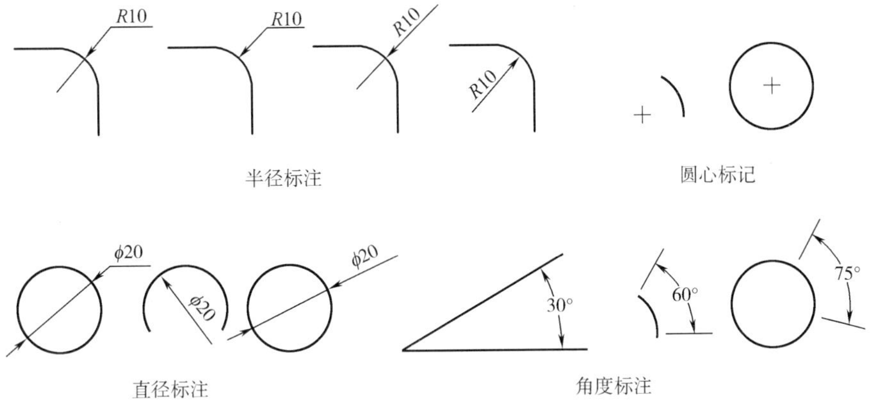

图 9-20

9.3.8　直径标注

直径标注就是标注圆或圆弧的直径尺寸，并显示前面带有直径符号的标注文字。家具制图中规定，圆和大于半圆的圆弧均标注直径，如图 9-20 所示。

执行命令后，AutoCAD 提示：

选择圆弧或圆：(选择要标注的圆弧或圆)

标注文字=20（显示标注文字的系统测量值）

指定尺寸线位置或［多行文字（M）/文字（T）/角度（A）］：(指定一点作为标注尺寸线的位置)

9.3.9　角度标注

角度标注用于标注两条不平行直线之间的角度、圆和圆弧的角度或三点之间的角度，如图 9-20 所示。

执行命令后，AutoCAD 提示：

择圆弧、圆、直线或<指定顶点>：(选择要标注的圆弧、圆、直线，或按回车键通过指定三个点来创建角度标注)

指定标注弧线位置或［多行文字（M）/文字（T）/角度（A）/象限点（Q）］：

各选项说明如下：

①选择圆弧：AutoCAD 标注该圆弧的圆心角。

②选择圆：当用户用点取的方法选择圆时，系统将该点取点作为要标注角度的圆弧（在圆上）的起始点，同时系统提示："指定角的第二个端点"，按提示指定圆上的第二点，即可标注出此段圆弧的圆心角。

③选择直线：用户必须选取两条直线，之后再确定标注弧线的位置，系统将自动标出这两条直线之间的夹角。

④指定顶点：直接回车，即先确定角的顶点，然后分别指定角的两个端点，最后再确定标注弧线的位置，结果标注出由这三点构成的角度。

9.3.10 圆心标记

执行命令后，AutoCAD 提示：

选择圆弧或圆：(选择要标注的圆弧或圆)

执行结果：圆弧或圆标记出标注样式中设置的圆心标记形式。如图 9-20 所示。

9.3.11 引线标注

引线标注可以实现在标注中的许多特殊需要，该引线引出的对象是用户自定义的内容，而不是具体的尺寸等信息，这样做可以使图形表达更清晰。

(1) 设置引线注释样式

在命令行输入：QLEADER（或快捷键 LE）后，AutoCAD 提示：

指定第一个引线点或［设置（S）］<设置>：

直接回车，进入如图 9-21 所示的“引线”设置对话框。

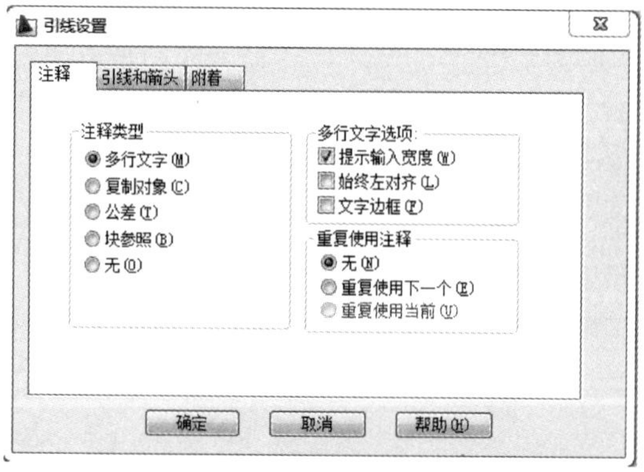

图 9-21

各选项说明如下：

①“注释”选项卡：用于设置引线标注中的注释文本的类型，多行文字的格式，并确定注释文本是否多次使用，如图 9-21 所示。

a.“注释类型”区域：设置引线文本的类型。

- “多行文字”：设置多行文字注释。家具制图中常选用此项。
- “复制对象”：提示用户复制多行文字、单行文字、公差或块参照对象，并将副本连接到引线末端。副本与引线是相关联的，这就意味着如果复制的对象移动，引线末端也将随之移动。基线的显示取决于被复制的对象。
- “公差”：设置以形位公差方式作为注释。
- “块参照”：设置以图块作为注释。
- “无”：无任何注释。

b.“多行文字选项”区域：设置当引线注释类型为多行文字时的部分参数。

- “提示输入宽度”：提示指定多行文字注释的宽度。
- “始终左对齐”：无论引线位置在何处，多行文字注释应靠左对齐。

- “文字边框”：在多行文字注释周围放置边框。

c. “重复使用注释”区域：设置是否重复使用引线的注释。

- “无”：不重复使用引线注释。
- “重复使用下一个”：重复使用为后续引线创建的下一个注释。
- “重复使用当前”：重复使用当前注释。选择“重复使用下一个”之后，重复使用注释时将自动选择此选项。

②“引线和箭头”选项卡：用于设置引线和箭头格式，如图 9-22 所示。

图 9-22

a. “引线”区域：设置引线类型，分直线和样条曲线两种。

b. “点数”区域：控制在创建引线标注时，命令行提示指定引线控制点的个数，即引线的转折次数。

c. “箭头”区域：设置引线的终端形式，通常采用箭头形式。

d. “角度约束”区域：设置用直线绘制引线时，第一条与第二条引线的角度约束。

③“附着”选项卡：用于设置引线和多行文字注释的附着位置。只有在“注释”选项卡上选定“多行文字”时，此选项卡才可用，如图 9-23 所示。

图 9-23

a. “第一行顶部”：将引线附着到多行文字的第一行顶部。

b. “第一行中间”：将引线附着到多行文字的第一行中间。

c. “多行文字中间”：将引线附着到多行文字的中间。

d. “最后一行中间”：将引线附着到多行文字的最后一行中间。

e. “最后一行底部”：将引线附着到多行文字的最后一行底部。

f. “最后一行加下划线”：给多行文字的最后一行加下划线。家具制图中，建议选中此项。

(2) 创建引线标注

在命令行输入：QLEADER（或快捷键 LE）后，AutoCAD 提示：

指定第一个引线点或［设置（S）］<设置>：（指定第一个引线点，若要设置，可直接回车）

指定下一点：（指定引线标注起点）

指定下一点：（指定转折点）

指定文字宽度<0>：（指定引线注释的宽度）

输入注释文字的第一行<多行文字（M）>：（输入注释文本）

执行结果：标注出指定样式的引线标注，如图 9-24 所示。

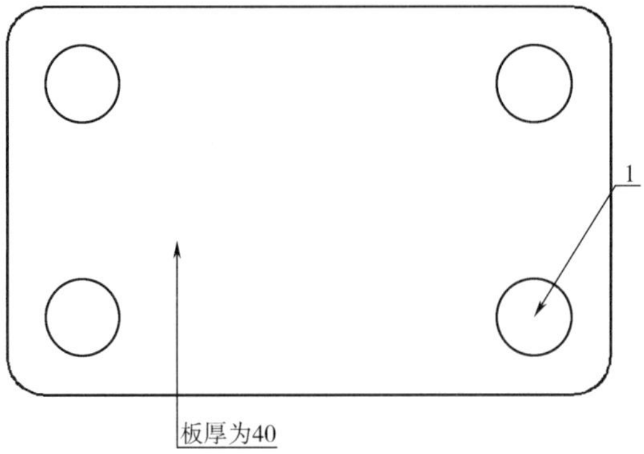

图 9-24

9.3.12 多重引线标注

多重引线对象通常包含箭头、水平基线、引线或曲线和多行文字对象或块。

多重引线可创建为箭头优先、引线基线优先或内容优先。如果已使用多重引线样式，则可以从该指定样式创建多重引线。

引线标注是一种尺寸标注，多重引线标注是一个类似的标注功能，它们的区别主要在于前者是解散状态的，后者是一种块。由于多重引线标注设置较麻烦，在家具制图中建议用引线标注，一般不采用多重引线标注。

用户可以创建与标注、表格和文字中的样式类似的多重引线样式。

命令调用：

①在命令行输入 Mleaderstyle，按下回车键。

②单击工具栏中“多重引线”｜“多重引线样式”按钮。

③单击菜单中“格式”｜“多重引线样式”。

执行命令后，弹出“多重引线样式管理器”对话框，如图 9-25 所示。在此可以设置当前多重引线样式，也可以创建、修改和删除多重引线样式。

单击“新建”按钮，弹出“创建新多重引线样式”对话框，如图 9-26 所示。在此可以指定新多重引线样式的名称，并指定新多重引线将基于的现有多重引线样式。

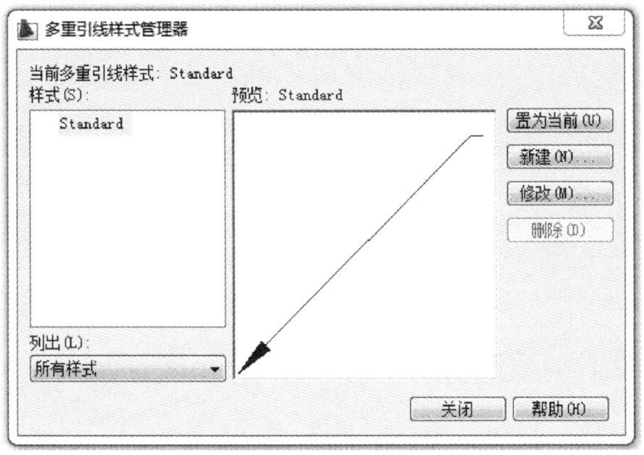

图 9-25

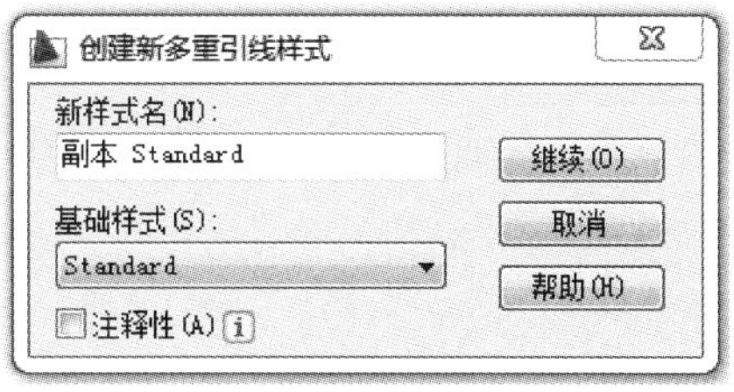

图 9-26

单击“修改”按钮，弹出“修改多重引线样式”对话框，如图 9-27 所示。在该对话框中，可以设置多重引线样式的各个参数。

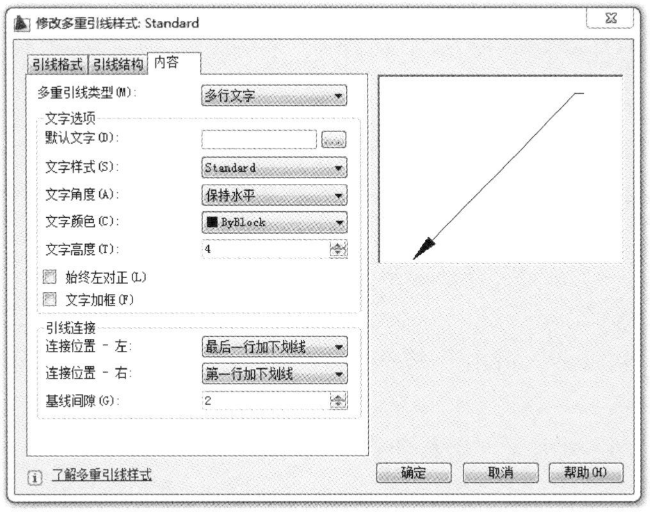

图 9-27

用户通过使用 Mleadercollect 命令将选定的包含块的多重引线作为内容组织为一组并附着到单引线。

用户通过使用 Mleaderalign 命令沿指定的线组织选定的多重引线。

9.4 尺寸标注的编辑

尺寸与原图形有关联性，可以在对图形进行拉伸、夹点编辑等操作后，自动更新尺寸。当然，也可以通过尺寸标注编辑命令单独修改尺寸标注的各种组成部分。

9.4.1 编辑标注

编辑标注用于改变标注对象的文字及延伸线等。通过 Dimedit 命令，用户可以修改一个或多个尺寸标注对象上的文字内容、方向、位置及倾斜延伸线。

执行工具栏“标注” | “编辑标注”或者命令行输入：Dimedit 并回车，命令行提示：

输入标注编辑类型 [默认（H）/新建（N）/旋转（R）/倾斜（O）] <默认>:

选择对象：找到 1 个

选择对象：

各选项说明如下：

①“默认”：将尺寸文字移动到默认位置（即按其尺寸标注样式中所定义的位置、方向重新放置）。

②“新建”：打开多行文字编辑器，修改所选择的尺寸标注的尺寸文字。

③“旋转”：根据 AutoCAD 提示，输入旋转角度，以改变尺寸文本的方向。

④“倾斜”：修改延伸线的倾斜角度。

9.4.2 调整标注位置及修改尺寸标注

（1）利用“Dimtedit”（编辑标注文字）修改标注位置

执行工具栏“标注” | “编辑标注文字”命令，AutoCAD 提示：

选择标注：(选择要修改的尺寸标注)

为标注文字指定新位置或 [左对齐（L）/右对齐（R）/居中（C）/默认（H）/角度：(A)]：(指定一点确定尺寸文本的新位置)

各选项说明如下：

①“左对齐、右对齐、居中”等选项：将尺寸文本放置在尺寸线的左、右、中间位置。

②“默认”选项：将尺寸文字移动到默认位置（即按其尺寸标注样式中所定义的位置、方向重新放置）。

③“角度”选项：将尺寸文本旋转一个角度。

（2）利用夹点功能修改标注位置

以夹点方式调整标注位置是一种非常值得推荐的方法。选中要调整位置的尺寸标注，当尺寸标注上出现夹点，然后通过鼠标指针单击相应的夹点进行移动即可调整标注位置。

（3）通过双击修改尺寸标注

双击尺寸标注，弹出“特性”对话框。通过此对话框，可以对选定的尺寸标注做全面修改，如标注样式、箭头、延伸线、文字、单位等。

9.5　特性匹配

特性匹配是将选定对象的特性应用到其他对象，即将一个对象的特性复制到另一个指定对象上，使两个对象具有相同的特性。

采用以下方法进行特性匹配：

①选择菜单中的“修改”|“特性匹配”命令。

②选择工具栏中的“标准工具栏”|“特性匹配”按钮。

命令行提示：

选择源对象：（选择被复制特性的源对象）

当前活动设置：颜色　图层　线型　线型比例　线宽　厚度　打印样式　标注　文字　填充图案　多段线　视口　表格　材质　阴影显示　多重引线（系统提示特性匹配时可复制的特性项）

选择目标对象或［设置（S）］：（选择目标对象，目标对象即指定要将源对象的特性复制到其上的对象）

结果：被选择的目标对象的特性变成与源对象的特性相同。

说明：选择“设置（S）”选项后，弹出如图9-28所示的对话框。该对话框列出了可复制的各属性选项，供用户选择，只有选择打钩了，属性才可复制。

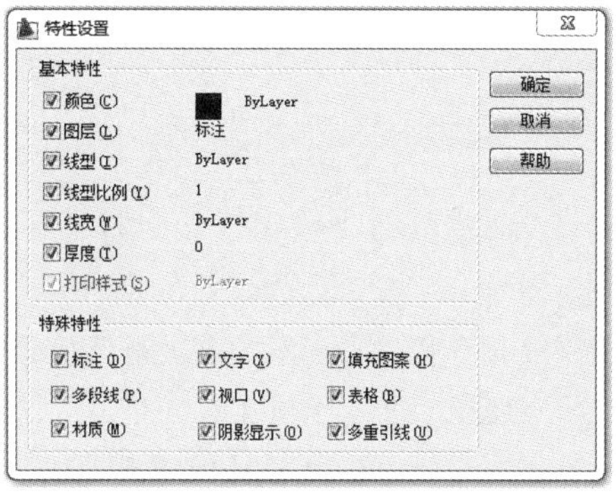

图9-28

9.6　综合实例

请为图9-29所示床头柜的踢脚板三视图标注尺寸。

具体操作如下：

①选择“格式”|“文字样式”命令，新建一个文字样式，其设置如下：

a.“样式名”：家具尺寸标注文字；

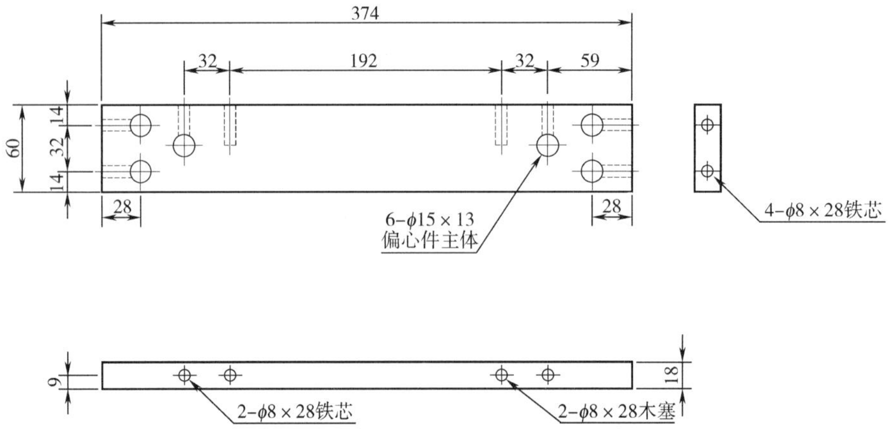

图 9-29

b. “字体名”：gbeitc. shx，勾选“使用大字体”，“字体名”变为“SHX 字体”，“大字体”：gbcbig. shx，如图 9-30 所示。

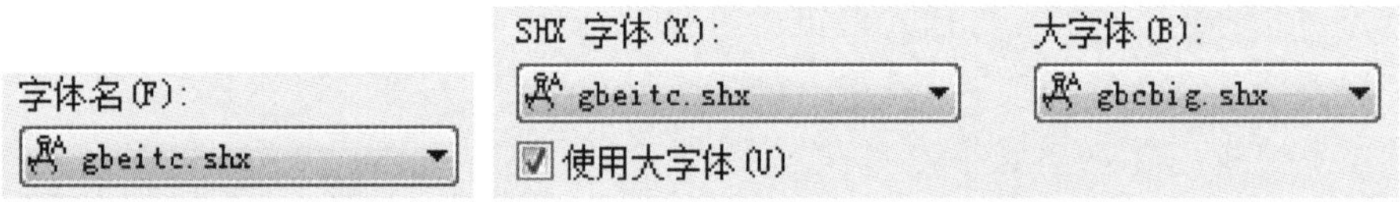

图 9-30

c. “高度”：默认 0. 0。

②选择菜单中“标注” | “标注样式”命令，弹出“标注样式管理器”对话框，单击“新建...”按钮，创建新的尺寸标注样式。在“创建新标注样式”对话框中，新样式名为“放大 3 倍的家具标注”，基础样式为“standard”，用于所有标注，设置完成后，按“继续”按钮，弹出“新建标注样式”对话框，在此对话框中对标注样式的各种参数进行系统而全面的设置，其具体设置如下：

a. 在“线”选项卡中的设置：基线间距为 7；延伸线超出尺寸线的距离为 2；起点偏移量为 1；其他选项默认设置。

b. 在“符号和箭头”选项卡中的设置：箭头大小为 2. 5；其他选项默认设置。

c. 在“文字”选项卡中的设置：文字样式为“家具尺寸标注文字”；文字高度为 2. 8；文字位置垂直为上，水平为居中；从尺寸线偏移距离为 1；文字对齐方式为“与尺寸线对齐”；其他选项默认设置。

d. 在“调整”选项卡中的设置：文字不在默认位置上时，将其放置在尺寸线上方，带引线；标注特征比例使用全局比例，并设置比例为 3；优化，在延伸线之间绘制尺寸线；其他选项默认设置。

e. 在“主单位”选项卡中的设置：单位格式为小数；精度为 0. 0；其他选项默认设置。

③在“标注样式管理器”对话框中，以“放大 3 倍的家具标注”为基础样式，新建一个名为“家具孔位”的标注样式，且用于所有标注，其设置如下：

a. 在“符号和箭头”选项卡中的设置：箭头第一个设为无，第二个设为实心闭合；

圆心标记选无；起点偏移量为 1；其他选项默认设置。

b. 在“文字”选项卡中的设置：文字对齐方式为“ISO 标准”；其他选项默认设置。

c. 在“调整”选项卡中的设置：取消选择“在延伸线之间绘制尺寸线”。

④设置“放大 3 倍的家具标注”为当前标注样式。

⑤将“尺寸标注”设为当前图层，执行线性标注，结果如图 9-31 所示。

命令：_ dimlinear（线性尺寸标注命令）

指定第一条延伸线原点或<选择对象>：（捕捉 *A* 点为第一条延伸线的原点）

指定第二条延伸线原点：（捕捉 *B* 点为第二条延伸线的原点）

指定尺寸线位置或［多行文字（M）/文字（T）/角度（A）/水平（H）/垂直（V）/旋转（R）］：（指定一点确定尺寸线的位置）

标注文字 = 32（标注出指定的两点间的距离）

用“连续标注”继续标注尺寸，具体操作如下：

命令：dco

指定第二条延伸线原点或［放弃（U）/选择（S）］<选择>：（捕捉 *C* 点）

标注文字 = 192

指定第二条延伸线原点或［放弃（U）/选择（S）］<选择>：（捕捉 *D* 点）

标注文字 = 32

指定第二条延伸线原点或［放弃（U）/选择（S）］<选择>：（捕捉 *E* 点）

标注文字 = 59

指定第二条延伸线原点或［放弃（U）/选择（S）］<选择>：（回车确认）

选择连续标注：（回车结束连续标注）

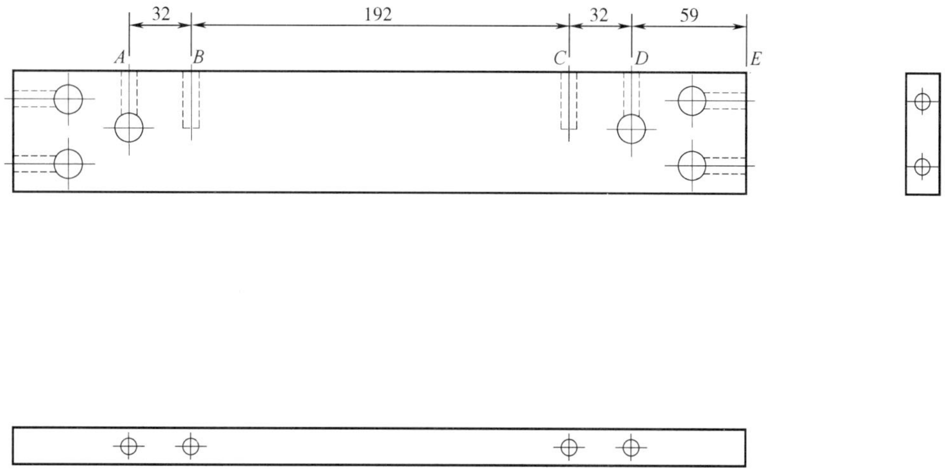

图 9-31

⑥用同样的线性标注方法标出其他线性标注，如图 9-32 所示。

⑦将“家具孔位”设为当前标注样式。在“尺寸标注”层标注家具孔位，孔位可以用引线标注来标注，也可以用直径型尺寸来标注。本例用直径型尺寸来标注，如图 9-33 所示。

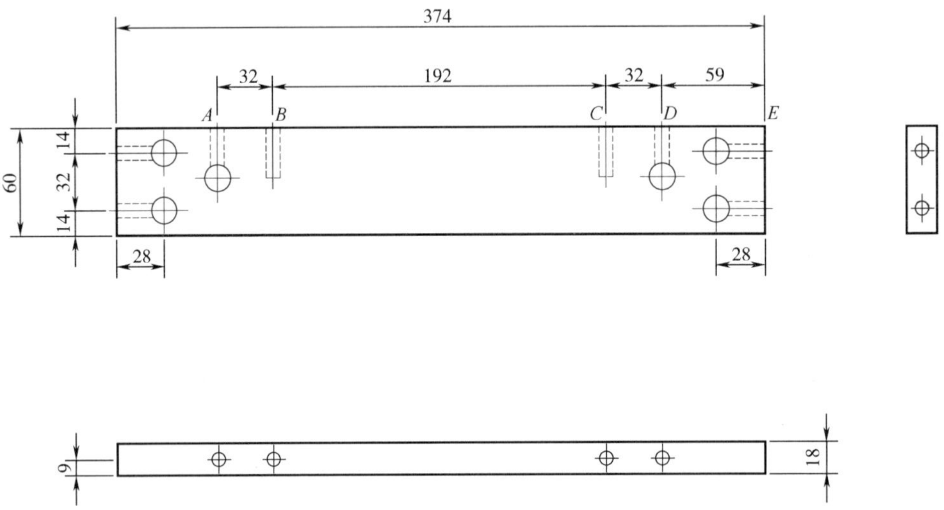

图 9-32

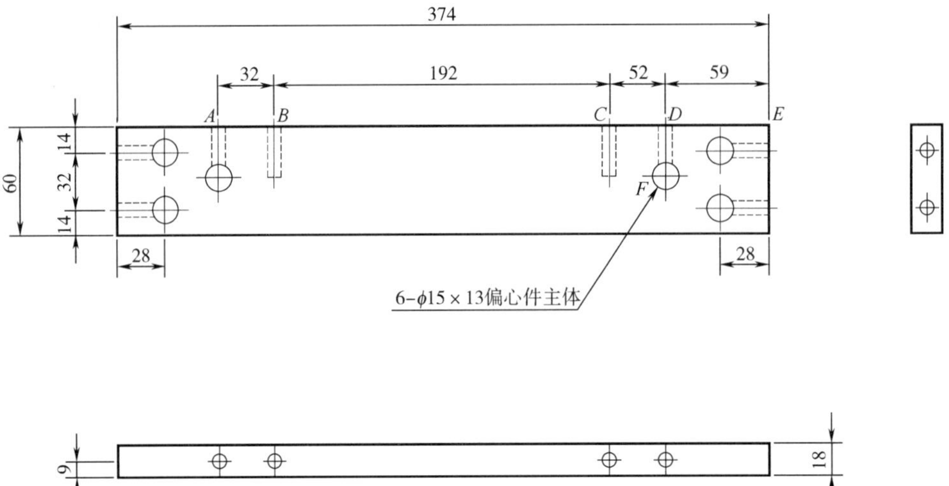

图 9-33

命令操作如下：

命令：ddi

选择圆弧或圆：(选择孔位中的圆 *F*)

标注文字=15（系统显示圆 *F* 的直径）

指定尺寸线位置或［多行文字（M）/文字（T）/角度（A）］：m（指定将用多行文字来自定尺寸）(在弹出的对话框中，将原来的文本值改为“6-ϕ15×13 偏心件主体”）

指定尺寸线位置或［多行文字（M）/文字（T）/角度（A）］：(在屏幕上点击一点来指定尺寸线位置)

⑧按⑦同样的标注方法，标出其他家具孔位，如图 9-34 所示。

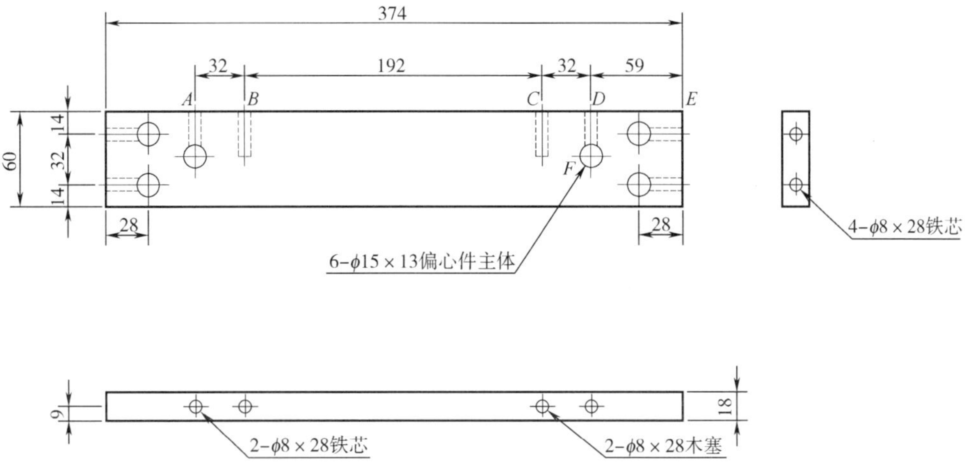

图 9-34

⑨整体标注完成效果如图 9-29 所示。

要点提示如下：

①利用对象捕捉追踪功能，捕捉对应的端点即为延伸线的起止点。

②有必要的时候，可以利用“Dimtedit”（编辑标注文字）修改标注文字的位置，也可以用夹点功能来改变尺寸线、文字的位置。

③在命令行输入“Ddedit”或者快捷键“ED”命令，可以修改标注文字的内容。

④引线标注中，有时不容易控制文字的位置，可以只用其引线部分，而用输入多行文字的方式得到文字，再移动文字到相应的位置上即可。对于家具孔位的标注，既可以用引线标注来标注，也可以用直径型尺寸来标注（用直径型尺寸来标注的前提是已经设定了专用的标注样式，如本例中的“家具孔位”标注样式）。

思考与练习

1. 了解尺寸标注的各个组成部分。
2. 熟悉尺寸标注样式对话框中各选项卡的设置。
3. 练习各种类型的尺寸标注。
4. 掌握尺寸的编辑方法。
5. 掌握特性匹配的用法。

第 10 章

图形的打印与输出

图形绘制完成后，需要打印在图纸上。有两种输出形式：将图形打印在图纸上或者创建成文件供其他应用程序使用。图形的打印与输出是 AutoCAD 的一个重要环节。

10.1 模型空间和图纸空间

AutoCAD 存在两个工作空间，即模型空间和图纸空间，以满足用户绘图、打印及输出的需要，它们分别用“模型”和“布局”选项卡来表示。模型空间是完成绘图和设计工作的工作空间，我们在模型空间中进行绘图、建模、标注等工作。在模型空间中，通常默认就一个视口进行绘制图形，当然也可以创建多个视口，以展示图形的不同方向的视图，如图 10-1 所示。

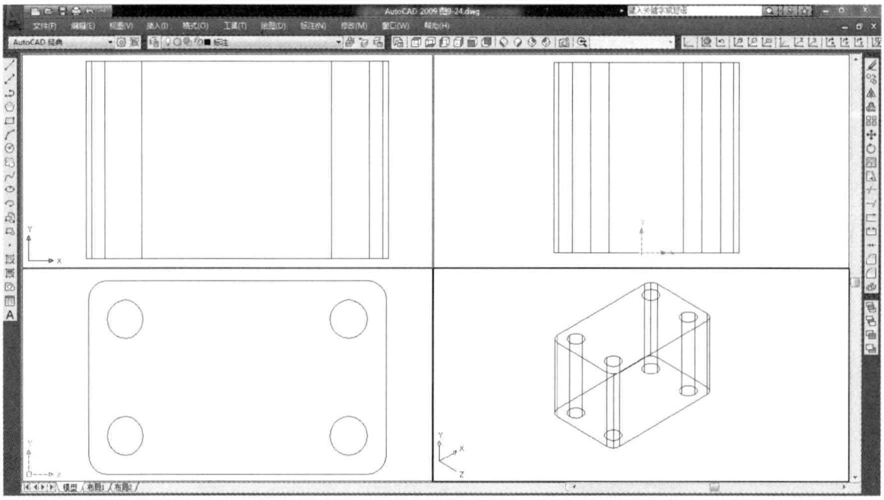

图 10-1

“布局”选项卡下面有模型空间和图纸空间两种空间，用处不同。布局的模型空间等同于平时绘图用的模型空间。而布局的图纸空间是专门用来安排打印图纸的。所谓“布局”，就是在打印时候在打印的图纸上安排各个图形的相对位置（布局）。在图纸空间绘图，没有三维性质，也不会保存在模型空间里。虽然多数绘图命令在图纸空间也可以使用，但是用途有些区别。例如，在图纸空间绘制的图框、标题栏，就不会显示在模型空间里，也就是说，用户在图纸空间添加的对象在模型空间是不可见的。在图纸空间中，视口被作为对象来看待，可用 AutoCAD 的标准命令对其进行编辑。每个视口中的视图可以设置成不同的比例，在当前视口中冻结和解冻特定的图层。

在点击“布局”标签后，可以按以下方式在图纸空间和模型空间之间切换：

（1）鼠标双击视口内部，进入布局下的“模型空间”，此时视口边缘变粗，在视口外部双击，就退出模型空间，返回图纸空间。

（2）通过状态栏上的“模型或图纸空间”切换按钮来切换在“布局”标签下的模型空间和图纸空间。当通过此方法由图纸空间切换到模型空间时，最后活动的视口成为当前视口。

10.2 创建和管理布局

在 AutoCAD 中，可以有多个“布局”选项卡，可以创建多种布局，每个布局都代表一张单独的打印输出图纸，可以用布局处理单份或多份图纸。创建一个或者多个不同打印布局后，每个打印布局中能够定义不同视口，各个视口可用不同的打印比例。

10.2.1 创建布局

（1）使用布局向导创建布局

选择菜单“工具” | “向导” | “创建布局”命令，打开“创建布局”向导，按照提示一步一步去完成就行了。此方法虽然易于理解接受，但操作起来比较烦琐，一般不建议采用这种方法。

（2）用右键快捷菜单创建、修改或重命名布局

在模型标签或已有布局标签上按鼠标右键，选择“新建布局”，可以创建一个新布局，再对新布局进行设置修改，插入所需要的图框标题栏。当然，如果已经在模型空间里将家具不同零部件的三视图和不同比例的图框标题栏完整绘制出来，则仅对新布局进行设置修改，不用插入图框标题栏，下面用实例来介绍这种方法。

命令实操：创建“床头柜”布局，如图 10-2 所示。

具体操作步骤如下：

①新建布局：在模型标签或已有布局标签上按鼠标右键，在弹出的快捷菜单中，单击“新建布局”，可得到一个自动命名为“布局 3”的新布局，也可以利用此快捷菜单删除、移动或复制布局。也可以不新建布局，直接在默认的“布局 1”或“布局 2”上按鼠标右键，从快捷菜单上选择“重命名”，将布局重命名为“床头柜”，则下面的②步骤可以省略。

②重命名布局：在新建的布局标签上按鼠标右键，从快捷菜单上选择“重命名”，将

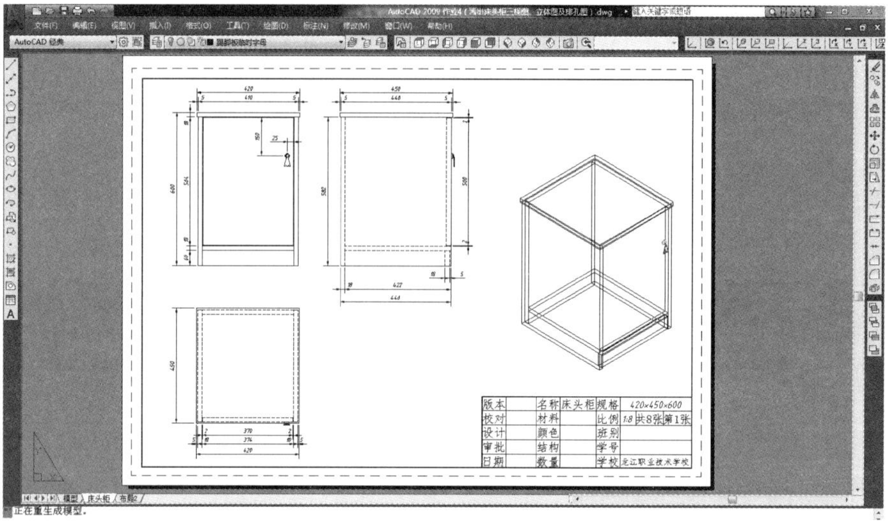

图 10-2

布局重命名为“床头柜”。

③对“床头柜”布局进行页面设置：在“床头柜”标签上按鼠标右键，在弹出的快捷菜单中，选择“页面设置管理器...”，在打开的对话框中选择“床头柜”后按“修改”按钮，得到如图 10-3 所示的“页面设置-床头柜”对话框。这里要特别注意：要先删除原视口，具体操作是点击“床头柜”标签，选择实线矩形框，并按 Delete 键，删除原视口。

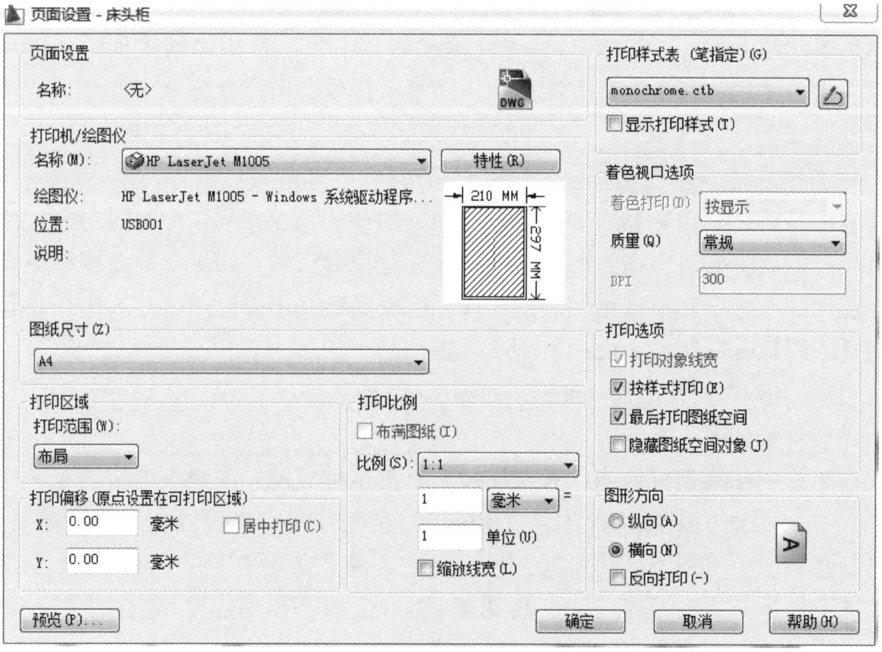

图 10-3

打开的“页面设置-床头柜”对话框中主要选项的功能说明如下：

a. “打印机/绘图仪”选项区域：指定打印机的名称、位置和说明。在“名称”下拉列表框中，可以选择当前配置的打印机。如果要查看或修改打印机的相关信息，可单击“特性”按钮，在弹出如图 10-4 所示的“绘图仪配置编辑器”对话框中进行设置，比如修改打印纸尺寸、可打印区域等。

b. “打印样式表”选项区域：为当前布局指定打印样式表。打印样式表用于控制图纸的打印样式，如可将不同颜色的线打印出不同的粗细，将所有的颜色线全部打印成黑色等。当在下拉列表框中选择一个打印样式后，单击旁边的“编辑”按钮，可以使用打开如图 10-5 所示的“打印样式表编辑器”对话框查看或修改打印样式，也可以选择下拉列表框中的“新建”选项来新建一个打印样式表。一般来说，要将图形的各种颜色以黑色打印出来，通常选用 monochrome. ctb 样式，建议家具制图中选用这种样式。如果要按图面显示的颜色打印，选择“无”样式即可。

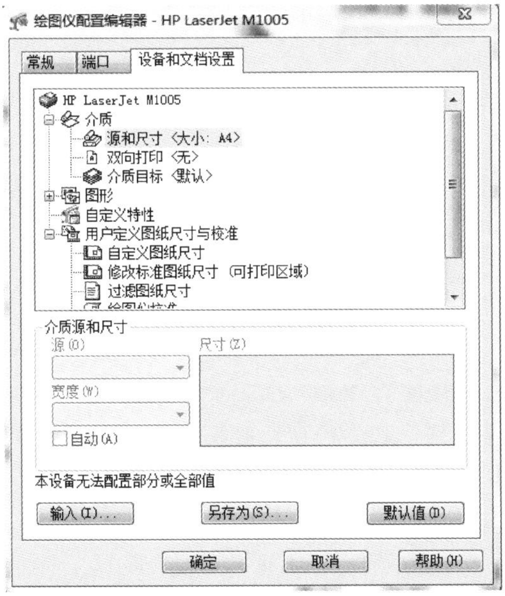

图 10-4

图 10-5

c. “图纸尺寸”选项区域：指定图纸的尺寸大小。在家具制图中，一般选择标准 A4 图纸，尺寸为 297mm×210mm。

d. “打印区域”选项区域：设置布局的打印区域。在“打印范围”下拉列表框中，可以选择要打印的区域，包括布局、窗口、范围和显示。默认设置为布局，表示针对“布局”选项卡，打印图纸尺寸边界内的所有图形。

e. “打印比例”选项区域：设置打印比例。在打印比例下拉列表框中可以选择标准缩放比例，或者输入自定义值。布局空间的默认比例为 1∶1。

f. “图形方向”选项区域：指定图形方向是横向还是纵向。“反向打印”复选框，可以指定图形在图纸页上倒置打印。这些设置效果可在旁边的预览区域中预览到。

④插入图框：经过前三个步骤后，已得到一张名为“床头柜”的空白页面，空白页面

四周的虚线表示可打印区域，只有打印区域内的图形才能被打印。选择菜单“插入” | “块...”命令，插入名为“A4 标准图框”的图块，放在打印区域内合适的位置。

⑤新建视口：视口要放在一个图层上，方便需要时关闭视口线。选择菜单栏“视图” | “视口” | “多边形视口”命令，按提示依次点取图框的内边线各顶点，得到一个边线与图框内边线重叠的多边形视口。用户还可以创建多个不同形状的视口。视口是一个对象，可以像 AutoCAD 的其他对象一样进行调整、移动、删除等操作。这里要特别说明的是：如果在模型空间绘制家具图时已带有图框标题栏，则新建视口时，选择菜单栏“视图” | “视口” | “一个视口”命令，再按回车默认“布满”。

⑥设置视口中图形的打印比例：在视口中双击（或单击状态栏上的“模型或图纸空间”按钮），以激活视口，进入浮动模型空间。在浮动模型空间中，可像在模型空间中一样，绘制图形、修改图形、对视图进行缩放等。通过状态栏上的“视口比例”可以选择或直接输入合适的打印比例。由于在浮动模型空间状态下，缩放图形会影响视口中图形的打印比例，所以如果希望锁定视口的打印比例，则可单击状态栏上的“锁定/解锁视口”按钮，将视口锁定。

特别提醒：布局中的几个特殊控制：

①不打印视口线的两种办法：隐藏视口线图层；可以把视口线的颜色设置为 255 号颜色，在打印时是无色的。

②Psltscale 变量控制图纸空间的线型比例：设为 0 时，无特殊线型比例，按 LTSCALE 命令设置的全局比例因子进行缩放，模型中的虚线长度与视口中的虚线长度一样；设为 1 时，视口比例决定线型比例。

③视口中图层的控制如果仅需要在当前视口不打印某一图层，如在当前视口不打印标注尺寸层，具体设置方法为用鼠标双击当前视口进入图纸空间中的模型空间（一定要进入视口里，否则无法对当前视口图层控制），打开图层特性管理器，选中要在当前视口中冻结的图层，在“在当前视口中冻结”，这样就可以达到只在当前视口冻结图层的目的，而不影响其他视口，也不影响模型空间的图层的冻结。这一功能对于一个文件要打印出几种不同表现图来说非常有用，要比打印一次冻结某层再冻结其他层再打印来说要方便多了。

10.2.2 管理布局

右击“布局”标签，使用弹出的快捷菜单中的命令，可以删除、新建、重命名、移动或复制布局，也可以通过“页面设置管理器”重新设置布局页面。

10.3 打印输出图形

图形既可以打印在纸上，也可用其他格式输出文件，便于交流学习。

10.3.1 在模型中打印图形

在模型中打印图形指的是在模型空间绘制家具图时已带有图框标题栏，那么就直接选择菜单栏“文件”｜“打印...”命令或者 Ctrl+P，弹出如图 10-6 所示的“打印-模型”对话框，其内容与图 10-3“页面设置”对话框中的内容基本相同。建议在“打印偏移”选项区域中，勾选“居中打印”选项。这里需要注意的是，由于已经绘制好了家具图并将图框标题栏按合适的比例放好，所以在“打印区域”选项区域下的“打印范围”下拉列表框中，推荐选择“窗口”，然后选择要打印的包含图框标题栏的家具图。同时，在“打印比例”选项区域下的“比例”下拉列表框中选择或者输入真正的打印比例值。“预览”按钮可以让用户在打印输出图形之前预览输出结果，以检查设置是否正确。退出预览，回到“打印-模型”对话框，然后单击“确定”按钮，图纸就打印成功了。

10.3.2　在布局中打印图形

创建并设置好布局就可以打印图形了。要打印创建好的布局，只要右击“布局”标签，在弹出的快捷菜单中选择“打印”命令，同样弹出“打印”对话框，其内容与图 10-3“页面设置”对话框中的内容基本相同。直接单击“确定”按钮，图纸就打印成功了。

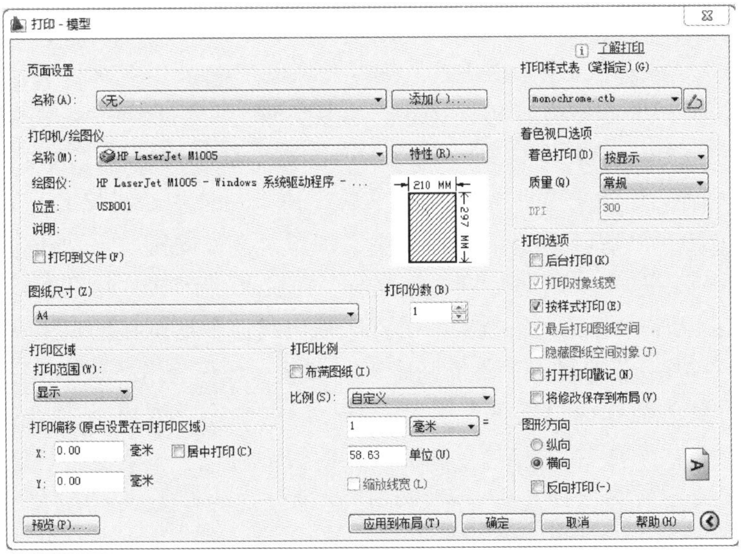

图 10-6

10.3.3　以其他格式输出文件

除了打印输出图纸外，AutoCAD 可以输出其他很多种格式，常见的有以下几种：

①WMF 文件：WMF 文件即 Windows 图元文件格式。在菜单栏选择“文件”｜“输出...”命令，弹出“输出数据”对话框，用户选择保存位置，选择文件类型为“图元文件（＊.wmf）”，输入文件名称后按保存，命令行会提示：“选择对象”，选择对象后回车，就会得到 WMF 文件。

②光栅文件：光栅图像的格式可以是 BMP、JPEG、TIFF 和 PNG，其对应的输出命令分别是 BMPOUT、JPGOUT、TIFOUT、PNGOUT。使用命令后，会弹出“创建光栅文件”对话框，用户选择保存位置，输入文件名称后按保存，命令行会提示“选择对象或<全部

对象和视口>”，选择对象后回车，就会得到相应格式的文件。

③PDF 文件：PDF 全称 Portable Document Format，是 Adobe 公司开发的电子文件格式。PDF 格式文件已成为在 Internet 上进行电子文档发行和数字化信息传播的理想文档格式。越来越多的电子图书、产品说明、公司文告、网络资料、电子邮件开始使用 PDF 格式文件。PDF 格式文件目前已成为数字化信息事实上的一个工业标准。PDF 文件使用了工业标准的压缩算法，通常比 PostScript 文件小，易于传输与储存。那么，如何将 AutoCAD 图形转为 PDF 格式文件？

a. 直接选择菜单栏“文件” | “打印 ...”命令或者 Ctrl+P，弹出“打印”对话框。

b. 在“打印”对话框“打印机/绘图仪”下的“名称”框中，从“名称”列表中选择“DWGToPDF. pc3”。

c. 根据需要为 PDF 文件选择打印设置，包括图纸尺寸、打印比例等，具体参见前面“页面设置”的内容。在“打印区域”选项区域下的“打印范围”下拉列表框中，推荐选择“窗口”，然后选择要打印输出的范围。点击“预览”按钮，检查设置是否正确。退出预览，回到“打印”对话框，然后单击“确定”按钮，会弹出“浏览打印文件”对话框。

d. 在“浏览打印文件”对话框中，选择保存位置并输入 PDF 文件的文件名，最后按保存，即可得到以 PDF 为后缀的 PDF 格式的图形文件。

④DWF 文件：DWF 文件全称 Drawing Web Format，图形网络格式也称 Web 图形格式。用户可以使用 AutoCAD 创建 Web 图形格式文件，用户可使用这种格式在 Web 或 Internet 上发布 AutoCAD 图形。DWF 文件的优势在于支持图形文件的实时移动和缩放，并支持控制图层、命名视图。DWF 文件是二维矢量文件，可提高图形文件打开和传输的速度，以矢量格式保存的 DWF 文件，完整地保留了打印输出属性和超链接信息，并且在进行局部放大时，基本能够保持图形的准确性和清晰度。那么，如何将 AutoCAD 图形转为 DWF 文件？方法一是在菜单栏选择“文件” | “输出 ...”命令，弹出“输出数据”对话框，用户选择保存位置，选择文件类型为“3DDWF（*.dwf）”，输入文件名称后保存，但这种方式图形中的文字容易出现乱码，不建议用这种方式；方法二是用打印的方式打印出 DWF 文件，具体操作详见本章综合实例。

10.4 综合实例

请将图 10-7 所示的图形打印成图 10-8 所示的 DWF 电子图纸，请设置打印图纸的幅面为 ISO A4（297mm×210mm）。

具体步骤如下：

①选择激活“布局 1”，右键单击后得到快捷菜单，选择“重命名”，将“布局 1”重命名为“床头柜”。

②右键单击“床头柜”布局，选择“页面设置管理器…”，在打开的对话框中选择

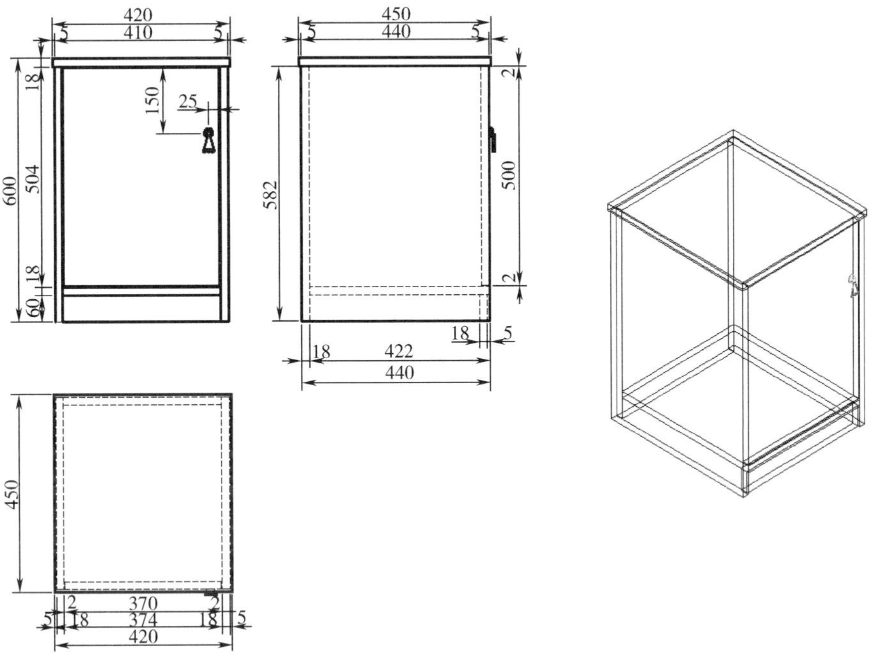

图 10-7

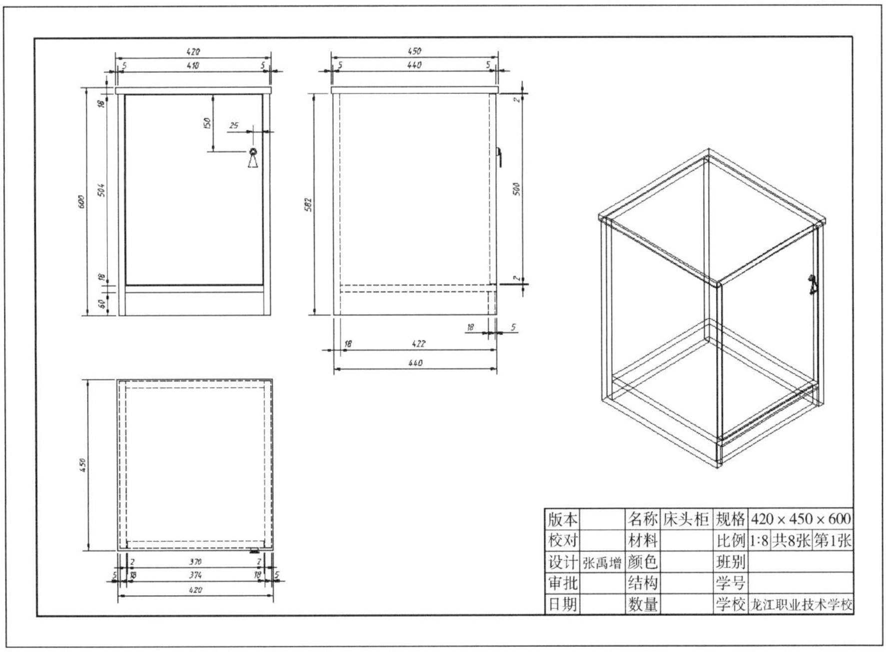

图 10-8

“床头柜”后按“修改”按钮，得到如图 10-9 所示的“页面设置-床头柜”对话框，其具体设置如下：

a. 先在“图纸尺寸”选项区域下拉列表框中选择“ISO A4（297.00×210.00 毫米）”；

“打印样式表”选项区域：monochrome. ctb。

b. 在“打印机/绘图仪”选项区域下的“名称”下拉列表框中，选择打印机为 DWF6 ePlot. pc3，单击“特性”按钮，弹出“绘图仪配置编辑器”对话框，如图 10-10 所示。修改打印机的配置信息：“源和尺寸”项已经自动匹配为“大小：ISO A4（297. 00×210. 00 毫米）”，不用再去改动；选择“修改标准图纸尺寸（可打印区域）”项，在下面列表中选择“ISO A4（297. 00×210. 00 毫米）”，然后单击“修改”按钮，修改其可打印区域上、下、左、右页边距均为 0。

③完成上述设置后，返回床头柜布局视窗，删除当前页面上的视口，将“图框标题栏”图层设为当前图层，以插入块的方法插入“家具制图 A4 标准图框标题栏”，并将“家具制图 A4 标准图框标题栏”放到可打印区域内合适的位置。

④打开视口图层并将其设为当前图层，选择菜单栏“视图”|“视口”|“多边形视口”命令，按提示依次点取图框的内边线各顶点，得到一个边线与图框内边线重叠的多边形视口，在视口中双击（或单击状态栏上的“模型或图纸空间”按钮），以激活视口，进入浮动模型空间，并通过状态栏上的“视口比例”设置比例为 1∶8，同时单击状态栏上的“锁定/解锁视口”按钮，将视口锁定。

⑤双击图框标题栏，弹出“编辑块定义”对话框，点确定进入块编辑器，再双击某一项目，就可以编辑修改某一项的文本属性值，如修改设计者姓名等。编辑完后可点击“关闭块编辑器”按钮退出块编辑器并返回图形。

⑥鼠标右键点击“床头柜”布局，选择“打印”选项，弹出“打印-床头柜”对话框，如图 10-11 所示。点击“预览”按钮，预览效果，右击鼠标，在弹出的快捷菜单中选“退出”（也可以直接按 Esc 键退出），回到“打印-床头柜”对话框，不满意效果可以

图 10-9

继续调整，如果满意效果，则单击“确定”按钮，会弹出“浏览打印文件”对话框。在“浏览打印文件”对话框中，选择保存位置并输入 DWF 文件的文件名，最后按保存，即可得到以 DWF 为后缀的 DWF 格式的图形文件。

⑦用 Autodesk DWF Viewer 浏览器打开相应的 DWF 文件，就可以查看图纸了，如图 10-12 所示。

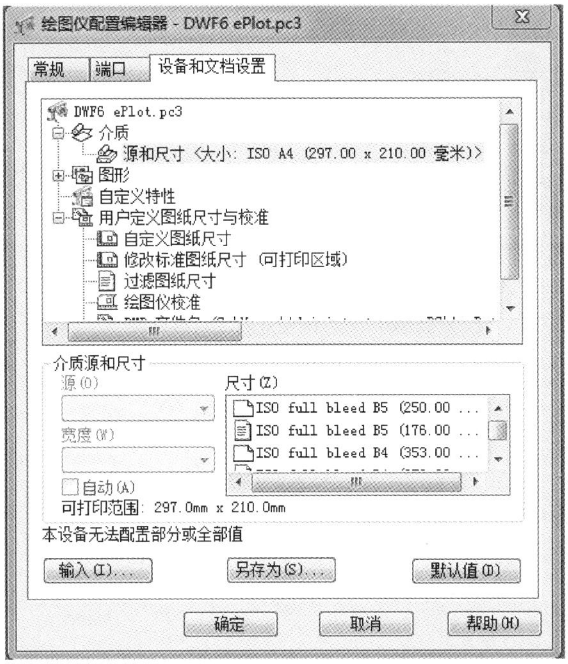

图 10-10

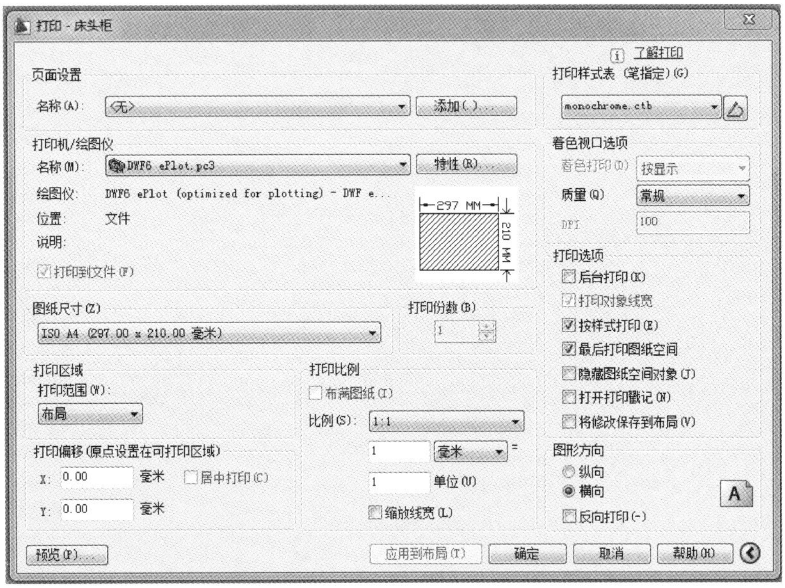

图 10-11

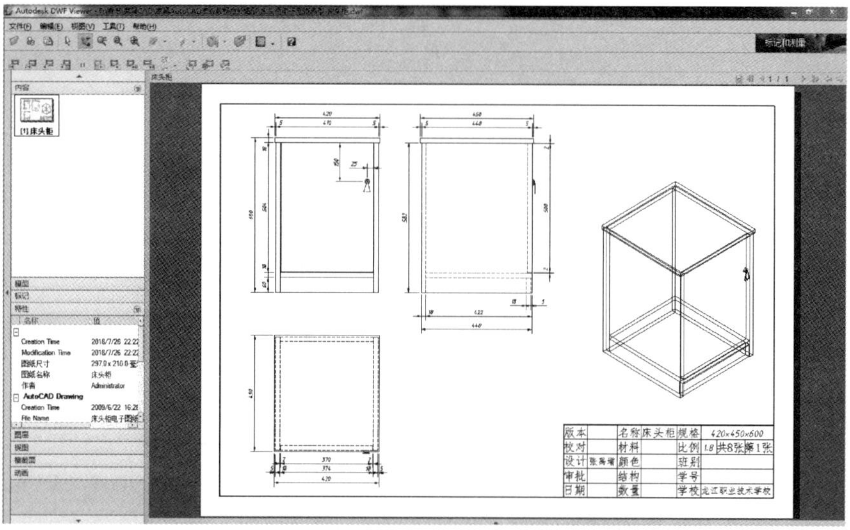

图 10-12

思考与练习

1. 如何创建一个新布局？
2. 如何对布局进行重命名、复制、移动及删除等操作？
3. 如何分别在模型和布局中打印图形？
4. 如何打印输出 PDF 文件？
5. 如何将图形打印成 DWF 文件？

第 11 章

家具三维知识

在家具制图中，尽管用户可以用大量的二维图形来反映家具的设计特色，但还是不能全局观察其设计效果。从这方面来说，三维图形确实能提高家具图纸的可读性。AutoCAD 有强大的三维绘图功能，用户可以利用 AutoCAD 来创建三维的模型，并自动生成相应的二维图纸，大大地提高了家具设计制图的效率。本章主要讲解有关家具的三维知识，重点讲解对家具三维图形的创建有帮助的知识，而对其他三维知识略去不讲，请读者知晓。

11.1 用户坐标系的建立

前面所绘制的二维图形都是基于 WCS（世界坐标系）下绘制的。世界坐标系是固定的，用户不能改变，并且每一个点有唯一的 *X*、*Y*、*Z* 坐标。在绘制三维图形时，单一的坐标系会带来很大的不便，所以，AutoCAD 为用户提供了用户坐标系 UCS，用户可根据需要对坐标系进行任意变换，方便绘制三维图形。世界坐标系图标与用户坐标系图标在屏幕上的显示是不同的，如图 11-1 所示。

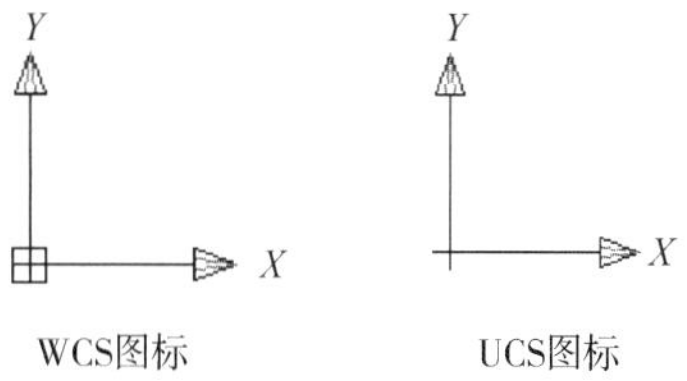

图 11-1

因为用户所画的对象都将绘制在当前 UCS 的 *XY* 平面上，为了方便绘图，用户经常需要改变坐标系的位置和方向，AutoCAD 提供的 UCS 命令，可以帮助用户定制自己需要的用户坐标系。

利用菜单“工具” | “新建 UCS”或者工具栏“UCS”（如果没有 UCS 工具栏，则可由鼠标指着任一工具栏，单击右键，从弹出的快捷菜单中选中“UCS”，将 UCS 工具栏调出来）相应的命令来创建新的用户坐标系。UCS 工具栏如图 11-2 所示。

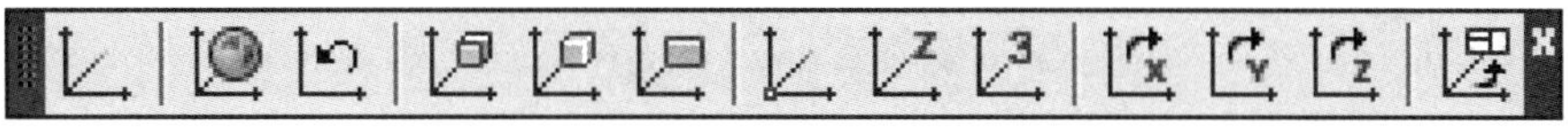

图 11-2

选项说明如下：

①“世界” ：将坐标系设置为世界坐标系。

②“上一个 UCS” ：返回上一个 UCS 坐标系。

③“面 UCS” ：通过在三维实体对象上选择面来对齐 UCS，UCS 的 X 轴将与找到的第一个面上的最近的边对齐。

④“对象” 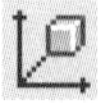：根据选定三维对象定义新的坐标系，新建 UCS 的拉伸方向（Z 轴正方向）与选定对象的拉伸方向相同。

⑤“视图” ：UCS 原点保持不变，XY 平面垂直于观察方向，建立新的坐标系，也就是说新坐标系的 Z 轴方向指向观察者。

⑥“原点” 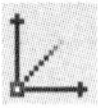：指定新原点，其 X、Y、Z 轴方向不变，从而定义新 UCS。

⑦“Z 轴矢量” ：通过输入新坐标系原点和 Z 轴的正方向上的一点来确定新的坐标系。

⑧“三点” 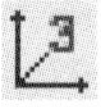：通过指定坐标原点及 X 轴上一点、Y 轴上一点来定义新坐标系。这种方式好理解、直观，又好用，所以推荐用户用这种方式来创建新的用户坐标系。

⑨“X” 、“Y” 、“Z” ：通过将当前的坐标系绕指定的轴旋转一定角度来建立新的坐标系。其旋转方向是根据右手法则来确定的，即假想用右手握住旋转轴，使大拇指指向旋转轴的正方向，则其他四指的方向即为旋转的正方向。

11.2 设置观察图形的视点

所谓视点，是指用户观察图形的方向。从不同的视点观察同一物体，看到的结果是不一样的。在创建家具三维模型时，用户要创建、修改、观察物体的不同方向，这时需要改变视点。

可通过两种方式来设置视点：

①用菜单“视图” | “三维视图”子菜单中的“俯视”“仰视”“左视”“右视”“前视”“后视”“西南等轴测”“东南等轴测”“东北等轴测”“西北等轴测”等命令，可以从多个方向来观察图形。建议开始创建三维图形时，就点击“西南等轴测”开始绘制，当然也可以点击其他等轴测开始绘制。

②观察图形时，还可以用三维动态观察器。直接在命令行输入 3DO，回车就可以观察了，也可以选择菜单“视图” | “动态观察” | “受约束的动态观察”，还可以选择菜单“视图” | “动态观察” | “自由动态观察”。

11.3　家具三维常用基本实体

11.3.1　长方体

选择菜单“绘图”|“建模”|“长方体”命令(也可以直接在命令行输入 BOX，回车)，就可以绘制出长方体，如图 11-3 所示。

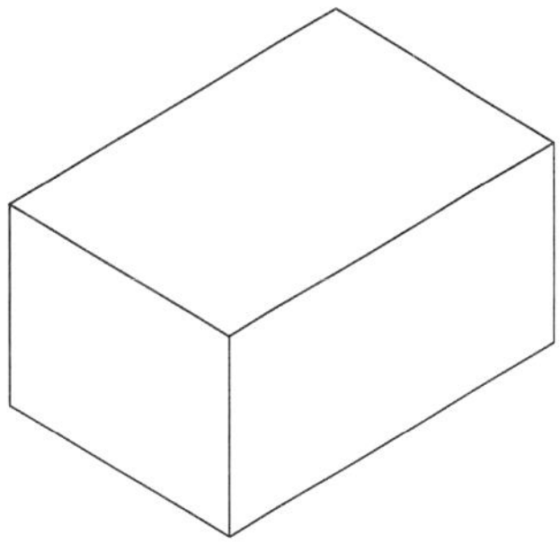

图 11-3

AutoCAD 提示如下：

指定第一个角点或［中心（C）］：(指定长方体底部的第一个角点，底部是指与当前的 *XY* 坐标平面平行的那个面)

指定其他角点或［立方体（C）/长度（L）］：(指定长方体底部的第二个角点)

指定高度或［两点（2P）］<默认值>：(指定长方体的高度，输入正值将沿当前 UCS 的 *Z* 轴正方向绘制高度，输入负值将沿 *Z* 轴负方向绘制高度)

选项说明如下：

①长方体的底部应与当前坐标系的 *XY* 坐标平面平行。

②“中心”选项：绘制出以指定点为中心的长方体。

③“立方体”选项：绘制出指定长度的立方体。

④“长度”选项：通过指定长度、宽度和高度来绘制长方体。长、宽、高分别对应于 *X* 轴、*Y* 轴、*Z* 轴。如果输入值为负，则是指沿坐标轴的负方向创建长方体。

⑤“两点”选项：根据指定的两点间的距离来确定高度值。

11.3.2　圆柱体及椭圆柱体

选择菜单“绘图”|“建模”|“圆柱体”命令（也可以直接在命令行输入 Cylinder 或快捷键 Cyl，回车)，就可绘制出圆柱体或椭圆柱体，如图 11-4 所示。

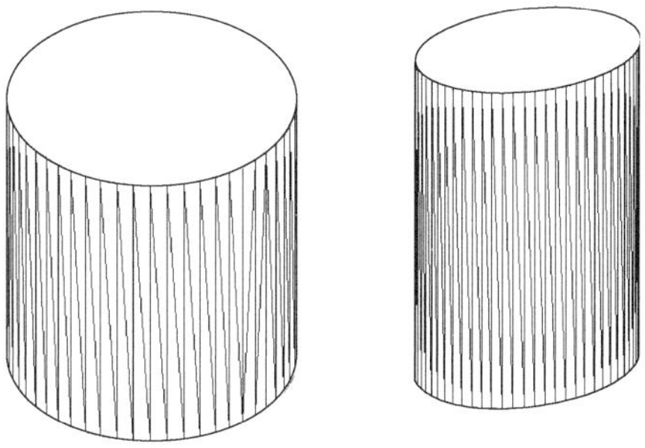

图 11-4

AutoCAD 提示如下：

指定底面的中心点或［三点（3P）/两点（2P）/切点、切点、半径（T）/椭圆（E）］：(指定圆柱底面的中心点，底面应与当前坐标系的 *XY* 坐标平面平行)

指定底面半径或［直径（D）］<20>：

(指定圆柱体的底面半径)

指定高度或［两点（2P）/轴端点（A）］<72>：（指定圆柱的高度，选择“两点”选项，是指通过指定两点间的距离来确定高度；选择“轴端点”选项，则是指圆柱的另一个圆心位置，即圆柱体的顶面圆心）

选项说明如下：

①“三点”选项：由指定的三点确定圆柱体的底面。

②“两点”选项：以指定的两点为直径，确定圆柱体的底面。

③“切点、切点、半径”选项：根据与其他对象的两切点及半径获得圆柱体的底面。

④“椭圆”选项：指出将绘制椭圆柱。其操作方法与绘制椭圆相似。

11.4 通过二维对象创建家具三维实体

11.4.1 拉伸

选择菜单“绘图”|“建模”|“拉伸”命令（也可以直接在命令行输入 Extrude 或快捷键 Ext，回车），就可以将二维对象沿 *Z* 轴或某个方向拉伸成三维实体。用于拉伸的二维对象可以是圆、多边形、椭圆、闭合样条曲线、面域以及任何二维封闭多段线。

AutoCAD 提示如下：

选择要拉伸的对象：(选择需要拉伸的二维对象，完成选择后回车)

指定拉伸的高度或［方向（D）/路径（P）/倾斜角（T）］<20>：

选项说明如下：

①“方向”选项：通过指定由两点确定的方向线来确定拉伸方向及高度。

②“路径”选项：使选定的对象沿着指定的路径拉伸而得到三维实体，如图 11-5 所示。直线、圆弧、椭圆、多段线及样条曲线等都可以作为拉伸路径，但要注意的是路径不能与拉伸对象在同一个平面内，也不能具有高曲率的部分。

③“倾斜角”选项：在对对象拉伸时沿拉伸方向形成指定的倾斜角度。正数时，生成的侧面向里靠；负数时，生成的侧面向外，如图 11-5 所示。

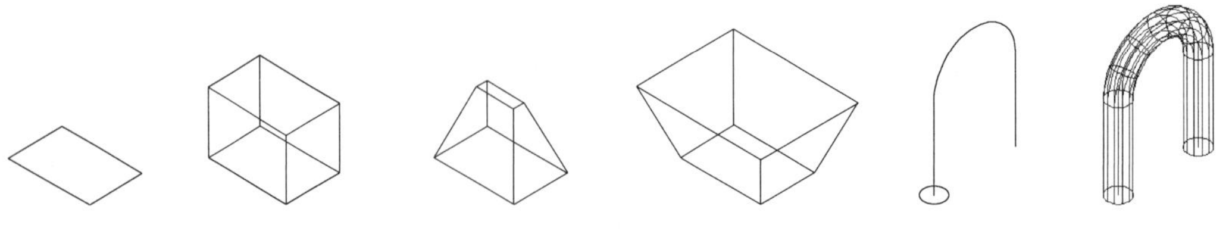

拉伸对象　拉伸倾斜角为0°　拉伸倾斜角为20°　拉伸倾斜角为-20°　沿路径拉伸前　沿路径拉伸后

图 11-5

11.4.2　旋转

选择菜单“绘图”|“建模”|“旋转”命令（也可以直接在命令行输入 REVOLVE 或快捷键 REV，回车），就可以将二维对象绕某一轴旋转生成三维实体，如图 11-6 所示。用于旋转的二维对象可以是封闭多段线、圆、多边形、椭圆、闭合样条曲线、圆环、面域及封闭区域。

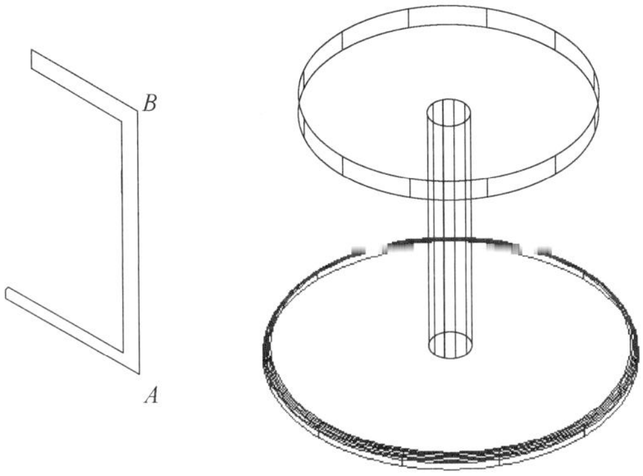

左边是原始二维图形，右边是旋转后的效果（以*AB*为旋转轴，封闭区域为旋转对象进行360° 的旋转得到三维实体）

图 11-6

AutoCAD 提示如下：

选择要旋转的对象：

指定轴起点或根据以下选项之一定义轴［对象（O）/X/Y/Z］<对象>：

指定轴端点：

指定旋转角度或［起点角度（ST）］<360>：

选项说明如下：

①“对象”选项：以指定的对象为旋转轴。

②“*X/Y/Z*”选项：分别以 *X*、*Y*、*Z* 轴为旋转轴。

③“起点角度”选项：通过指定角度的起始角到终止角来确定旋转的位置及角度。

11.4.3　扫掠

选择菜单“绘图”|“建模”|“扫掠”命令（也可以直接在命令行输入 SWEEP，回车），就可以绘制网格面或三维实体。如果要扫掠的对象不是封闭的图形，那么使用“扫掠”命令后得到的是网格面，否则得到的是三维实体，如图 11-7 所示。

AutoCAD 提示如下：

选择要扫掠的对象：

选择扫掠路径或［对齐（A）/基点（B）/比例（S）/扭曲（T）］：

选项说明如下：

①“对齐”选项：设置扫掠前调整扫掠对象的方向，以便与路径垂直。

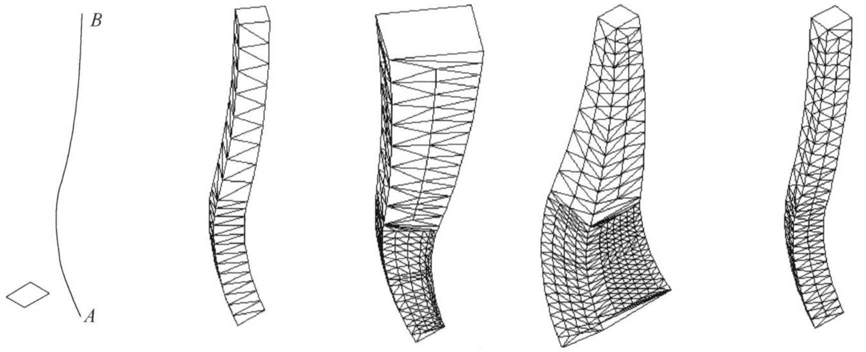

图 11-7

②“基点”选项：设置扫掠对象的基点。

③“比例”选项：设置扫掠的比例因子。当指定了该参数后，扫掠对象在路径起点与路径终点上大小不一样，扫掠效果与单击扫掠路径的位置有关，如图 11-7 所示。

④“扭曲”选项：设置扫掠对象在路径起点与终点间的扭曲角度。

11.4.4 放样

选择菜单“绘图”|“建模”|“放样”命令（也可以直接在命令行输入 LOFT，回车），就可以将二维图形放样成三维实体，如图 11-8 所示。

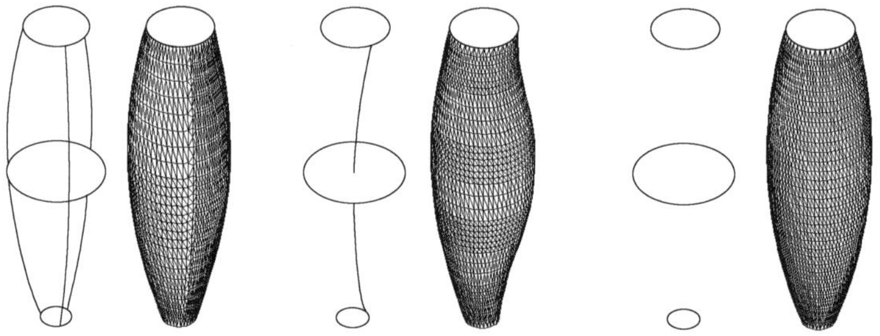

图 11-8

AutoCAD 提示如下：

按放样次序选择横截面：

输入选项［导向（G）/路径（P）/仅横截面（C）］<仅横截面>：

选项说明如下：

①“导向”选项：使用导向曲线控制放样，导向曲线控制点如何匹配相应的横截面，防止出现不希望看到的结果。每条导向曲线必须要与每一个截面相交，并且起始于第一个截面，结束于最后一个截面。

②“路径”选项：用于使用一条简单的路径控制放样，该路径必须与全部截面相交。

③“仅横截面”选项：用于只使用截面进行放样，此时将打开“放样设置”对话框，可以设置放样横截面上的曲面控制选项，如图 11-9 所示。

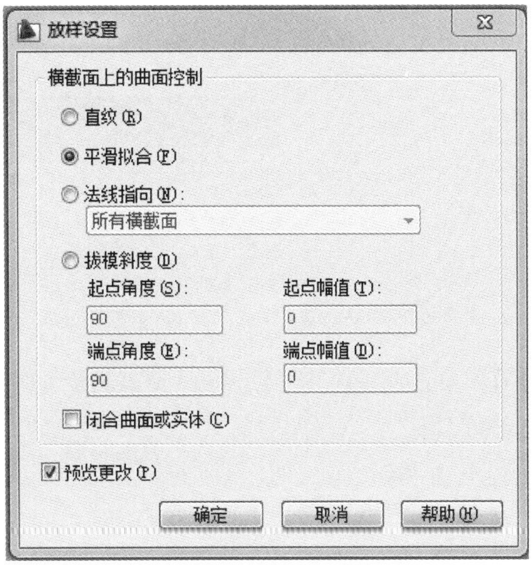

图 11-9

11.5　与三维实体显示有关的系统变量

与三维实体显示有关的系统变量有三个：

①ISOLINES：此变量用于设定实体表面轮廓线（也可以说是网格线）数目，初始值为 4，有效设置为 0~2047 的整数。如图 11-10 所示，左边第一个图 ISOLINES 为 4 时的效果，左边第二个图 ISOLINES 为 12 时的效果。

②FACETRES：此变量用于调整着色对象和删除了隐藏线的对象的平滑度。初始值为 0.5，有效值为 0.01 ~ 10.0，值越大表明越平滑。如图 11-10 所示，左边第三个图 FACETRES 为 0.01 时的消隐效果，左边第四个图 FACETRES 为 5 时的消隐效果。

③DISPSILH：此变量用于控制消隐时是否显示出实体表面网格线，若此变量值为 0，则显示网格线，值为 1 时，则不显示网格线。如图 11-10 所示，右边第二个图 DISPSILH 为 0 时的消隐效果，最右边的图 DISPSILH 为 1 时的消隐效果。

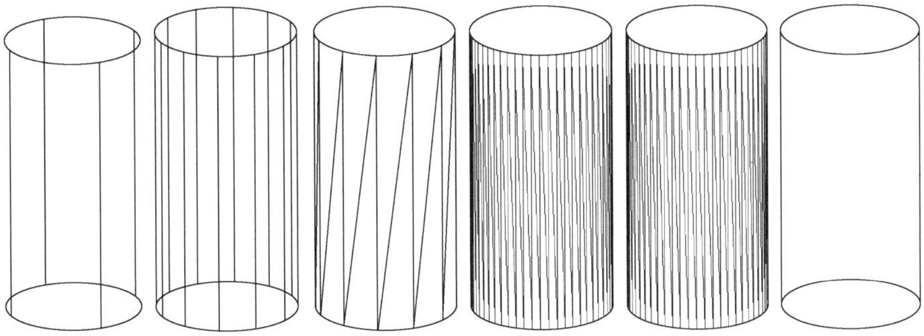

图 11-10

11.6 编辑三维实体

11.6.1 布尔运算

在 AutoCAD 中，可以通过对三维实体进行并集、差集、交集三种布尔运算来创建复杂的三维实体。

（1）并集

选择菜单“修改” | “实体编辑” | “并集”命令（也可以直接在命令行输入 Union 或者快捷键 Uni，回车），就可以将多个实体相加成一个新的实体。如图 11-11 所示，左边图为三个实体，右边并集后成一个实体。

AutoCAD 提示如下：

选择对象：

依次选择要合并为一个实体的对象，得到并集结果。

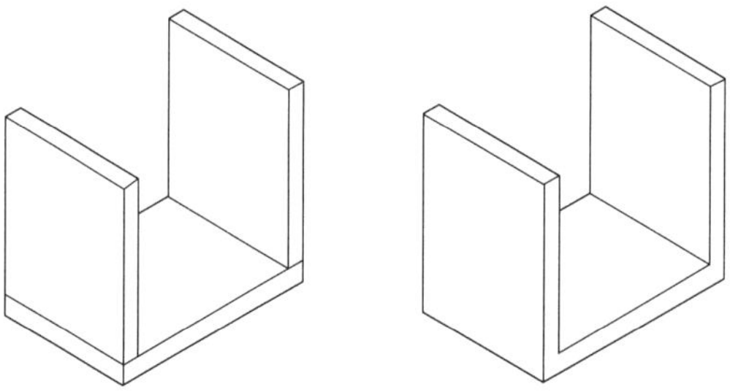

图 11-11

（2）差集

选择菜单“修改” | “实体编辑” | “差集”命令（也可以直接在命令行输入 Subtract 或者快捷键 Su，回车），就可以从一些实体中去掉部分实体，从而得到一个新的实体。如图 11-12 所示，左边图为三个实体，右边差集（从大长方体中减去圆柱体和小长方体）后成一个实体。

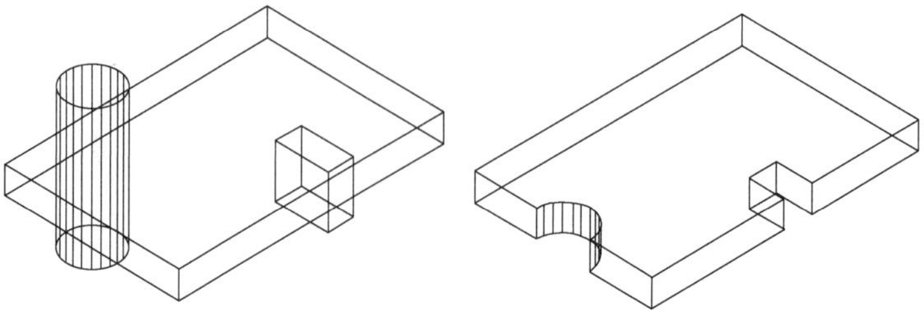

图 11-12

AutoCAD 提示如下：

选择要从中减去的实体或面域...

选择对象：找到 1 个

选择对象：选择要减去的实体或面域..

选择对象：找到 1 个

选择对象：找到 1 个，总计 2 个

选择对象：

依次选择，先选大长方体，回车，再选圆柱体和小长方体，回车，得到结果。

（3）交集

选择菜单“修改”|“实体编辑”|“交集”命令（也可以直接在命令行输入 Intersect 或者快捷键 In，回车），就可以将多个实体的公共部分创建成一个新的实体。如图 11-13 所示，左边图为两个实体，右边交集后成一个实体。

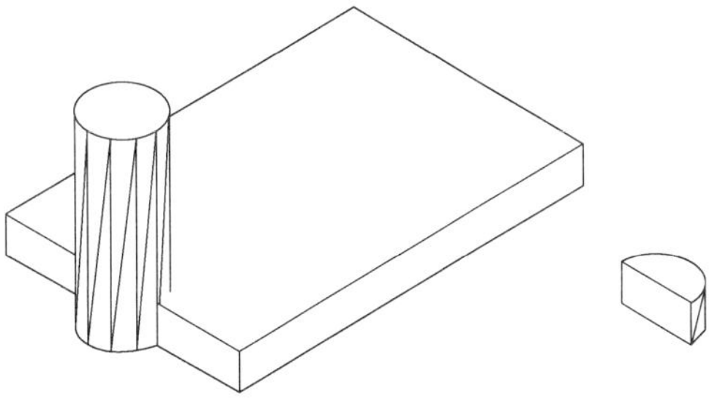

图 11-13

AutoCAD 提示如下：

选择对象：

依次选择将参与运算的实体，得到交集结果。

11.6.2　面编辑

（1）拉伸面

选择菜单“修改”|“实体编辑”|“拉伸面”命令，就可以按指定的长度或沿指定的路径拉伸实体面，如图 11-14 所示。图 11-14 中的图 1 为原图，图 2 输入高度将面 *ABCD* 进行拉伸，图 3 按路径 *ab* 将面 *ABCD* 进行拉伸。

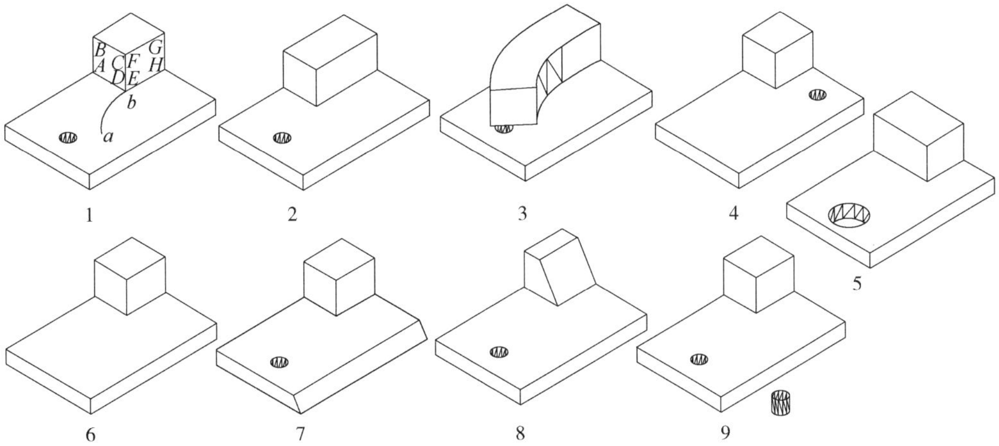

图 11-14

AutoCAD 提示如下：

选择面或［放弃（U）/删除（R）］：（选择面 ABCD，提示找到一个面）。

选择面或［放弃（U）/删除（R）/全部（ALL）］：（回车）

指定拉伸高度或［路径（P）］：（如果指定路径，则可沿路径拉伸）

指定拉伸的倾斜角度<0>：（回车）

已开始实体校验。

已完成实体校验。

输入面编辑选项

［拉伸（E）/移动（M）/旋转（R）/偏移（O）/倾斜（T）/删除（D）/复制（C）/颜色（L）/材质（A）/放弃（U）/退出（X）］<退出>：（回车）

实体编辑自动检查：SOLIDCHECK＝1

输入实体编辑选项［面（F）/边（E）/体（B）/放弃（U）/退出（X）］<退出>：（回车）

（2）移动面

选择菜单“修改”|“实体编辑”|“移动面”命令，就可以按指定的距离移动实体的指定面，如图 11-14 所示。图 11-14 中的图 1 为原图，图 4 为将小圆孔移动了位置（选择小圆孔面进行移动）。

（3）偏移面

选择菜单“修改”|“实体编辑”|“偏移面”命令，就可以等距离偏移实体的指定面，如图 11-14 所示。图 11-14 中的图 1 为原图，图 5 为将小圆孔面偏移-20，将面 *EFGH* 偏移 50。

AutoCAD 提示如下：

选择面或［放弃（U）/删除（R）］：（选择面，提示找到一个面）。

选择面或［放弃（U）/删除（R）/全部（ALL）］：（回车）

指定偏移距离：（输入距离，这里需要注意的是小孔的距离为正时，孔变小，距离为负时，孔变大，而选择平面时，距离为正时，偏移后实体体积增大，距离为负时，偏移后实体体积减小，如图 11-14 中的图 5 所示）

已开始实体校验。

已完成实体校验。

输入面编辑选项

［拉伸（E）/移动（M）/旋转（R）/偏移（O）/倾斜（T）/删除（D）/复制（C）/颜色（L）/材质（A）/放弃（U）/退出（X）］<退出>：（回车）

实体编辑自动检查：SOLIDCHECK＝1

输入实体编辑选项［面（F）/边（E）/体（B）/放弃（U）/退出（X）］<退出>：（回车）。

（4）删除面

选择菜单“修改”|“实体编辑”|“删除面”命令，就可以删除实体上指定的面，如图 11-14 所示。图 11-14 中的图 1 为原图，图 6 为将小圆孔面删除。

注意：只有在面删除后，其他相邻面仍能构成封闭实体时，这样的面才能删除。

(5) 旋转面

选择菜单“修改” | “实体编辑” | “旋转面”命令，就可以绕指定轴旋转实体上指定的面，如图 11-14 所示。图 11-14 中的图 1 为原图，图 7 为将底座前面的实体面旋转了一定的角度。

AutoCAD 提示如下：

选择面或 [放弃 (U) /删除 (R)]：(选择面，提示找到一个面)。

选择面或 [放弃 (U) /删除 (R) /全部 (ALL)]：(回车)

指定轴点或 [经过对象的轴 (A) /视图 (V) /X 轴 (X) /Y 轴 (Y) /Z 轴 (Z)] <两点>：(指定旋转轴的第一点)

在旋转轴上指定第二个点：(指定旋转轴的第二点)

指定旋转角度或 [参照 (R)]：(输入旋转角度，回车)

已开始实体校验。

已完成实体校验。

输入面编辑选项 [拉伸 (E) /移动 (M) /旋转 (R) /偏移 (O) /倾斜 (T) /删除 (D) /复制 (C) /颜色 (L) /材质 (A) /放弃 (U) /退出 (X)] <退出>：(回车)

实体编辑自动检查：SOLIDCHECK = 1

输入实体编辑选项 [面 (F) /边 (E) /体 (B) /放弃 (U) /退出 (X)] <退出>：(回车)。

(6) 倾斜面

选择菜单“修改” | “实体编辑” | “倾斜面”命令，就可以将实体面倾斜为指定角度，如图 11-14 所示。图 11-14 中的图 1 为原图，图 8 为将面 *EFGH* 绕 *EF* 轴倾斜 30°。

AutoCAD 提示如下：

选择面或 [放弃 (U) /删除 (R)]：(选择面 EFGH，提示找到一个面)。

选择面或 [放弃 (U) /删除 (R) /全部 (ALL)]：(回车)

指定基点：(指定倾斜轴的第一个点 E)

指定沿倾斜轴的另一个点：(指定倾斜轴的另一个点 F)

指定倾斜角度：(指定倾斜轴角度，输入 30，回车)

已开始实体校验。

已完成实体校验。

输入面编辑选项 [拉伸 (E) /移动 (M) /旋转 (R) /偏移 (O) /倾斜 (T) /删除 (D) /复制 (C) /颜色 (L) /材质 (A) /放弃 (U) /退出 (X)] <退出>：(回车)

实体编辑自动检查：SOLIDCHECK = 1

输入实体编辑选项 [面 (F) /边 (E) /体 (B) /放弃 (U) /退出 (X)] <退出>：(回车)。

(7) 复制面

选择菜单“修改” | “实体编辑” | “复制面”命令，复制指定的实体面，如图 11-14 所示。图 11-14 中的图 1 为原图，图 9 为复制了小圆孔面。

11.6.3 压印

选择菜单“修改”|“实体编辑”|“压印”命令，就可以将几何对象（对象可以是圆、直线、多段线、样条曲线、面域或者实体）压印到三维实体上，使其成为三维实体的一部分，从而生成新的面。如图 11-15 所示，左图为原图，右图为压印后的结果。

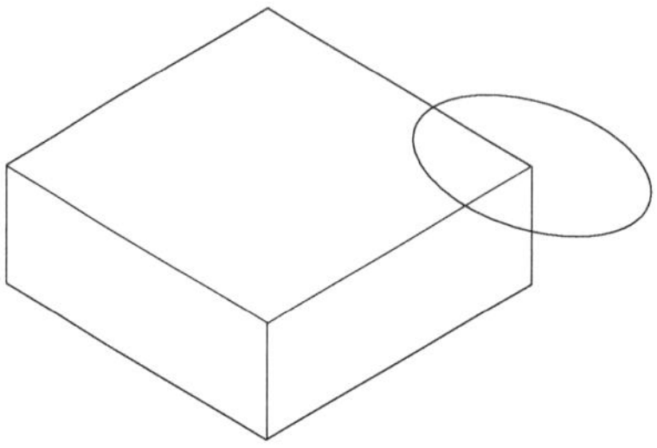

图 11-15

AutoCAD 提示如下：

选择三维实体：(选择三维实体)

选择要压印的对象：(选择椭圆)

是否删除源对象［是（Y）/否（N）］<N>：(是否删除源对象，本例选择是：y)

选择要压印的对象：(回车结束命令)

需要注意的是，用户必须使被压印的几何对象在三维实体表面内或与三维实体表面相交，压印才能成功。

11.6.4 抽壳

选择菜单“修改”|“实体编辑”|“抽壳”命令，可以从三维实体对象中抽出一部分实体，从而得到一个向内或者向外指定厚度的空壳。如图 11-16 所示，左边为原图形，右边为删除前面和顶面及抽壳偏移距离为 25 后的结果。需要注意的是，在使用抽壳功能时，用户选择要删除的面并输入抽壳偏移距离，这样在删除表面的位置就形成了壳体的开口，如果指定正的抽壳偏移距离，则在实体内部创建新面（向内的空壳），反之，在实体的外部创建新面（向外的空壳）。

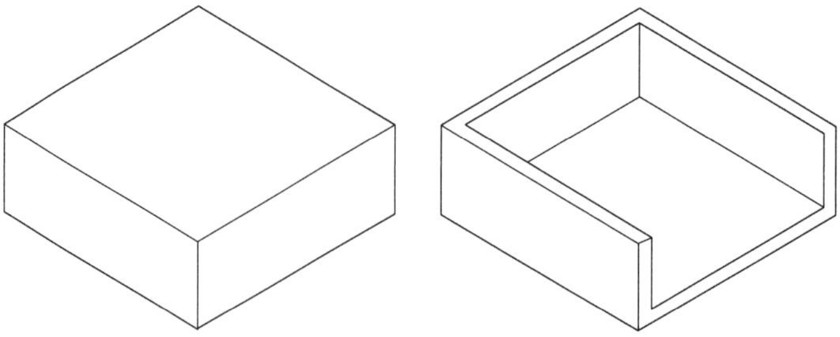

图 11-16

AutoCAD 提示如下：

选择三维实体：（选择三维实体）

删除面或［放弃（U）/添加（A）/全部（ALL）］：（选择前面，系统显示：找到一个面，已删除 1 个）。

删除面或［放弃（U）/添加（A）/全部（ALL）］：（选择顶面，系统显示：找到一个面，已删除 1 个）。

删除面或［放弃（U）/添加（A）/全部（ALL）］：（回车）

输入抽壳偏移距离：（输入抽壳偏移距离，本例输入 25 并回车）

已开始实体校验。

已完成实体校验。

输入体编辑选项［压印（I）/分割实体（P）/抽壳（S）/清除（L）/检查（C）/放弃（U）/退出（X）］<退出>：（回车）

实体编辑自动检查：SOLIDCHECK = 1

输入实体编辑选项［面（F）/边（E）/体（B）/放弃（U）/退出（X）］<退出>：（回车结束命令）

11.6.5 倒角及圆角

（1）倒角

选择菜单"修改" | "倒角"命令（也可以直接在命令行输入 Chamfer 或者快捷键 Cha，回车），就可以对三维实体对象的棱角进行倒斜角操作，从而在两相邻面间生成一个过渡平面。如图 11-17 所示，左图为原图，右图为倒角后的结果。

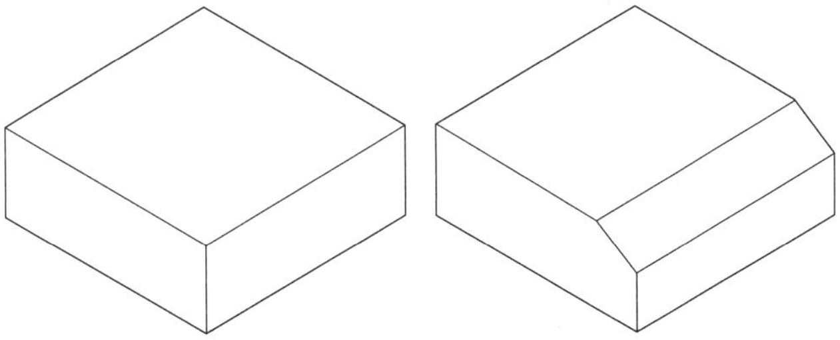

图 11-17

AutoCAD 提示如下：

（"修剪"模式）当前倒角距离 1 = 0.00，距离 2 = 0.00

选择第一条直线或［放弃（U）/多段线（P）/距离（D）/角度（A）/修剪（T）/方式（E）/多个（M）］：（直接选择三维实体前曲面的一条线，则三维实体的前曲面整个面出现虚线状态，证明已选择到三维实体的前曲面）

基面选择...

输入曲面选择选项［下一个（N）/当前（OK）］<当前（OK）>：（回车确认已选择的面，如果不是你想选择的面，则输入 N，选择下一个，直到选中你想要的面为止）

指定基面的倒角距离：（输入基面的倒角距离，本例输入 50，并回车确认）

指定其他曲面的倒角距离<50.00>：（输入其他曲面的倒角距离，本例输入 80，并回车确认）

选择边或［环（L）］：（选择哪条棱角进行倒斜角）

选择边或［环（L）］：（继续选择还有哪条棱角也要进行倒斜角，如果没有直接回车结束命令）

（2）圆角

选择菜单“修改”|“圆角”命令（也可以直接在命令行输入 Fillet 或者快捷键 F 回车），就可以对三维实体对象的棱角进行圆角操作，从而在两相邻面间生成一个圆滑过渡的曲面。如图 11-18 所示，左图为原图，右图为圆角后的结果。

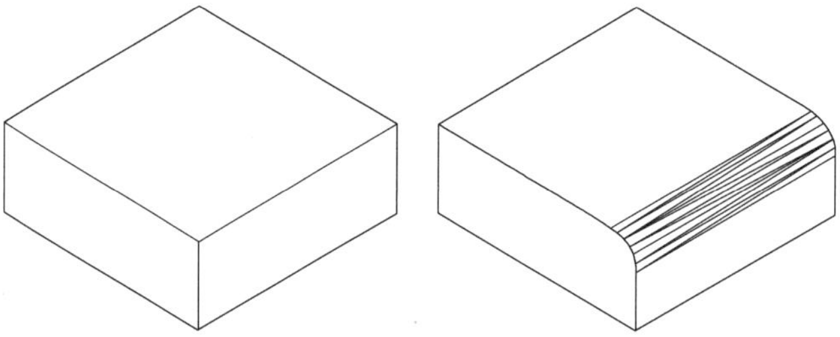

图 11-18

AutoCAD 提示如下：

当前设置：模式=修剪，半径=0.00

选择第一个对象或［放弃（U）/多段线（P）/半径（R）/修剪（T）/多个（M）］：（r，输入半径选项，指定圆角半径大小）

指定圆角半径<0.00>：（本例输入 50）

选择第一个对象或［放弃（U）/多段线（P）/半径（R）/修剪（T）/多个（M）］：（直接选择三维实体前曲面最上面的一条线）

输入圆角半径<50.00>：（回车确认半径）

选择边或［链（C）/半径（R）］：（回车确认刚选择的边，如果有其他边也要圆角，可以继续选择再回车确认）

已选定 1 个边用于圆角。

11.6.6 剖切

选择菜单“修改”|“三维操作”|“剖切”命令（也可以直接在命令行输入 Slice 或者快捷键 Sl，回车），就可以使用一个假想平面去剖切开一个三维实体对象。如图 11-19 所示，左图为原图，右图为剖切后的结果。

AutoCAD 提示如下：

选择要剖切的对象：（选择要剖切的三维实体，系统显示：找到 1 个）

选择要剖切的对象：（回车确认）

指定切面的起点或［平面对象（O）/曲面（S）/Z 轴（Z）/视图（V）/XY（XY）/YZ（YZ）/ZX（ZX）/三点（3）］<三点>：（指定中点 A）

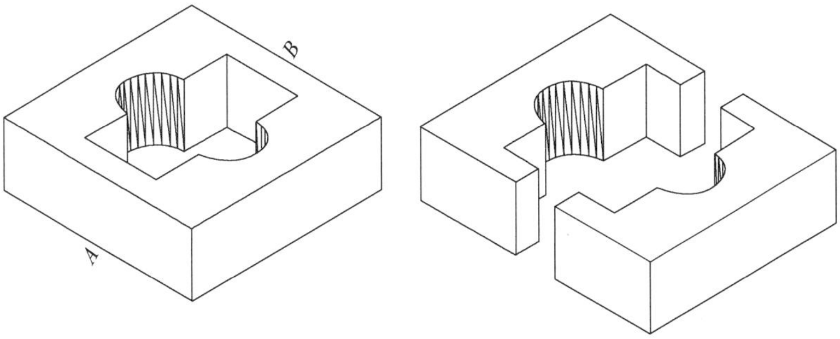

图 11-19

指定平面上的第二个点：（指定中点 *B*）

在所需的侧面上指定点或［保留两个侧面（B）］<保留两个侧面>：（回车确认保留两个侧面）。

11.6.7　三维移动、旋转、对齐、镜像和阵列

（1）三维移动

选择菜单“修改”|“三维操作”|“三维移动”命令（也可以直接在命令行输入 3Dmove，回车），就可以在三维空间中移动三维实体对象。

（2）三维旋转

选择菜单“修改”|“三维操作”|“三维旋转”命令，也可以直接在命令行输入 3drotate，回车，然后选择对象，看到一个由红、绿、蓝三色圆组成的三维旋转控件，红色代表绕 *X* 轴旋转，绿色代表绕 *Y* 轴旋转，蓝色代表绕 *Z* 轴旋转；当然，你还可以直接在命令行输入 Rotate3d，回车，选择对象后并没有三色三维旋转控件出现，而是像以前的版本那样要求直接定义旋转轴，那样用户就可以使对象绕三维空间中的 *X* 轴、*Y* 轴及 *Z* 轴进行旋转三维实体对象，其实这种方式最方便用户使用。旋转角的正方向由右手法则确定。如图 11-20 所示，左图为原图，右图为三维旋转后的结果。

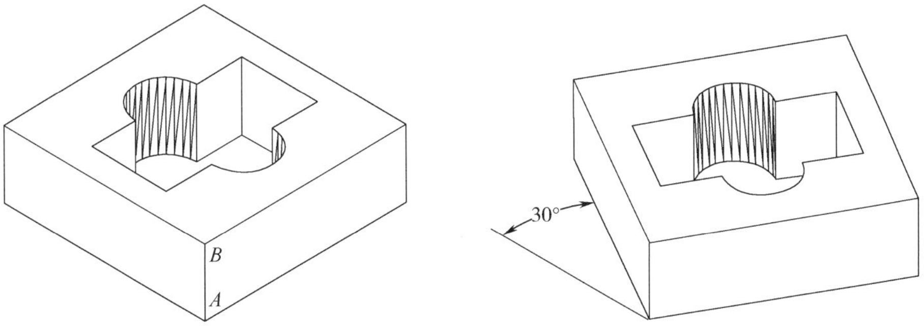

图 11-20

①第一种方式进行三维旋转：选择菜单“修改”|“三维操作”|“三维旋转”命令（也可以直接在命令行输入 3drotate，回车）：

AutoCAD 提示如下：

UCS 当前的正角方向：ANGDIR=逆时针　ANGBASE=0

选择对象：(选择三维实体，系统提示：找到 1 个)

选择对象：(回车确认)

指定基点：(指定图中的 *A* 点为基点)

拾取旋转轴：(本例 *Z* 轴向上，因此点击蓝色圆，以确定绕 *Z* 轴旋转)

指定角的起点或键入角度：(指定旋转角度，本例输入-30，以便向右旋转 30°，回车确认)

正在重生成模型。

②第二种方式进行三维旋转：直接在命令行输入 Rotate3d，回车：

AutoCAD 提示如下：

当前正向角度：ANGDIR=逆时针 ANGBASE=0

选择对象：(选择三维实体，系统提示：找到 1 个)

选择对象：(回车确认)

指定轴上的第一个点或定义轴依据 [对象 (O) /最近的 (L) /视图 (V) /X 轴 (X) /Y 轴 (Y) /Z 轴 (Z) /两点 (2)]：(指定图中的 *A* 点为旋转轴第一个点)

指定轴上的第二点：(指定图中的 *B* 点为旋转轴第二个点)

指定旋转角度或 [参照 (R)]：(指定旋转角度，本例输入-30，以便向右旋转 30°，回车确认)

(3) 三维对齐

选择菜单“修改” | “三维操作” | “三维对齐”命令（也可以直接在命令行输入 3Dalign，回车），就可以在三维空间中对齐三维实体对象。注意：在三维对齐操作中，需要先在源对象（即将要移动去对齐目标对象的对象）上取三点，再与目标对象上相应位置的三个点一一对应。如图 11-21 所示，左图为原始两个三维实体对象，右图为三维对齐后的结果。

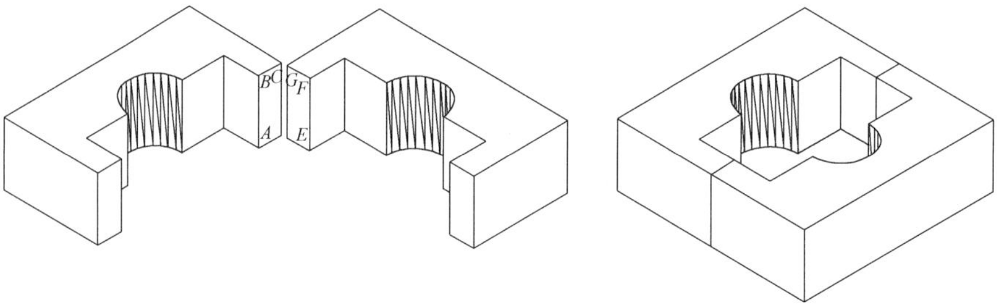

图 11-21

AutoCAD 提示如下：

选择对象：(选择源对象，系统提示：找到 1 个)

选择对象：(回车确认)

指定源平面和方向...

指定基点或［复制（C）］：(指定 E 点，如果输入选项 C，则表示同时在原始位置复制一个)

指定第二个点或［继续（C）］<C>：(指定 F 点)

指定第三个点或［继续（C）］<C>：(指定 G 点)

指定目标平面和方向...

指定第一个目标点：(指定 A 点)

指定第二个目标点或［退出（X）］<X>：(指定 B 点)

指定第三个目标点或［退出（X）］<X>：(指定 C 点)

(4) 三维镜像

选择菜单“修改”|“三维操作”|“三维镜像”命令（也可以直接在命令行输入 Mirror3d，回车)，就可以在三维空间中将指定对象相对于某一平面镜像。如图 11-22 所示，左图为原图，右图为三维镜像后的结果。

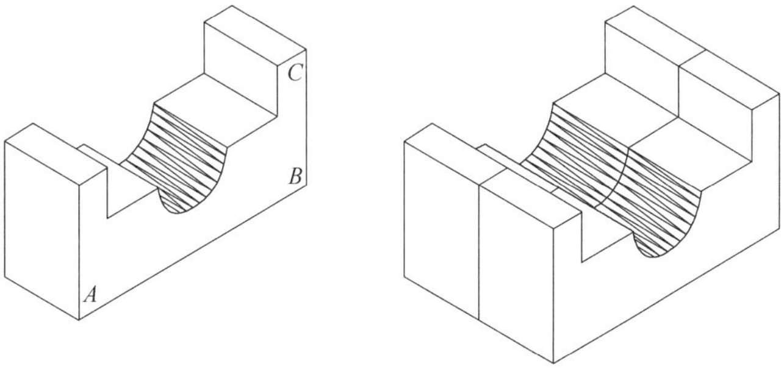

图 11-22

AutoCAD 提示如下：

选择对象：(选择三维实体对象，系统提示：找到 1 个)

选择对象：(回车确认)

指定镜像平面（三点）的第一个点或［对象（O）/最近的（L）/Z 轴（Z）/视图（V）/XY 平面（XY）/YZ 平面（YZ）/ZX 平面（ZX）/三点（3）］<三点>：(指定镜像平面的第一个点 A，也可以直接输入 ZX 表示镜像平面将与 ZX 坐标平面平行，则后面的提示命令不同，按提示操作即可)

在镜像平面上指定第二点：(指定 B 点)

在镜像平面上指定第三点：(指定 C 点)

是否删除源对象？［是（Y）/否（N）］<否>：(回车确认否，表示不删除源对象)

(5) 三维阵列

选择菜单“修改”|“三维操作”|“三维阵列”命令（也可以直接在命令行输入 3Darray，回车)，就可以在三维空间中使用矩形阵列或环形阵列方式复制对象。如图 11-23 所示，左图为原图，右上图为矩形阵列后的结果，右下图为环形阵列后的结果。

①三维阵列中的矩形阵列方式如下：

AutoCAD 提示如下：

选择对象：(选择三维实体对象，系统提示：找到 1 个)

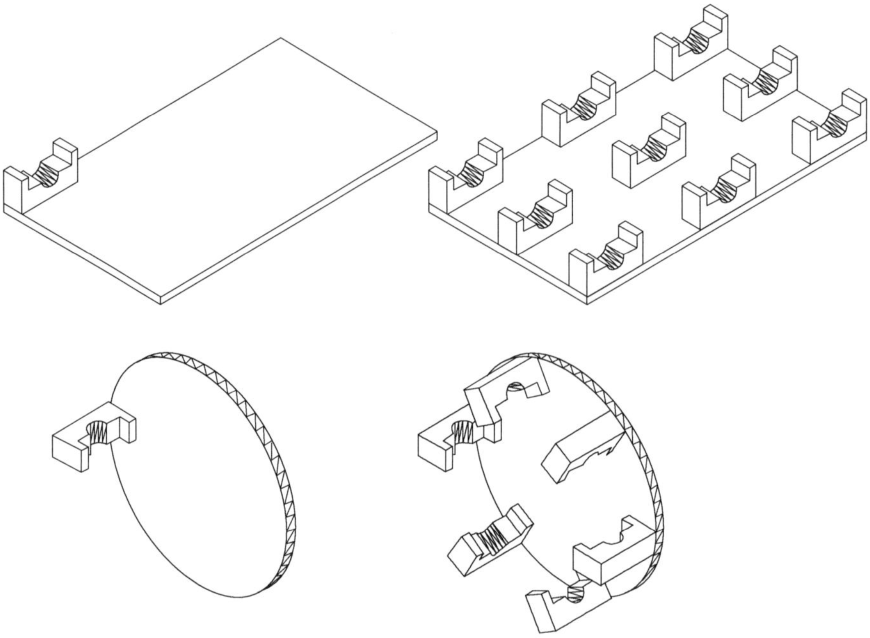

图 11-23

选择对象：(回车确认)

输入阵列类型［矩形（R）/环形（P）］<矩形>：(回车默认矩形阵形方式)

输入行数（---）<1>：3（输入行数，行指的是沿着 UCS 的 *X* 轴方向，本例为 3 行）

输入列数（| | |）<1>：3（输入列数，列指的是沿着 UCS 的 *Y* 轴方向，本例为 3 列）

输入层数（...）<1>：（输入层数，层指的是沿着 UCS 的 *Z* 轴方向，回车默认在 *Z* 轴方向上为 1 层）

指定行间距（---）：-500（输入行间距，本例沿 *Y* 轴的反方向阵列，所以输入负的间距值）

指定列间距（| | |）：800（输入列间距，本例沿 *X* 轴的正方向阵列，所以输入正的间距值）

②三维阵列中的环形阵列方式如下：

AutoCAD 提示如下：

选择对象：(选择三维实体对象，系统提示：找到 1 个)

选择对象：(回车确认)

输入阵列类型［矩形（R）/环形（P）］<矩形>：p（输入 p 进行环形阵列）

输入阵列中的项目数目：6（输入阵列中的项目数目，本例为 6）

指定要填充的角度（+=逆时针，-=顺时针）<360>：(回车默认 360°)

旋转阵列对象？［是（Y）/否（N）］<Y>：(回车默认旋转阵列对象)

指定阵列的中心点：(指定圆柱体的中心点)

指定旋转轴上的第二点：(在圆柱体的中心线上指定第二点)

11.7 通过三维对象创建三视图

在 AutoCAD 中，有三个专用命令：Solprof，Solview，Soldraw，用于在图纸空间处理 3D 实体。

11.7.1 用 Solprof 命令生成三维对象的轮廓线

Solprof 命令用来生成由一个或多个 3D 实体轮廓和边的线框对象组成的图块。虽然此图块位于模型空间，但这个命令必须在图纸空间浮动视口中执行。所有的边，不管是可见的或是隐藏的，都包含在此图块中。AutoCAD 使用以“PV-”开头的图层来放置实体的可见边，使用“PH-”开头的图层来放置实体的隐藏边。如果执行命令前已加载 Hidden 线型，则会自动指定“PH-”图层的线型为 Hidden。否则，其线型是 Continuous。用户还可以选择生成的图块是平面的还是三维的，是否显示曲面边缘的切线。

下面通过实例“课桌”详细讲解三维对象生成轮廓线的过程。

命令实操：用 Solprof 命令在图纸空间浮动视口中生成课桌的轮廓线。

操作如下：

选择菜单“绘图”|“建模”|“设置”|“轮廓”命令或直接在命令行输入“Solprof”命令，命令行提示：

选择对象：

是否在单独的图层中显示隐藏的轮廓线？[是（Y）/否（N）] <是>：

是否将轮廓线投影到平面？[是（Y）/否（N）] <是>：

是否删除相切的边？[是（Y）/否（N）] <是>：

说明如下：

①“是否在单独的图层中显示隐藏的轮廓线”选项：如果输入 Y 或按回车响应，AutoCAD 将把由可见边组成的块放在“PV-”层，把由隐藏边组成的另一个块放在“PH-”层。如果输入 N 响应，AutoCAD 将把各实体上的可见边和隐藏边组成一个块放在“PV-”层。

②“是否将轮廓线投影到平面”选项：如果输入 Y 或按回车响应，AutoCAD 将用二维对象创建轮廓线。三维轮廓被投影到一个与查看方向垂直并且通过 UCS 原点的平面上，即生成位于通过 UCS 坐标原点并垂直于观察方向的平面内的二维图块。如果输入 N 响应，则 AutoCAD 将用三维对象创建轮廓线。

③“是否删除相切的边”选项：相切边是指两个相切面之间的分界边，它只是一个假想的两面相交并且相切的边。例如，如果要将方框的边做成圆角，将在圆柱面与方块平整面结合的地方创建相切边。大多数图形应用程序都不显示相切边，如图 11-24 所示。

④Solprof 命令的结果并不立刻显示，因为所生成的包含边的图块覆盖了实体的相关边。要查看由 Solprof 命令生成的图块，必须移动或删除实体，或者关闭或冻结实体所在

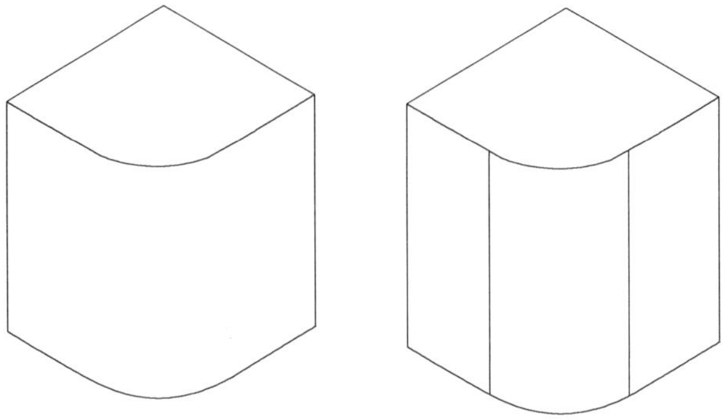

图 11-24

的层（建议关闭相应的层）。由 Solprof 命令生成的图块是无名图块，如果要把其中的一个图块输出到另一张图纸，可以使用 Block 或 Wblock 命令从中生成一个命名的图块。当然，此时如果 Solprof 图块是二维的，则最好先将 UCS 的 *XY* 平面设置在该图块所在的平面内，便于今后对于图块的使用。图 11-25 显示了三维的课桌经过 Solprof 命令生成课桌的轮廓线。

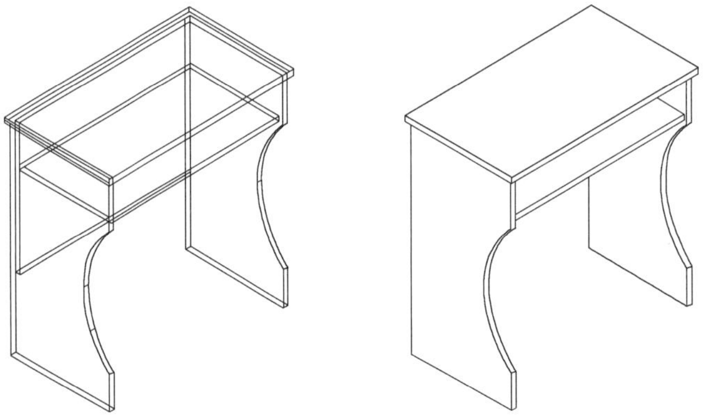

图 11-25

11.7.2 用 Solview 与 Soldraw 命令生成三维对象的正投影视图

Solview 命令的功能是在图纸布局中创建视口，Soldraw 命令的功能是将用 Solview 命令创建的视口图形转换成视图、剖视图等。因此，将这两个命令组合使用可以得到三视图、剖视图、等轴测图等。

下面用实例来讲解通过三维对象创建二维正投影视图的方法。

命令实操：图 11-26 为方形餐凳的立体图，利用“Solview”和“Soldraw”等命令创建如图 11-27 所示的三视图。

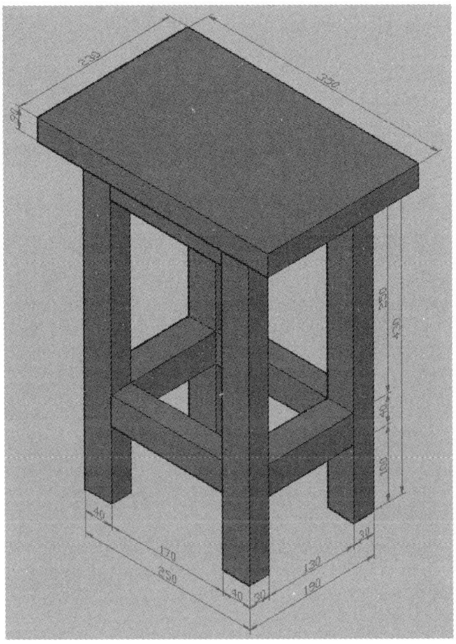
230
350
30
250
430
40
100
40
170
250
130
40
30
190
30

图 11-26

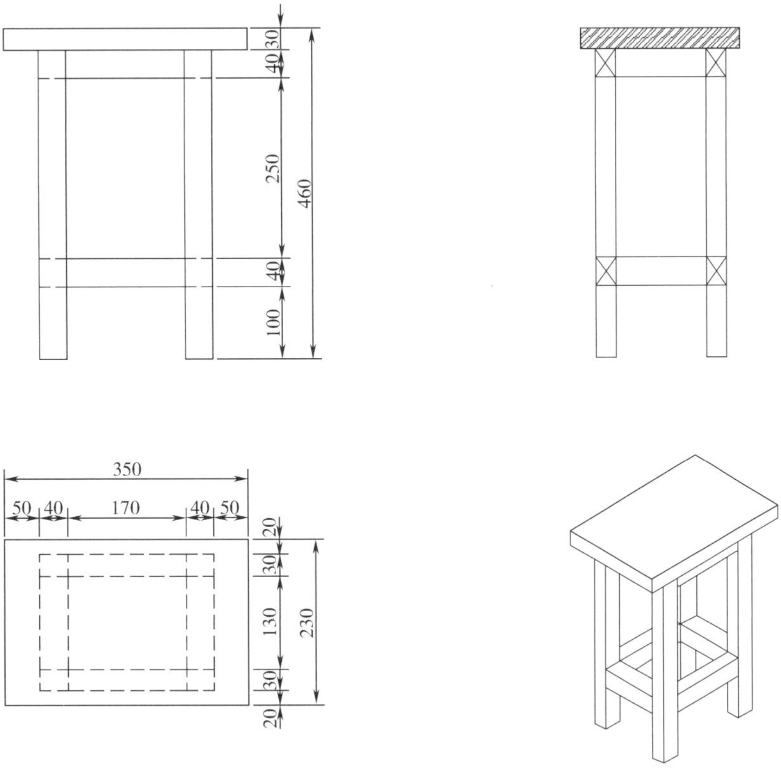
30
40
250
460
40
100
350
50
40
170
40
50
20
30
130
230
30
20

图 11-27

具体操作步骤如下：

①准备工作：第一，装入 Hidden 线型，以便在创建二维对象时自动获得虚线线型，否则，用户在后期操作中，需手动设置虚线线型；第二，激活“选项”对话框（工具|选项），“显示”标签页，在“布局元素”区，取消“在新布局中创建视口（N）”项，这样，在创建新的布局时，就不会自动创建视口了。如图 11-28 所示。

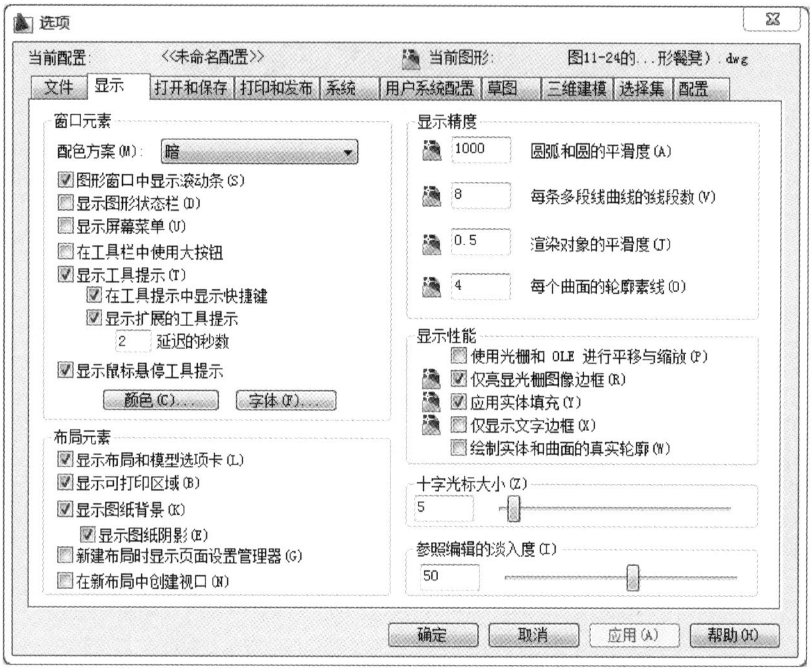

图 11-28

②通过三维对象创建正交视图

a. 设置用户坐标系，使坐标系的 *XY* 坐标平面为将创建的视图面。本例中，由于要先创建方形餐凳的俯视图，所以将坐标系的 *XY* 坐标平面调整为与方形餐凳的凳面平行。此时，坐标系为世界坐标系即可满足要求。

b. 执行 Solview 命令，在布局中生成俯视图、主视图、左视图及西南等轴测图。

执行 Solview 命令后，AutoCAD 提示：

输入选项［UCS（U）/正交（O）/辅助（A）/截面（S）］：U

输入选项［命名（N）/世界（W）/?/当前（C）］<当前>：C

输入视图比例<1>：1/6（输入比例）

指定视图中心：(在图纸空间中俯视图大致位置选取一点)

指定视图中心<指定视口>：(回车指定视口)

指定视口的第一个角点：(设置一矩形框，用来放置俯视图)

指定视口的对角点：(注意此矩形框大小应合适，为以后标注尺寸留出空间)

输入视图名：俯视图

输入选项［UCS（U）/正交（O）/辅助（A）/截面（S）］：O

指定视口要投影的那一侧：（选择从哪一侧进行投影）

指定视图中心：（在图纸空间中主视图大致位置选取一点）

指定视图中心<指定视口>：（回车指定视口）

指定视口的第一个角点：（设置一矩形框，用来放置主视图）

指定视口的对角点：（注意此矩形框大小应合适，为以后标注尺寸留出空间）

输入视图名：主视图

输入选项［UCS（U）／正交（O）／辅助（A）／截面（S）］：S

指定剪切平面的第一个点：（在主视图中指定剪切平面的第一点）

指定剪切平面的第二个点：（在主视图中指定剪切平面的第二点）

指定要从哪侧查看：（指定查看方向，此处指定剪切平面的左边点，表示将从左向右看）

输入视图比例<0.1667>：1/6（输入比例）

指定视图中心：（在图纸空间中左视图大致位置选取一点）

指定视图中心<指定视口>：（回车指定视口）

指定视口的第一个角点：（设置一矩形框，用来放置左视图）

指定视口的对角点：（注意此矩形框大小应合适，为以后标注尺寸留出空间）

输入视图名：左视图

输入选项［UCS（U）／正交（O）／辅助（A）／截面（S）］：U

输入选项［命名（N）／世界（W）／?／当前（C）］<当前>：C

输入视图比例<1>：1/6

指定视图中心：（在图纸空间中西南等轴测图大致位置选取一点）

指定视图中心<指定视口>：（回车指定视口）

指定视口的第一个角点：（设置一矩形框，用来放置西南等轴测图）

指定视口的对角点：（指定视口对角点）

输入视图名：西南等轴测图

输入选项［UCS（U）／正交（O）／辅助（A）／截面（S）］：（回车结束命令）

③用Soldraw命令生成二维视图：执行Soldraw命令，AutoCAD提示：

选择要绘图的视口...

选择对象：（此时应选择前面得到的俯视图、主视图、左视图、西南等轴测图四个视口线）

执行结果：在被选择的视口中生成了二维视图，视图中包括了可视线、隐藏线、剖面线等，并自动分布在相应的图层上。

④在图纸空间中，视口也是一种图形，可利用移动命令和拉伸命令移动视口的位置，或重新调整视口的大小，以便使三视图的位置符合三视图的投影规律，即“长对正，宽相等，高平齐”（其实最简单的方法就是通过Mvsetup命令中的对齐选项进行调整）。

⑤锁定视口：锁定视口后就不会因对图纸的缩放而改变视图的比例。

⑥修正并完善相关图形

a. 通过“图层特性管理器”对话框，冻结西南等轴测图的虚线层“西南等轴测图-HID”。

需要的时候可以对主视图、俯视图及左视图所生成的线型、颜色及线宽进行调整（本案例不需要）。

b. 编辑左视图中的剖面线，使其剖面线的类型及比例符合家具制图要求（图层要选对相应的左视图层）。

⑦给各视图标注尺寸

a. 将欲标注尺寸的视窗中的用户坐标系设置成“视图”坐标系。

b. 将该视窗的 DIM 图层设置为当前层。

c. 标注尺寸。

⑧关闭视口线框：关闭 Vports 图层（此图层是用 Solview 命令创建视口时自动生成的），使屏幕上只显示视图，矩形视口线框不显示，结果如前文中图 11-27 所示。

11.8 综合实例

请绘制如图 11-29 所示的椅子三维立体图，图 11-30 至图 11-32 为放大图。不用标注尺寸，未标注尺寸的地方请按适当的比例自定尺寸。

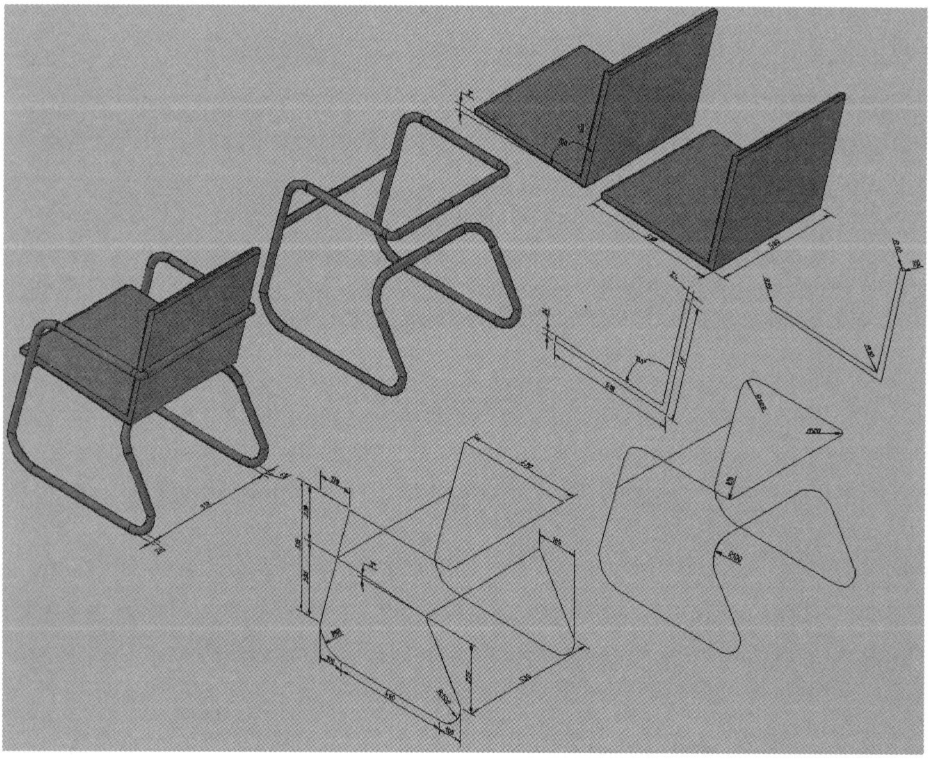

图 11-29

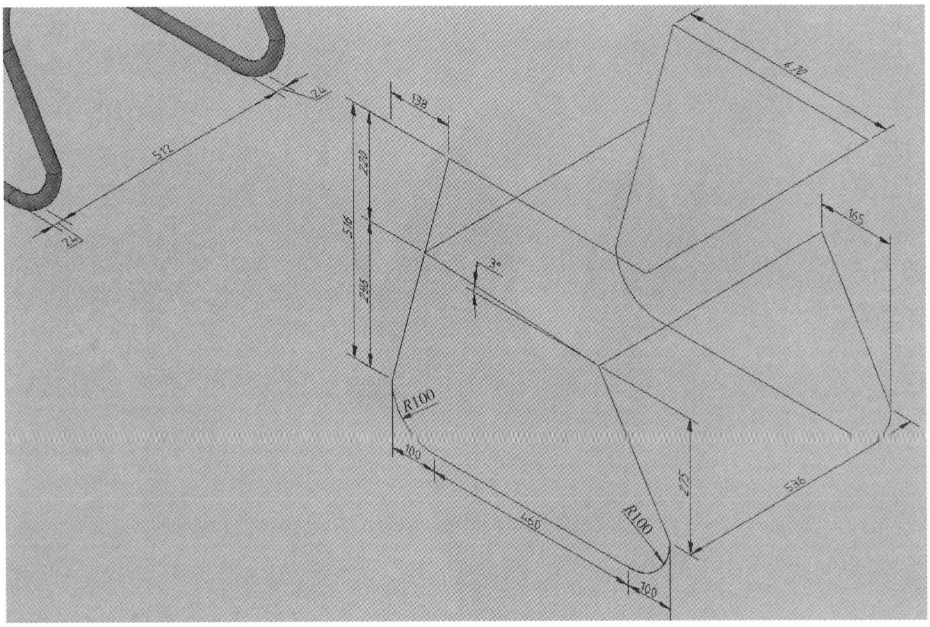
470
138
24
512
24
220
516
296
165
3°
R100
100
460
R100
100
275
536

图 11-30

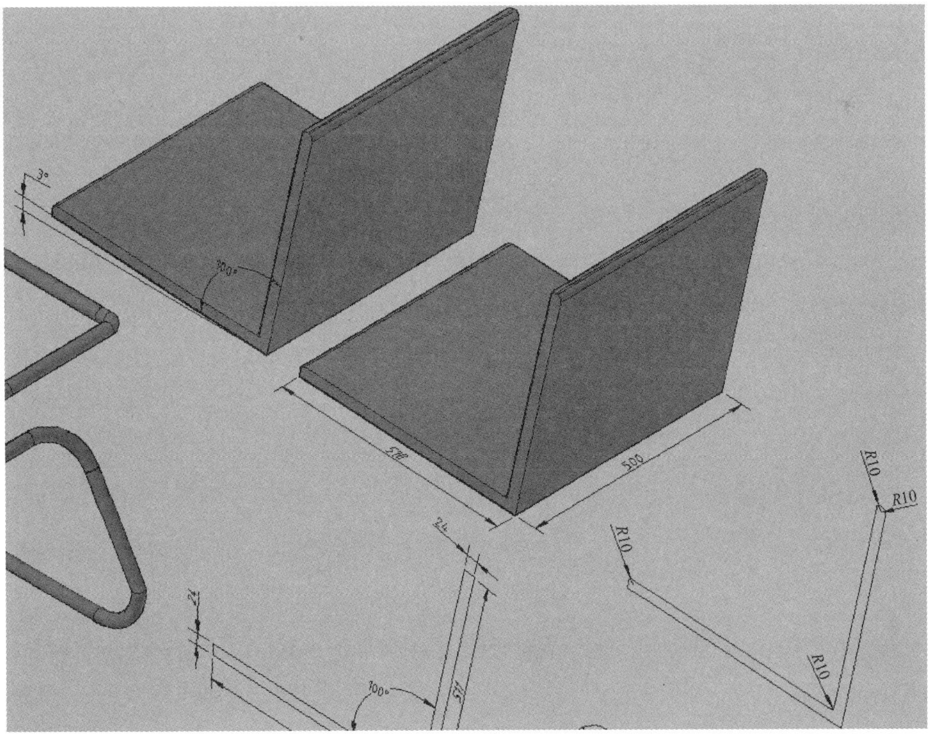
3°
100°
500
R10
R10
R10
24
R10
24
100°

图 11-31

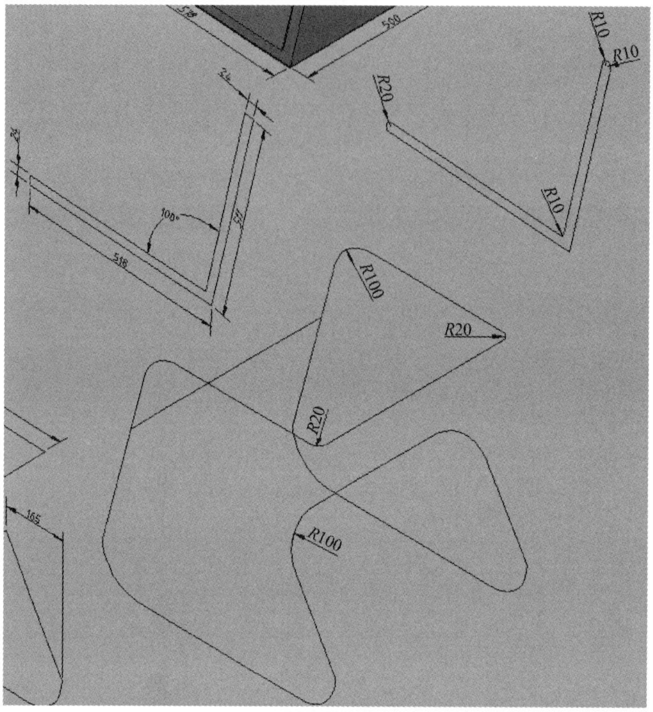

图 11-32

具体步骤如下：

①切换三维视图为“西南等轴测”。

②使用多段线命令、直线命令作图，绘制出椅子金属框架路径的一半，结果如图 11-33 所示。

③使用圆角命令编辑图形，结果如图 11-34 所示。

要点提示：圆角命令只能用于圆共面的线，当系统提示“直线与多段线不共面时”时，可使用分解命令将多段线分解，然后再对其进行圆角。

④分别绘制半径为 12 的圆，结果如图 11-35 所示。

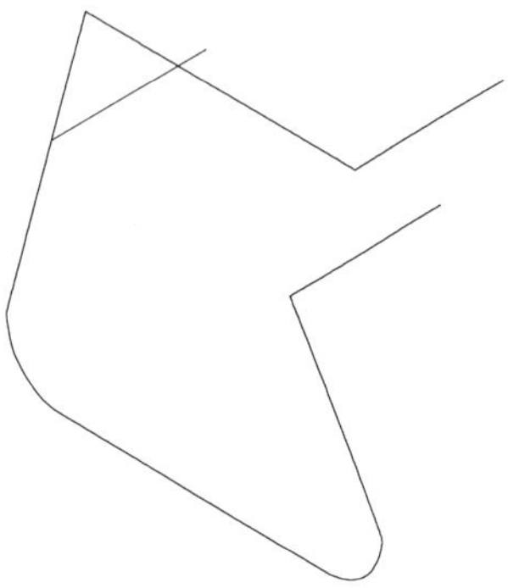

图 11-33

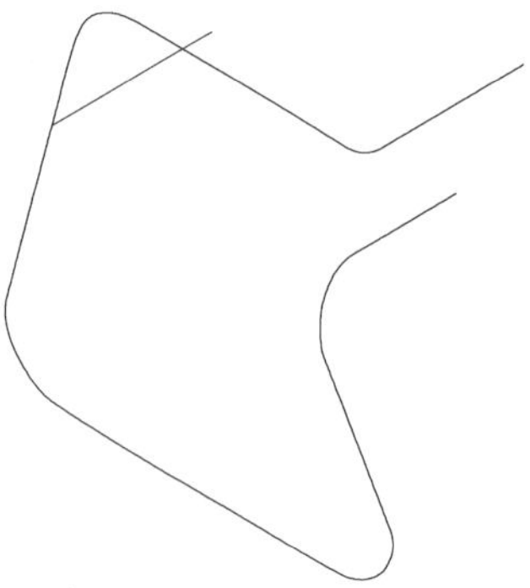

图 11-34

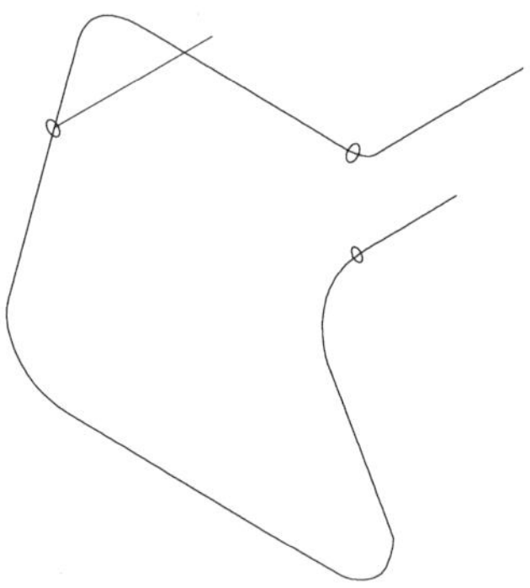

图 11-35

⑤使用扫掠命令和拉伸面命令作图，结果如图 11-36 所示。

其命令行操作如下：

命令：_ sweep（扫掠命令）

当前线框密度：　ISOLINES = 12

选择要扫掠的对象：找到 1 个（选择直径为 24 的圆作为要扫掠的对象）

选择要扫掠的对象：(鼠标右键或回车取消选择)

选择扫掠路径或 [对齐（A）/基点（B）/比例（S）/扭曲（T）]：(选择上图中的线作为扫掠路径)

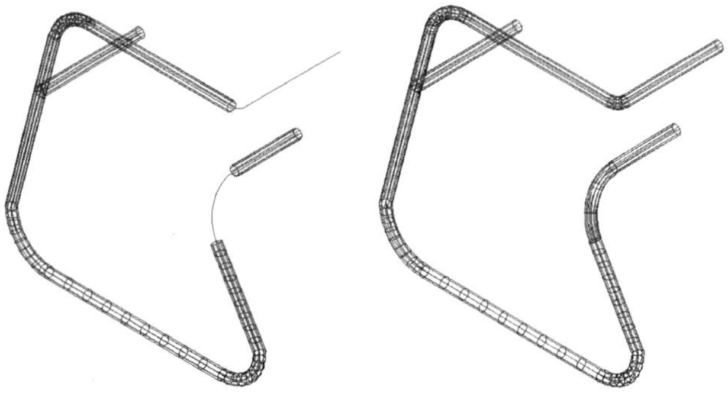

图 11-36

⑥使用镜像命令作图，结果如图 11-37 所示。

要点提示：二维中的镜像命令只能使图形在坐标系的 *XY* 平面内镜像，所以，在使用镜像命令前应将当前坐标系进行调整，本例切换为世界坐标系即可满足要求。

⑦使用直线命令、偏移命令、边界命令或者面域命令和拉伸命令绘制坐面及靠背，结果如图 11-38 所示。

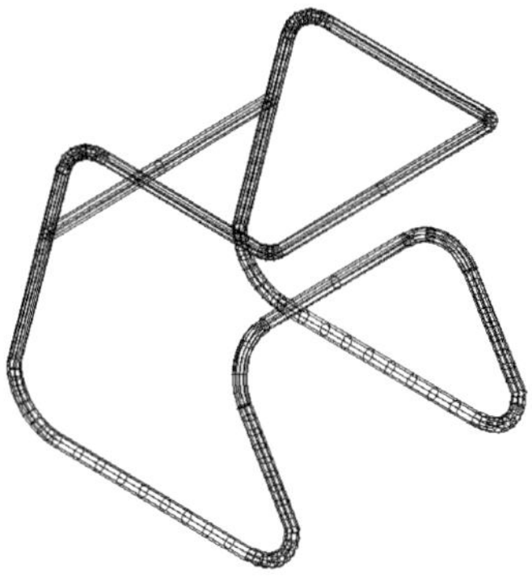

图 11-37

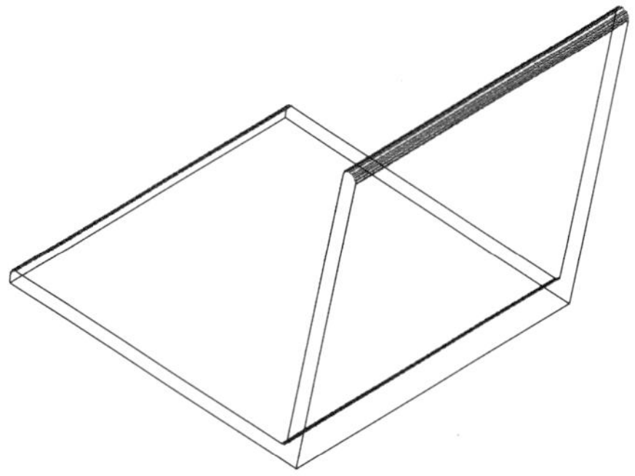

图 11-38

要点提示：由于坐面与水平面倾斜 3°，所以本例中有两种方法画出坐面及靠背的轮廓。第一种方法是直接在左视图中画出 *AB* = 518，*BC* = 511，两条直线的夹角为 100°，然后选择两条直线顺时针旋转 3°，再分别将 *AB* 向上偏移 24，*BC* 向左偏移 24，修剪后首尾连接，再圆角，半径为 10，最后再将二维图形用边界命令或者面域命令定义为多段线或者面域，拉伸得到坐面及靠背的立体图，如图 11-39 所示；第二种方法是将坐标系旋转 3°，之后的步骤中就不用再将直线旋转了，其余步骤一样。如图 11-40 所示。

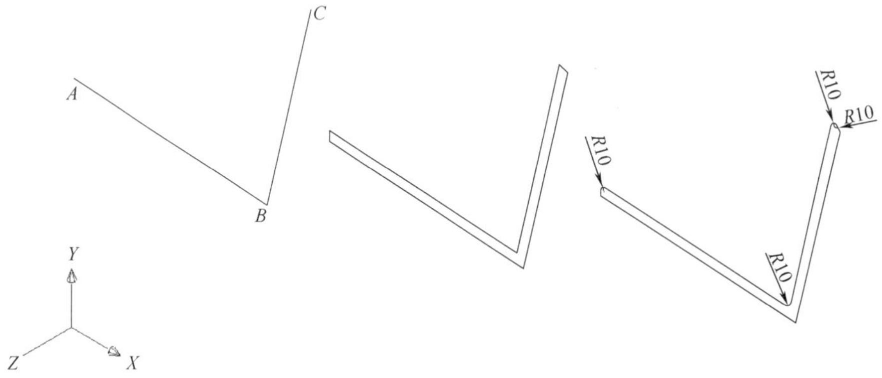

图 11-39

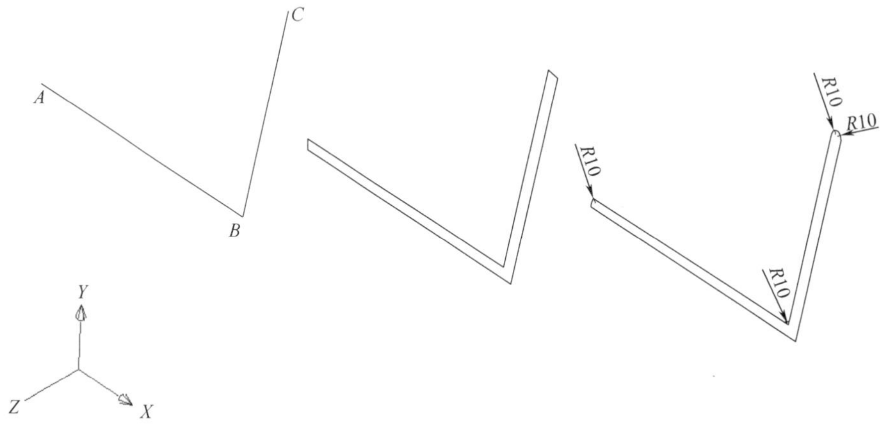

图 11-40

⑧使用移动命令将图形组合好，结果如图 11-41 所示。

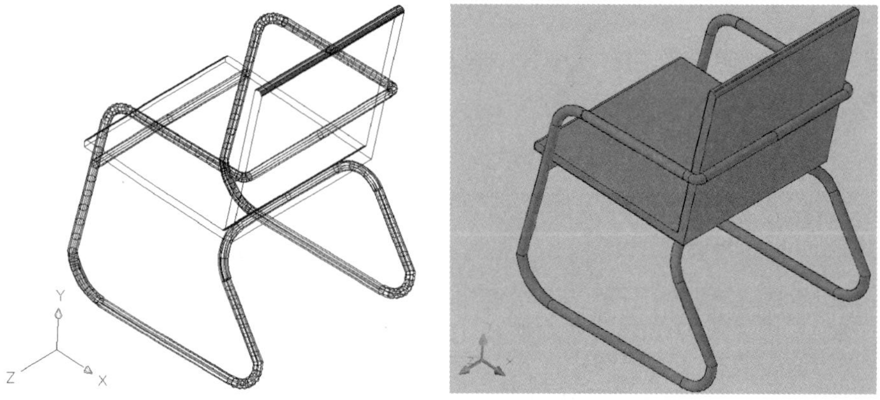

图 11-41

要点提示：

● 因为坐面倾斜 3°，为了方便移动，可使坐标系绕 *Z* 轴旋转-3°，如图 11-42 所示。

● 为了方便移动，需要做一条辅助线，先在后脚架上面的中间圆心位置 *A* 处画一个半径为 12 的圆，如图 11-43 所示。然后用直线命令捕捉前脚架上面中间圆的上象限点连到刚画的 *A* 处圆的上象限点，如图 11-44 所示。

● 用移动命令将坐面及靠背的立体图从坐面底面的中点移动到刚画的直线的中点，然后再将坐面及靠背的立体图向 *X* 反方向移动 5，删除辅助直线，结果如图 11-41 所示。

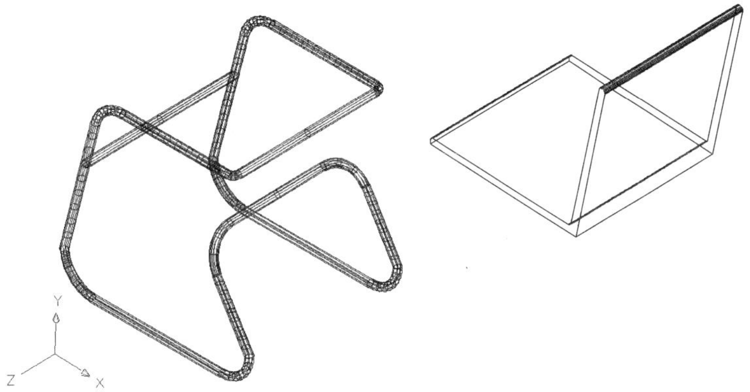

图 11-42

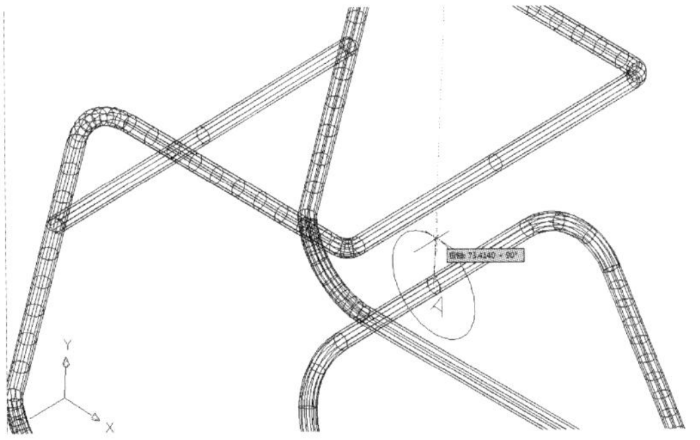

图 11-43

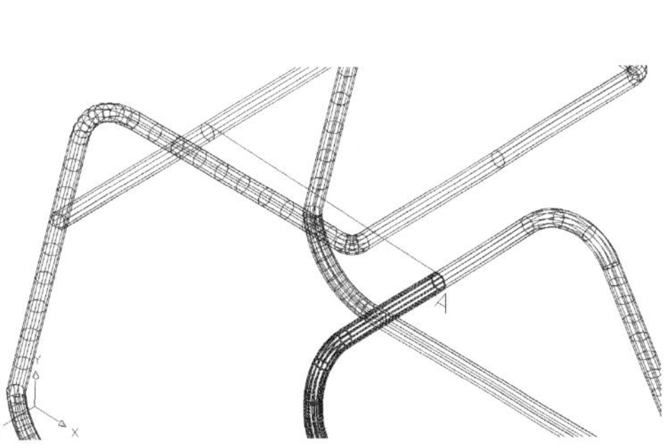

图 11-44

思考与练习

1. 如何通过二维图形创建三维实体？
2. 如何对三维实体进行并集、差集和交集三种布尔运算？
3. 如何对三维实体进行三维移动、三维阵列、三维镜像、三维旋转、三维对齐？
4. 如何通过三维对象创建二维视图？

第12章

用 AutoCAD 绘制床头柜图纸集

12.1 家具制图模板及床头柜图纸绘制实例

12.1.1 家具制图模板

家具制图模板就是根据绘图时要用到的标准设置，预先用图形文件格式存储的文件。在 AutoCAD 绘图中，对于图形中大量的近似或相同的设置，可用家具制图模板作为绘制新图的起点。这样就省去了图形中大量的繁杂的初始设置，大大提高了绘图工作效率。下面讲一讲如何制作家具制图模板。

（1）设置图形界限、单位、精度

可以不设置图形界限，但为了规范操作还是建议大家设置图形界限，这样做有利于视图操作。在 AutoCAD 中，我们始终是按 1∶1 的比例来绘制图形，所以，设置图形界限时主要考虑要绘制的物体的实际尺寸及适当的空隙空间，包括标注尺寸时的空间。

家具制图中，常用的打印纸是标准 A4 图纸（297mm×210mm）。为了更好地适应打印，在设置图形界限时还应同时考虑图纸的长宽比例。

考虑家具构件的尺寸及一些空隙，可以设置图形界限为 2970mm×2100mm（A4 图纸的 10 倍）或者 4455mm×3150mm（A4 图纸的 15 倍），也可以是 5940mm×4200mm（A4 图纸的 20 倍）。

设置好图形界限后，还应运行 ZOOM 命令，在命令提示中选择“全部（A）”选项，以便让整个图形界限区域最大化地显示在电脑屏幕上。

图形单位的设置有利于与其他软件或文件交换数据，建议设置成默认的毫米单位。对于精度设置，可设置到小数点后一位。

（2）设置图层

图层有利于对图形进行分类管理。在家具制图中，建议按家具制图标准中要求的各种线宽、线型来设置图层。

图层中应设置好线宽、线型、颜色等特性值。线宽与线型要符合国家标准或尽量接近国家标准。线宽可考虑细线、实线、粗实线，三个宽度分别为 0.09，0.3，0.5。图层的颜色应该尽量做到不同线宽用不同的颜色，这样在可能需要用颜色来控制线宽时不至于带来麻烦。

家具制图模板中图层可按图 12-1 所示进行设置。

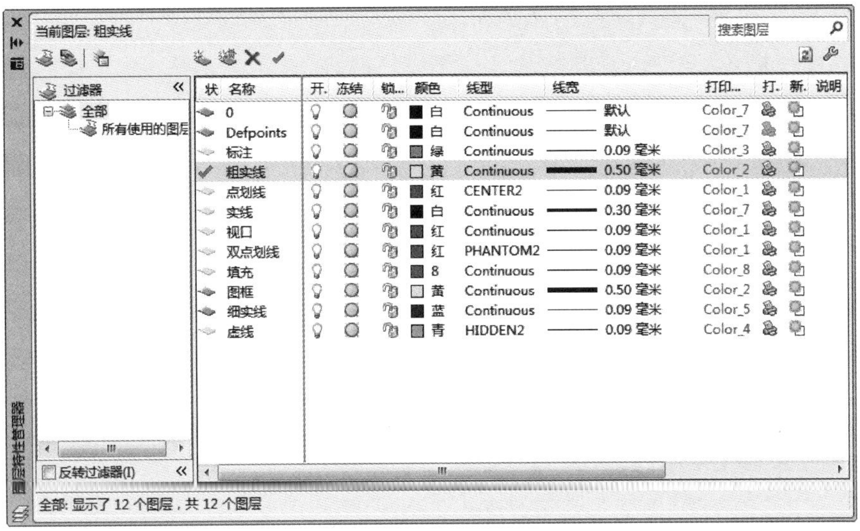

图 12-1

（3）设置文字样式

用户创建新图后，AutoCAD 为用户提供了一个名为“Standard”的文字样式，其字体文件 txt. shx，此样式不符合国家标准。在家具制图中，需要用户自己创建常用的符合国家制图标准的文字样式。

AutoCAD 为我国用户提供了标准的 GB 字体，都是 GB 开头的。中文字体是 gbcbig. shx，西文是 gbenor. shx 和 gbeitc. shx。只要在文字样式里选这样的字体就可以写出长仿宋字以及西文工程字，中西文之间的字体比例也很协调。其中，gbeitc. shx 使英文字母和数字呈现出一定的倾斜效果。国家标准规定汉字应写成长仿宋体，英文字母和数字可以有直体和斜体两种字体。

选择菜单“格式”|“文字样式（S）...”，弹出“文字样式”对话框，在其中创建三种文字样式。一是名为“汉字为长仿宋体”的文字样式，如图 12-2 所示进行设置。

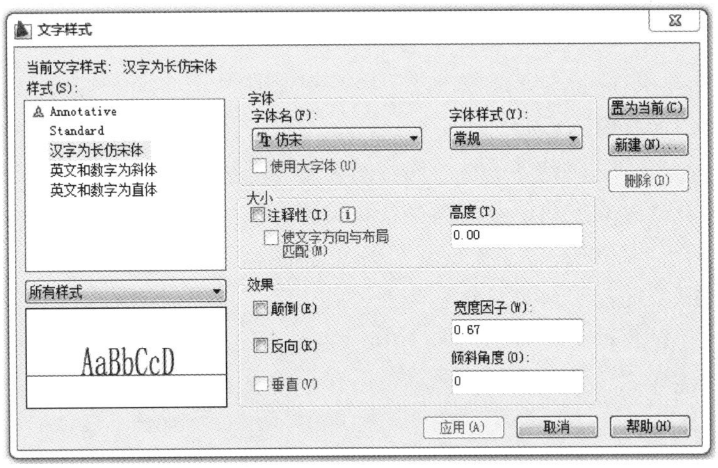

图 12-2

二是名为“英文和数字为斜体”的文字样式，如图 12-3 所示进行设置。三是名为“英文和数字为直体”的文字样式，如图 12-4 所示进行设置。

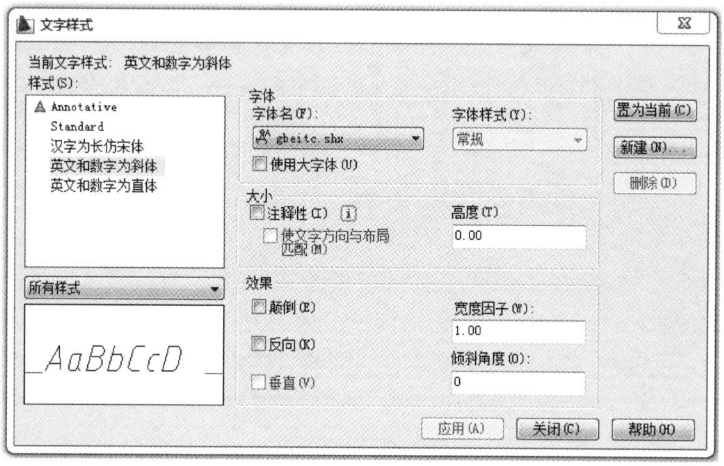

图 12-3

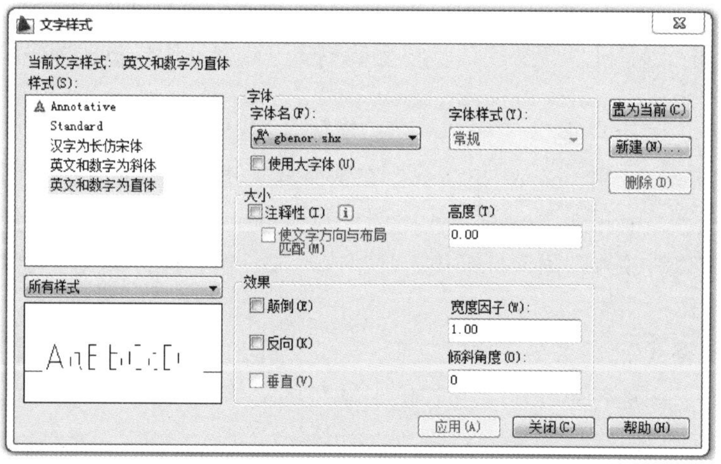

图 12-4

（4）设置尺寸标注样式

标注尺寸时，AutoCAD 提供了一个缺省的符合 ISO 标准的标注样式：ISO-25。对于我国用户，只能在 ISO 标准的基础上定制符合我国国标的尺寸样式。根据我国尺寸标注标准与 ISO-25 标准的不同之处，参照家具制图国家标准（尺寸起止符号规定为细斜线和小圆点两种，现实情况是现在的绝大部分家具公司尺寸起止符号却是用箭头，从国标和企业的现实出发，推荐新建两种标注样式：一种尺寸起止符号用箭头，另一种起止符号用小圆点）新建两种标注样式，并修改相应的系统变量，使其符合国标。

①新建标注样式：在原 ISO-25 样式的基础上，建立新样式，名为“家具国标箭头”（意思是符合家具制图国家标准，尺寸起止符号为箭头）。

②设置“家具国标箭头”样式：在“线”标签页中，将缺省的基线间距由原来的

3.75 改为 7。基线间距是指当使用基线标注时，相临两平行尺寸线之间的距离)，延伸线超出尺寸线的距离由 1.25 改为 2，起点偏移量由 0.625 改为 1。在“文字”标签页中，设置“文字样式”为“英文和数字为斜体”，文字位置“从尺寸线偏移”由原 0.625 改为 1；在“调整”标签中，将“文字位置”选择为“尺寸线上方，带引线”，将“标注特征比例”选择为“将标注缩放到布局”。关于“标注特征比例”，此处要特别说明，如果用户已经在模型空间中插入图框标题栏，并标注好尺寸，而且只需要在模型空间中打印图纸，则可以选择“使用全局比例”按所需要的比例进行设置就可以了。也就是说如果要按 1∶10 打印出图，则选择“使用全局比例”并输入 10。如果用户需要用到布局出图，那么就选择“将标注缩放到布局”，这样选择的好处在于当你在布局视口中已经设置好比例，并在激活的布局视口中标注尺寸时，尺寸元素会自动放大或缩小相应的倍数。如视口比例为 1∶2，则标注尺寸时，相关标注的元素会相应放大 2 倍，也就是说打印出来的时候原来设置的标注样式不会改变，如字高为 2.5，则打印出来字高仍为 2.5。

③建立“家具国标箭头”样式的子样式：对于角度标注，国家标准规定尺寸数字一律写成水平方向并且注写在尺寸线的中断处。为解决这个问题，可在以“家具国标箭头”样式为基础样式的基础上新建一个“角度”子样式，在“用于”下拉框中选择角度标注。进入新的尺寸样式后，把“文字对齐”方式选择为“水平”单选框；同理，分别创建“直径”“半径”子样式，并改“文字对齐”方式选择为“ISO 标准”。

④建立其他标注样式：与前面同样的方法，可以创建一名为“家具国标圆点”的新样式，意思是符合家具制图国家标准，尺寸起止符号为小圆点。但是在创建直径、半径及角度子样式时，应该按国标规定，用“箭头”作尺寸起止符号。

经过设置后，“标注样式管理器”如图 12-5 所示。

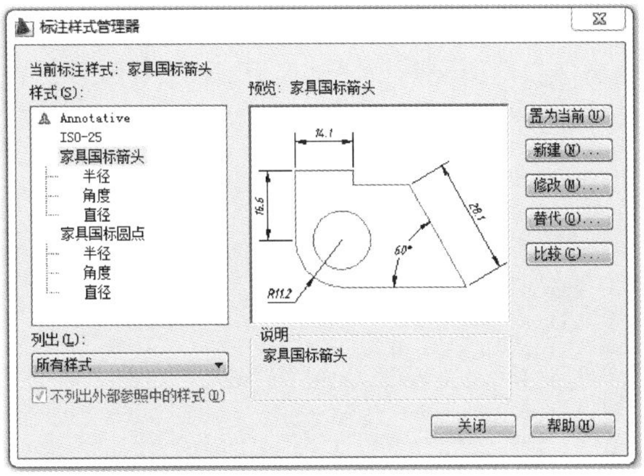

图 12-5

(5) 将常用的图块预置在家具制图模板中

在家具制图中，经常会用到图框、各种各样的孔位等。用户可以把这些作为图块预置在家具制图模板中。笔者在家具制图模板中所作的图块如图 12-6 所示。

(6) 打印页面设置

对图纸可以有多种输出方式：第一种方式是直接输出到绘图仪，以纸质的方式获得图

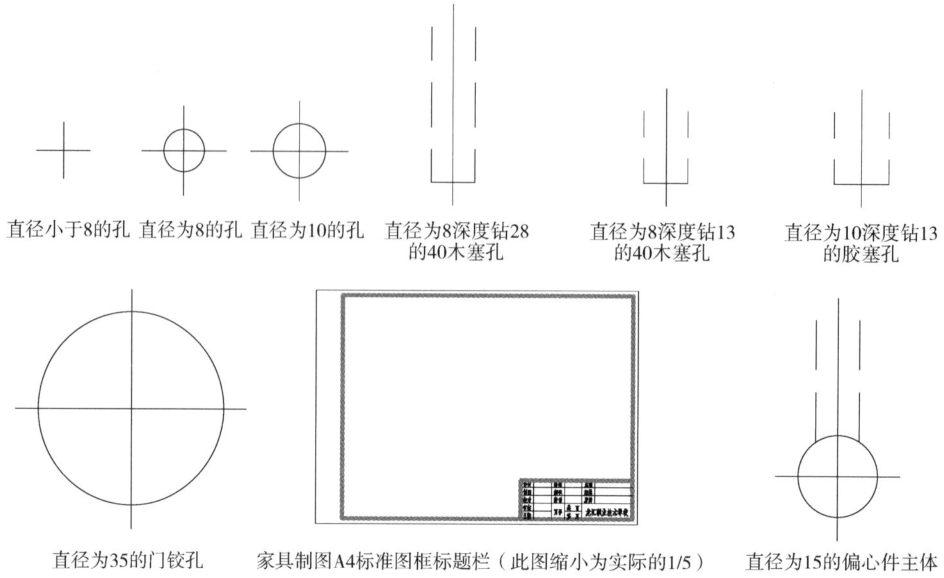

图 12-6

纸；第二种方式是电子文档，这样的图纸比较便于在网上传播、交流及保存。特别是以 DWF 矢量图作为电子图纸，在查看图纸时清晰度高，不失真，必要的时候也可以在任何绘图仪上打印出来。

在家具制图模板中，可以设置两种页面布局，分别对应于真实的绘图仪的页面和 DWF 格式的电子图纸页面（也就是可以打印出 DWF 文件），并在图纸上插入 A4 图框图块。

将已经设置好的 AutoCAD 文件保存名为“家具制图模板 . dwt”的模板文件。

新建 AutoCAD 文件，在弹出的如图 12-7 所示的对话框中选择刚才保存的名为“家具制图模板 . dwt”的模板文件。这时创建的 AutoCAD 文件中已经包含了原模板中的所有设置及图块内容，极大地提高了作图效率。

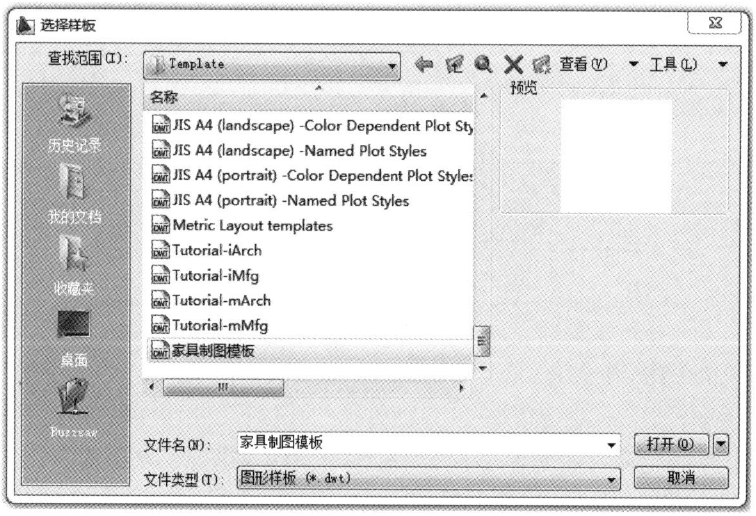

图 12-7

12.1.2　床头柜图纸绘制实例分析

家具制图中，通常可以完全在平面图模式下完成所有的图纸，不一定要用到所学的三维知识。在二维绘图中，如果图纸中要求画出立体图，我们通常可以有两种解决办法：一是用二维画线的手段按等轴测图的方式来画出立体图；二是用 3dsmax 的建模和渲染技术来得到立体图，这样在建模的能力和效果上都远远高于 AutoCAD 的三维建模。

但是，AutoCAD 的三维技术也有它的特色，例如它很精确，它包含的信息、属性在 AutoCAD 中能得到识别和修改，建立的三维实体可以通过一定的手段较容易地得到所需的二维施工图。所以，现在在一些家具企业或家具设计公司中，还是比较流行用 AutoCAD 的三维技术来建模，得到三维图形，然后再画二维图形。

床头柜相关尺寸如图 12-8 所示，各部分放大见图 12-9 和图 12-10 所示。

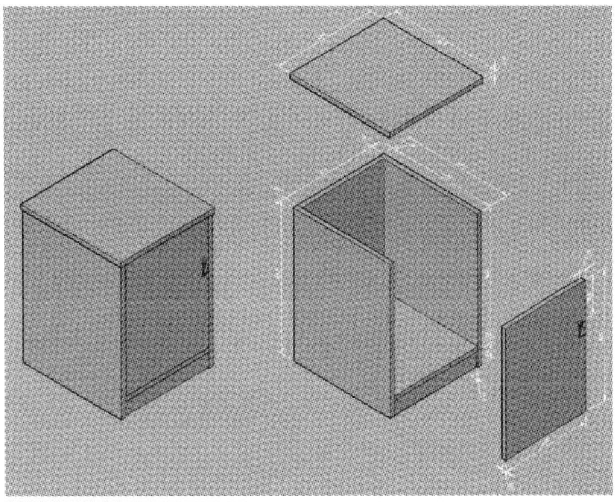

图 12-8

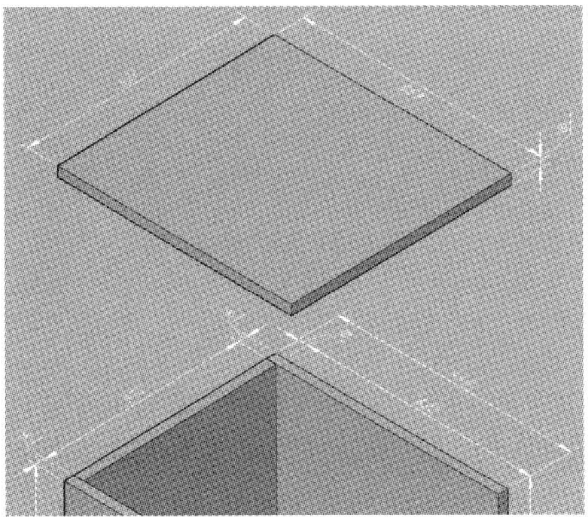

图 12-9

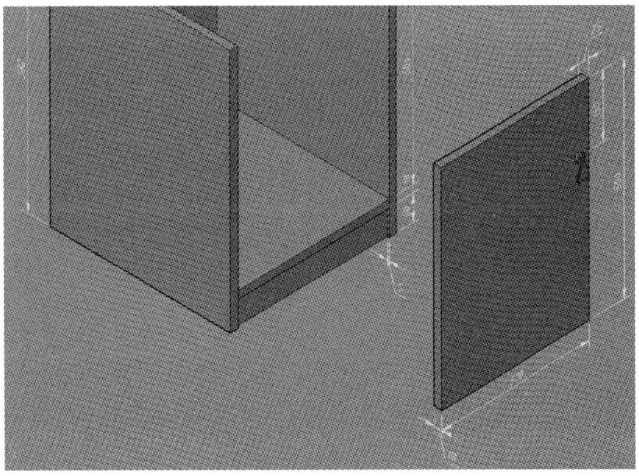

图 12-10

本例拟采用首先建立三维床头柜模型，然后再用三维转二维技术得到其装配图，最后用二维手段画出其他图纸，步骤如下：

①从家具制图模板开始新建文件。

②用立方体建立床头柜各板件（也可以用矩形去拉伸得到各板件），再用复制、移动、旋转等编辑命令对板件进行位置的定位。

③用建模里的旋转和拉伸命令绘制出拉手的立体模型。

④用 Solview 和 Soldraw 命令从三维床头柜模型中生成装配图。

⑤用三维移动等命令移动床头柜的板件，使其拆开，以便可以观察到床头柜中的所有构件，这样的图称为拆装图或者爆炸图。

⑥用矩形、线、多段线等命令画图，用相关编辑命令进行编辑，绘制出零件图的二维

图形。

⑦在零件图中的所有孔位、家具图框都使用家具制图模板中的图块来完成。

⑧通过“发布”命令发布包含全部图纸的 DWF 图纸集。

12.2 绘制床头柜

12.2.1 床头柜三维模型的构建

具体步骤如下：

①将二维视图切换为三维视图，切换视图为“西南等轴测”。

②使用长方体命令、矩形命令和拉伸命令绘图，如图 12-11 所示。

要点提示如下：

- 利用长方体命令绘出床头柜左侧板。
- 利用镜像命令得到右侧板。
- 可利用长方体命令绘制出背板和踢脚板，也可用矩形命令绘制出二维图形，再用拉伸命令绘制出背板和踢脚板的三维模型，还可以利用按住并拖动命令 presspull 编辑二维图形得到三维模型。

③使用长方体命令或矩形命令加拉伸命令绘制床头柜底板，如图 12-12 所示。

④用相同的方式完成床头柜顶板和门板的三维模型。拉手的三维模型要用到建模里面的旋转命令。

要点提示如下：

- 要注意门缝（门板与各板件间的缝隙）一般为 2~3mm，本例定为 2mm。
- 拉手的三维模型可由二维图形拉伸（绘制出如图 12-13 所示二维图形进行拉伸，高度 3mm，得到拉手的手柄三维模型部分，详细尺寸见图 12-14 所示）及利用建模里面的旋转命令（绘制出如图 12-15 所示的二维图形，利用建模里面的旋转命令得到拉手的基座三维模型部分，详细尺寸见图 12-16 所示）得到。

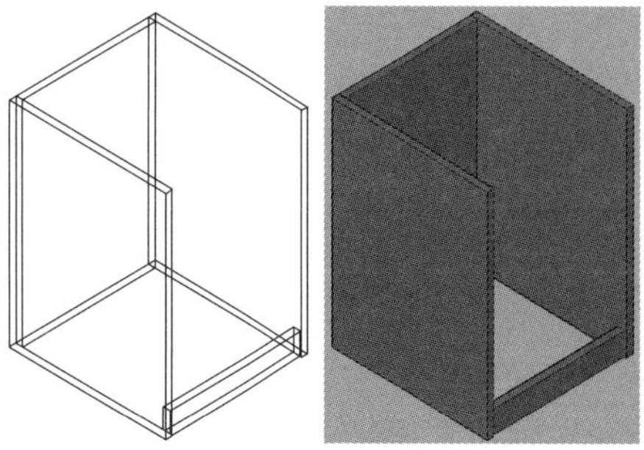

图 12-11

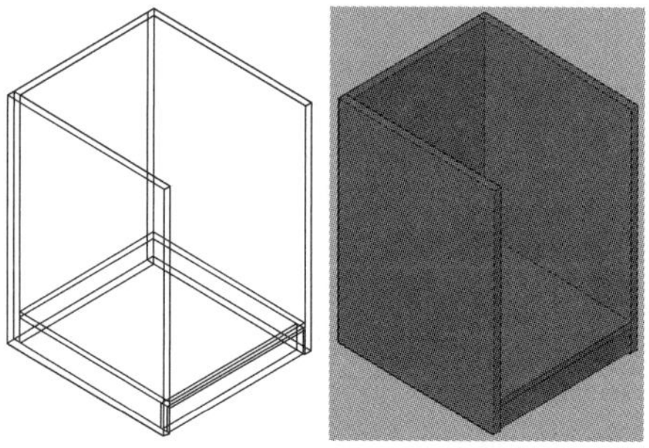

图 12-12

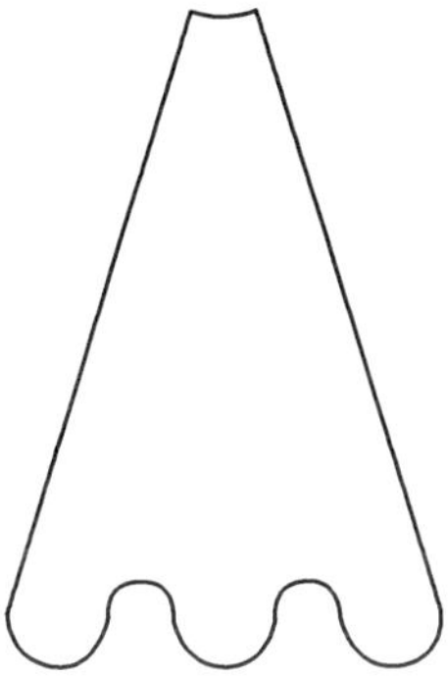

图 12-13

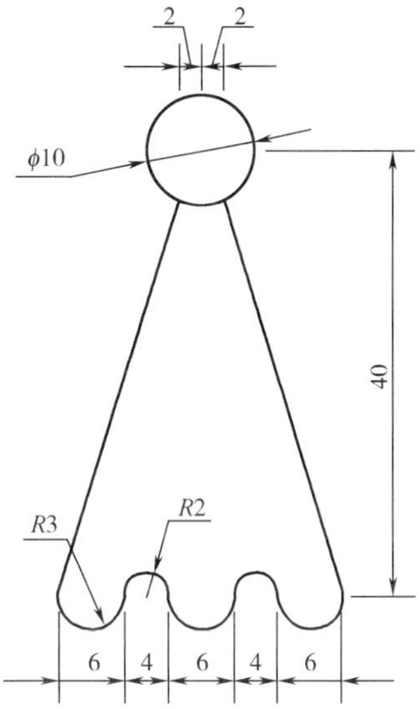

图 12-14

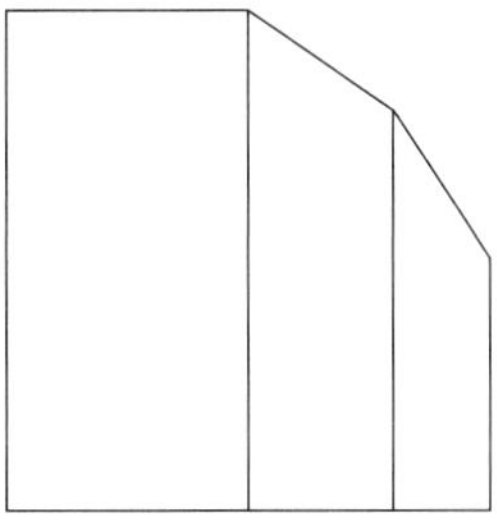

图 12-15

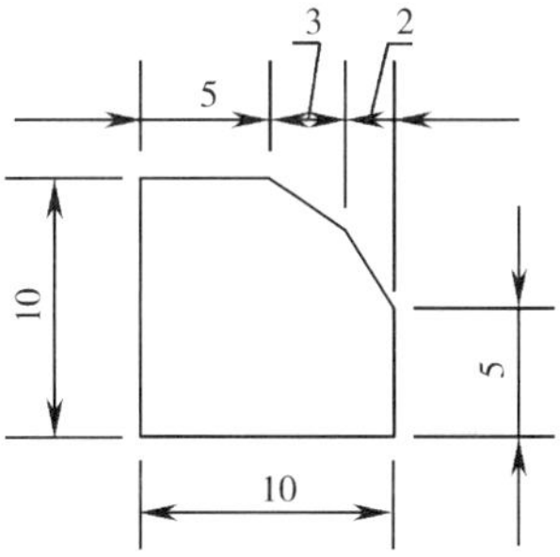

图 12-16

⑤用移动命令组合成图（第④步中如果已经精确定好位置，则不用这步了），最终结果如图 12-17 所示。

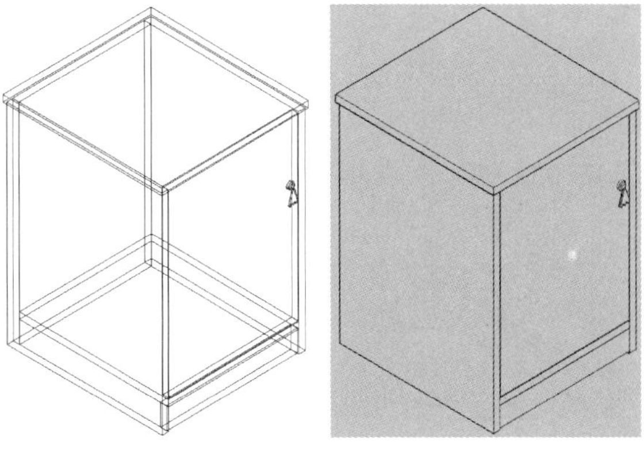

图 12-17

12.2.2 床头柜轴测图

具体步骤如下：

①进入布局视窗，用插入块的方式插入图框，插入点可定为（0，0）（前提是布局中图纸页边距均设为0），在视口图层上绘制视口（选择菜单栏“视图”|“视口”|“多边形视口”命令，按提示依次点取图框的内边线各顶点，得到一个边线与图框内边线重叠的多边形视口）。

注意：如果家具制图模板中已经在布局中插入 A4 图框，则此步骤可省略。

②在视口中双击以激活视口，将当前视图设为“西南等轴测”，调整位置和适合的比例，再在视口外双击以切换到图纸空间。

③选择视口，从鼠标右键菜单中的显示锁定子菜单中锁定视口。

④激活视口，选择菜单中的“绘图”|“建模”|“设置”|“轮廓”命令，框选视口内全部图形，鼠标右键确定，命令行操作如下：

是否在单独的图层中显示隐藏的轮廓线？［是（Y）/否（N）］<是>：Y（回车确定）

是否将轮廓线投影到平面？［是（Y）/否（N）］<是>：N（输入 N 否定）

是否删除相切的边？［是（Y）/否（N）］<是>：Y（回车确定）

⑤关闭实线图层以隐藏三维模型；关闭以 PH 开头的图层（设置轮廓时自动生成的用于放置隐藏线的图层），以便不显示隐藏的虚线；关闭视口图层，以便不显示视口线。得到如图 12-18 所示的图形。

⑥将轴测图标注图层设为当前图层，通过“3 点”及“原点”等方式来定义所需坐标系，以对图形进行标注，因为标注只能在坐标系的 *XY* 平面内进行，结果如图 12-19 所示。

⑦在命令行输入 ate 命令，编辑图框属性，进行改名等操作，或者直接双击图框标题栏进行修改。

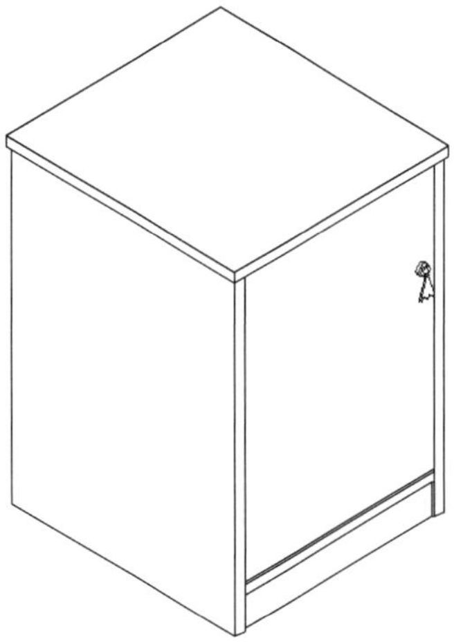

图 12-18

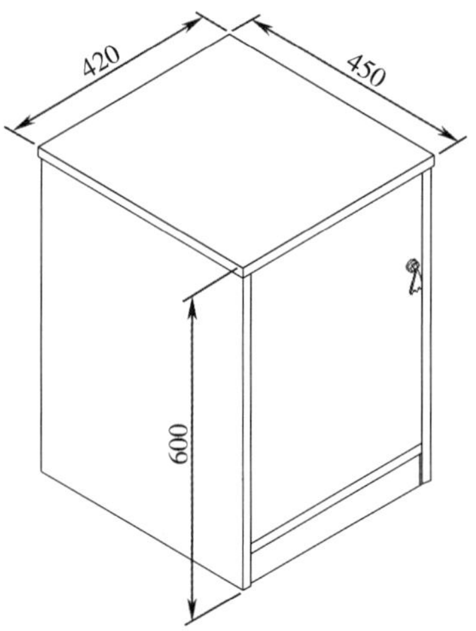

图 12-19

12.2.3　床头柜拆装图

具体步骤如下：

①进入布局，用插入块的方式插入图框，插入点可定为（0,0）（前提是布局中图纸页边距均设为 0），在视口图层上绘制视口（选择菜单栏“视图”|“视口”|“多边形视口”命令，按提示依次点取图框的内边线各顶点，得到一个边线与图框内边线重叠的多边形视口）。

注意：如果家具制图模板中已经在布局中插入 A4 图框，则此步骤可省略。

②在视口中双击以激活视口，将当前视图设为“西南等轴测”，调整位置和适合的比例，再在视口外双击以切换到图纸空间。

③选择视口，从鼠标右键菜单中的显示锁定子菜单中锁定视口。

④激活视口，利用移动命令对不同的零部件分别向 X、Y、Z 三个方向移动，得到拆装图，如图 12-20 所示。

⑤激活视口，选择菜单中的“绘图”|“建模”|“设置”|“轮廓”命令，框选视口内全部图形，鼠标右键确定，命令行操作如下：

是否在单独的图层中显示隐藏的轮廓线？［是（Y）/否（N）］<是>：Y（回车确定）

是否将轮廓线投影到平面？［是（Y）/否（N）］<是>：N（输入 N 否定）

是否删除相切的边？［是（Y）/否（N）］<是>：Y（回车确定）

⑥关闭实线图层以隐藏三维模型；关闭以 PH 开头的图层（设置轮廓时自动生成的用于放置隐藏线的图层），以便不显示隐藏的虚线；关闭视口图层，以便不显示视口线。得到如图 12-21 所示的图形。

⑦在命令行输入 ate 命令，编辑图框属性，进行改名等操作，或者直接双击图框标题栏进行修改。

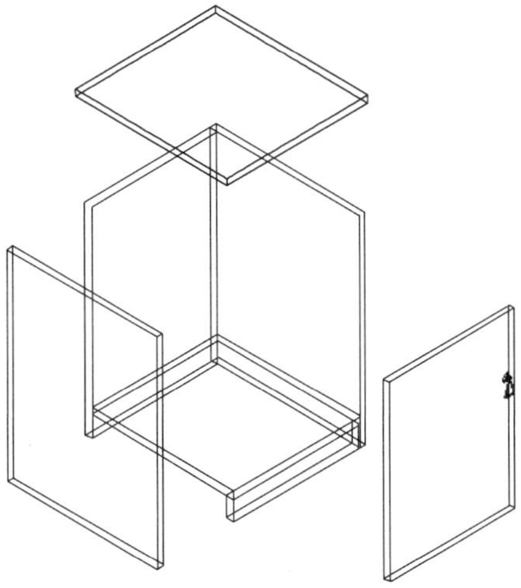

图 12-20

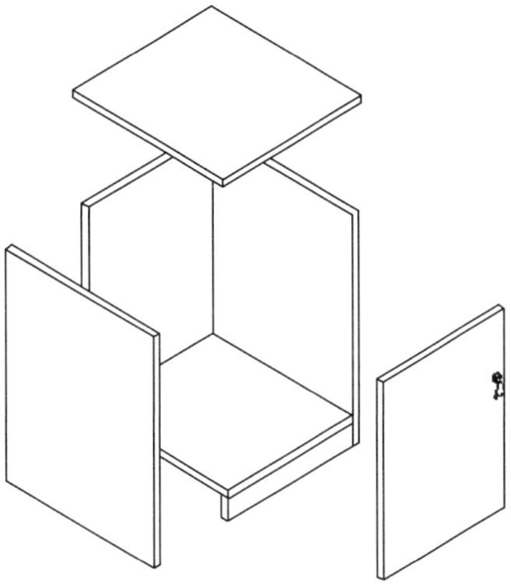

图 12-21

12.2.4 床头柜装配图

具体步骤如下：

①将坐标系切换为“前视”，以便使坐标系的 *XY* 坐标平面与床头柜的前面一致。

②进入布局，用插入块的方式插入图框，插入点可定为（0,0）（前提是布局中图纸页边距均设为 0），打开视口图层，如果已经有视口，则删除布局中已有的视口。

注意：如果家具制图模板中已经在布局中插入 A4 图框，则不用再插入图框。

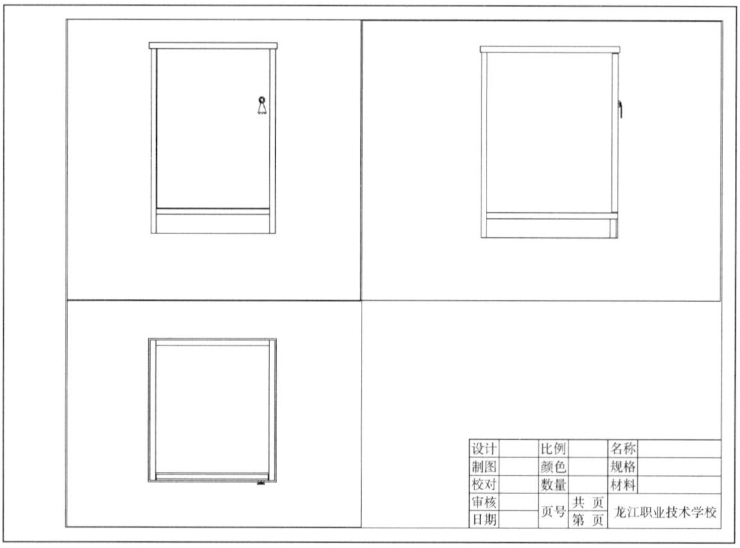

图 12-22

③选择菜单中的“绘图”|“建模”|“设置”|“视图”命令，绘制视图，在布局中生成主视图、俯视图及左视图，如图 12-22 所示。其命令行操作如下：

命令：_ solview（设置视图命令）

输入选项［UCS（U）/正交（O）/辅助（A）/截面（S）］：U

输入选项［命名（N）/世界（W）/?/当前（C）］<当前>：C

输入视图比例<1>：1/8（输入比例）

指定视图中心：（在图纸空间中主视图大致位置选取一点）

指定视图中心<指定视口>：（回车指定视口）

指定视口的第一个角点：（设置一矩形框，用来放置主视图）

指定视口的对角点：（注意此矩形框大小应合适，为以后标注尺寸留出空间）

输入视图名：主视图

输入选项［UCS（U）/正交（O）/辅助（A）/截面（S）］：O

指定视口要投影的那一侧：（选择从哪一侧进行投影）

指定视图中心：（在图纸空间中俯视图大致位置选取一点）

指定视图中心<指定视口>：（回车指定视口）

指定视口的第一个角点：（设置一矩形框，用来放置俯视图）

指定视口的对角点：(注意此矩形框大小应合适，为以后标注尺寸留出空间)

输入视图名：俯视图

输入选项［UCS（U）/正交（O）/辅助（A）/截面（S）］：S

指定剪切平面的第一个点：(在主视图中指定剪切平面的第一点)

指定剪切平面的第二个点：(在主视图中指定剪切平面的第二点)

指定要从哪侧查看：（指定查看方向，此处指定剪切平面的左边点，表示将从左向右看)

输入视图比例<0. 1667>：1/8（输入比例）

指定视图中心：(在图纸空间中左视图大致位置选取一点)

指定视图中心<指定视口>：(回车指定视口)

指定视口的第一个角点：(设置一矩形框，用来放置左视图)

指定视口的对角点：(注意此矩形框大小应合适，为以后标注尺寸留出空间)

输入视图名：左视图

输入选项［UCS（U）/正交（O）/辅助（A）/截面（S）］：(回车结束命令)

④选择菜单中的“绘图”｜“建模”｜“设置”｜“图形”命令，绘制前面所得的视图的二维图形，如图 12-23 所示。其命令行操作如下：

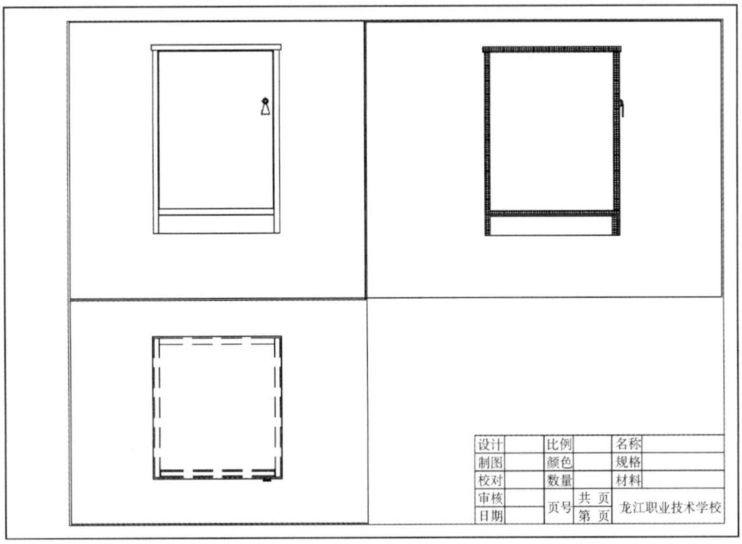

图 12-23

命令：_ soldraw（设置图形命令）

选择要绘图的视口…（提示选择视口）

选择对象：找到 1 个

选择对象：找到 1 个，总计 2 个

选择对象：找到 1 个，总计 3 个（选择前面得到的主视图、俯视图、左视图三个视口线）

选择对象：

已选定 9 个实体。

已选定 9 个实体。

已选定 8 个实体。

执行结果：在被选择的视口中生成了二维视图，视图中包括了可视线、隐藏线、剖面线等，并自动分布在相应的图层上。

⑤在图纸空间中，视口也是一种图形，可利用移动命令和拉伸命令移动视口的位置，或重新调整视口的大小，以便使三视图的位置符合三视图的投影规律，即“长对正，宽相等，高平齐”（其实最简单的方法就是通过 Mvsetup 命令中的对齐选项进行调整）。提醒：先别锁定视口，否则对齐不了。

⑥锁定视口，这样就不会因对图纸的缩放而改变视图的比例。

⑦修正并完善相关图形，结果如图 12-24 所示。

a. 通过“图层特性管理器”对话框，对主视图、俯视图及左视图所生成的线型、颜色及线宽进行调整。

b. 编辑左视图中的剖面线，使其剖面线的类型及比例符合家具制图要求（图层要选对相应的左视图层）。

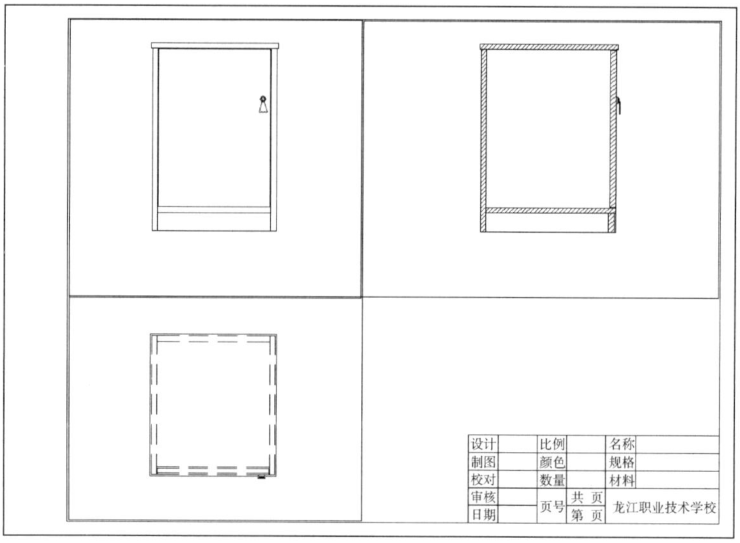

图 12-24

⑧对布局进行打印预览检查图形设置是否正确，不正确则返回布局视窗进行修正。

⑨给各视图标注尺寸

a. 将欲标注尺寸的视窗中的用户坐标系设置成“视图”坐标系。

b. 将该视窗的 DIM 图层设置为当前层。

c. 标注尺寸。

⑩关闭视口线框。关闭 Vports 图层（此图层是用 Solview 命令创建视口时，自动生成的），使屏幕上只显示视图，矩形视口线框不显示，结果如图 12-25 所示。

⑪在命令行输入 ate 命令，编辑图框属性，进行改名等操作或者直接双击图框标题栏进行修改。

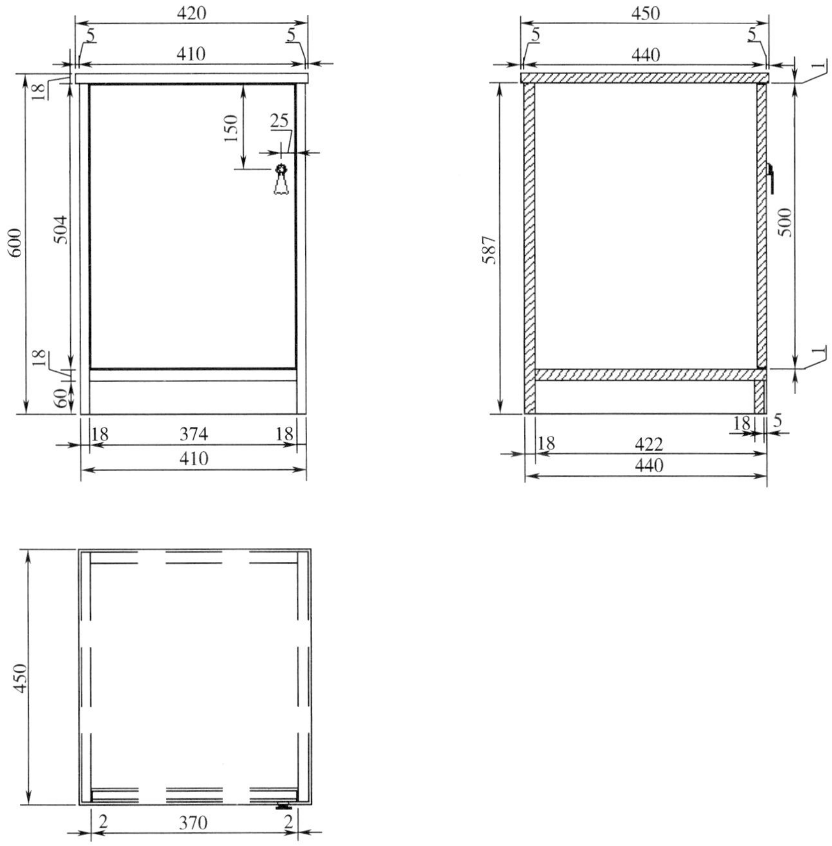

图 12-25

12.2.5　床头柜零件图

具体步骤如下：

①在模型视窗中，将实线图层置为当前图层，利用矩形命令绘制左右侧板，如图 12-26 所示。

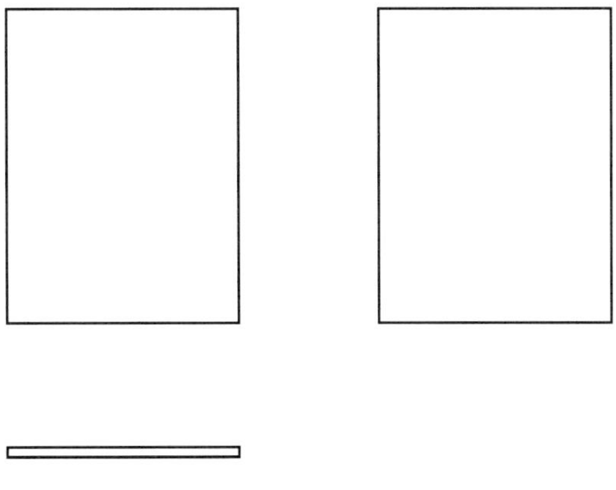

图 12-26

②进入布局，激活视口，设置图形位置及比例，打开视口图层，显示视口，并锁定视口。

③返回模型视窗，将细实线图层设为当前图层，通过插入块的方式插入相应的孔位，可以充分利用复制命令快速绘图，结果如图 12-27 所示。

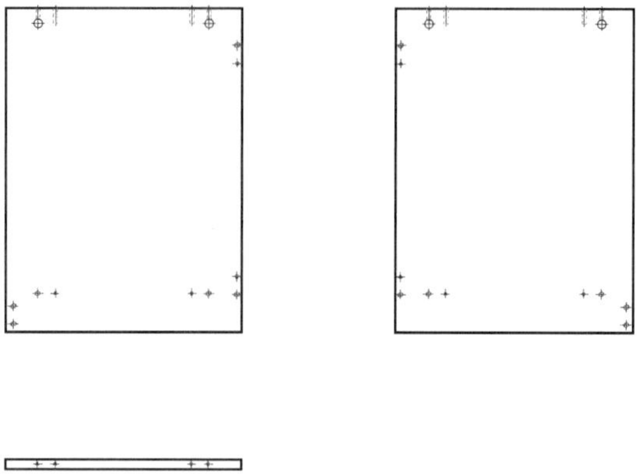

图 12-27

④打开布局视窗，激活视口，将标注图层设为当前图层，对图形进行标注，结果如图 12-28 所示。

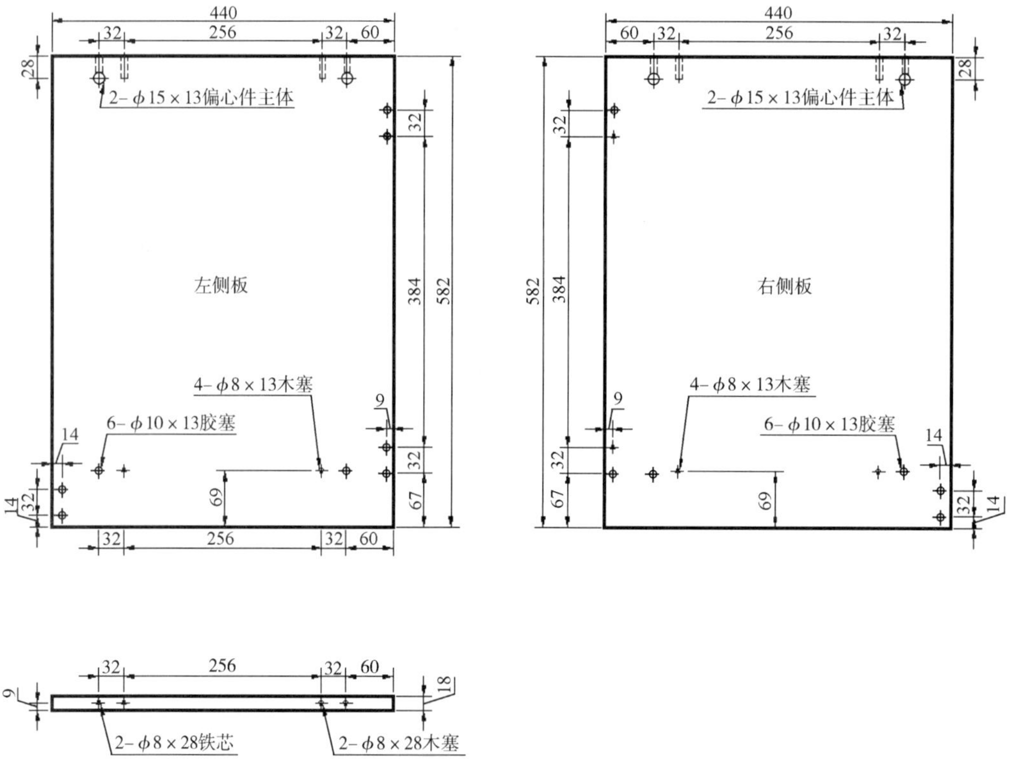

图 12-28

⑤编辑“家具制图 A4 标准图框标题栏”的属性，重命名布局名称，完成一个布局。

⑥在模型空间中画出其他图形，并通过复制布局的方式增添新布局，创建每一个零件图的图纸。

12.3 发布床头柜 DWF 图纸集

具体步骤如下：

①打开床头柜三维建模、轴测图、拆装图、装配图和零件图等 AutoCAD 图形文件。也可以只是一个图形文件，里面包括了轴测图布局、拆装图布局、装配图布局和各个零件图布局。

②在床头柜三维建模文件的模型视窗中打开“页面设置管理器”对话框，对模型选项卡进行初始化设置。也可以在各个布局中“页面设置管理器”对话框进行设置。具体设置如下：

a. 先在“图纸尺寸”选项区域下拉列表框中选择“ISOA4（297.00×210.00 毫米）”；“打印样式表”选项区域：monochrome. ctb。

b. 在“打印机/绘图仪”选项区域下的“名称”下拉列表框中，选择打印机为 DWF6 ePlot pc3。

c. 发布图纸，选择菜单中的“文件” | “发布”命令，弹出“发布”对话框，将不需要发布的布局或模型删除，将“床头柜三维模型”中的“页面设置/三维 DWF”设为“3DDWF”；点击“发布”按钮，弹出“指定 DWF 文件”对话框，设置文件名及保存位置。

d. 发布完毕后，可用 Autodesk DWF Viewer 浏览器查看发布后的图纸。

附图：床头柜的全套图纸如图 12-29 至图 12-38 所示。

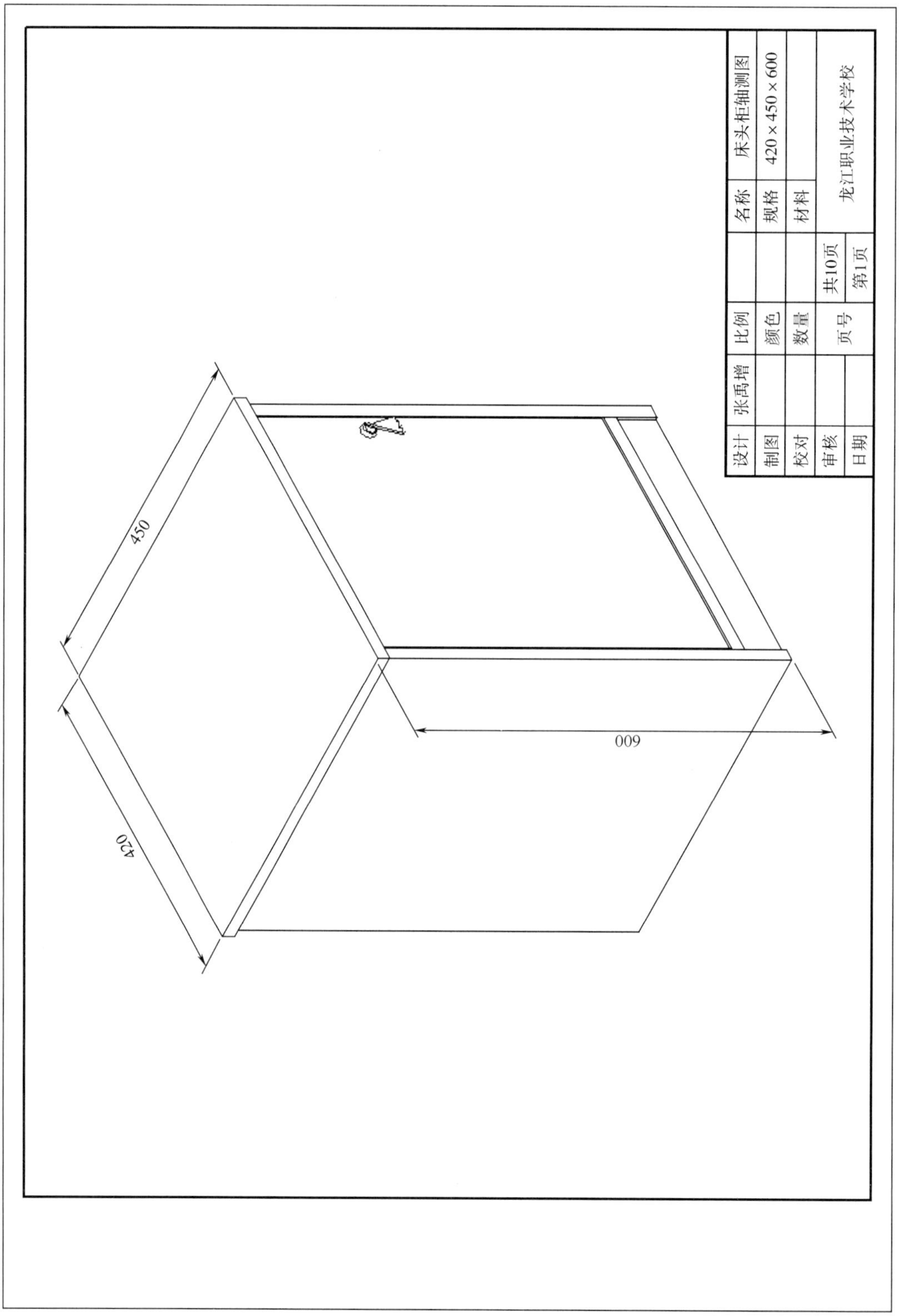
450
420
600
设计
张禹增
比例
名称
床头柜轴测图
制图
颜色
规格
420×450×600
校对
数量
材料
审核
页号
共10页
第1页
龙江职业技术学校
日期

图12-29

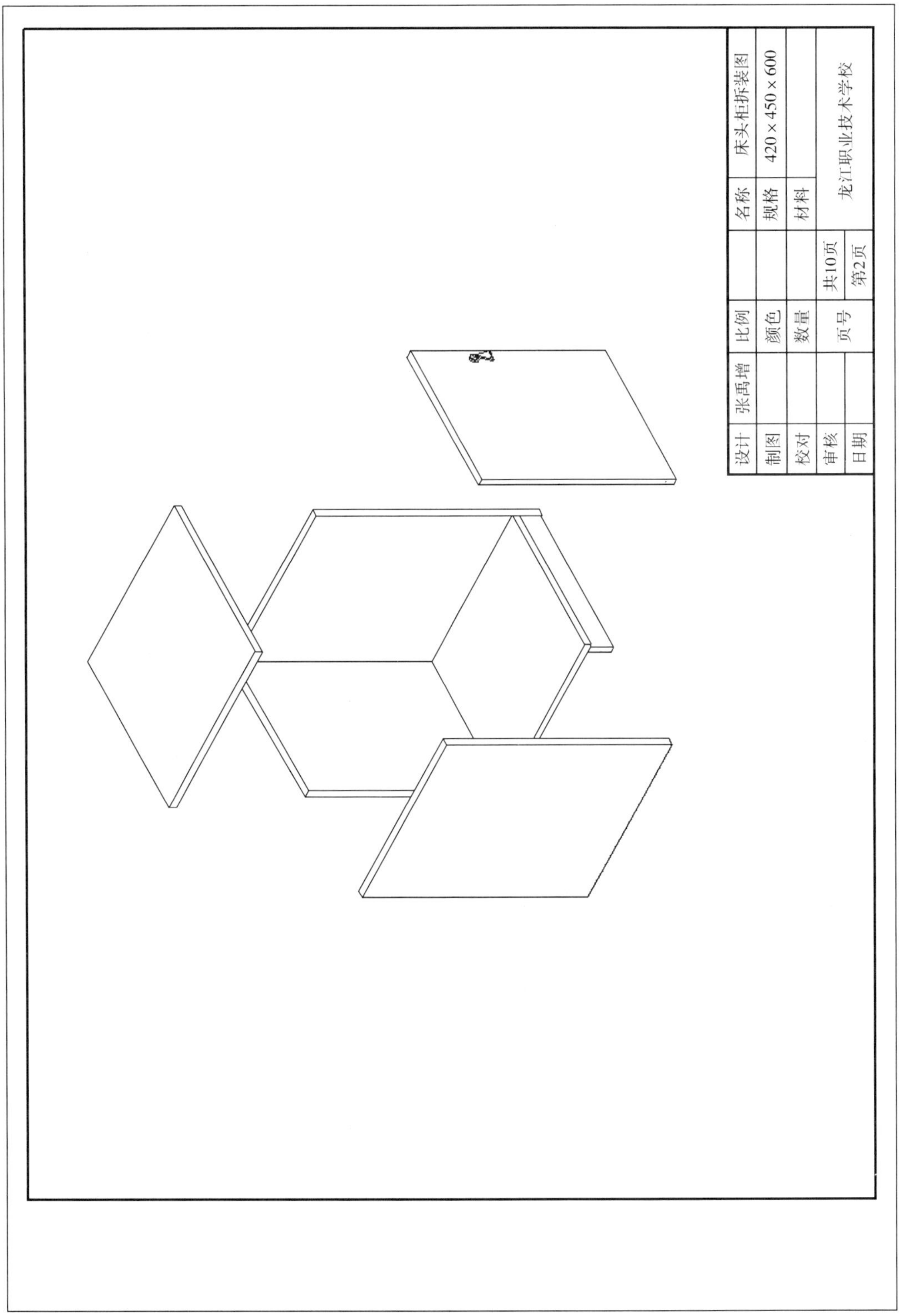
设计
张禹增
比例
制图
颜色
校对
数量
审核
页号
共10页
第2页
日期
名称
床头柜拆装图
规格
420×450×600
材料
龙江职业技术学校

图12-30

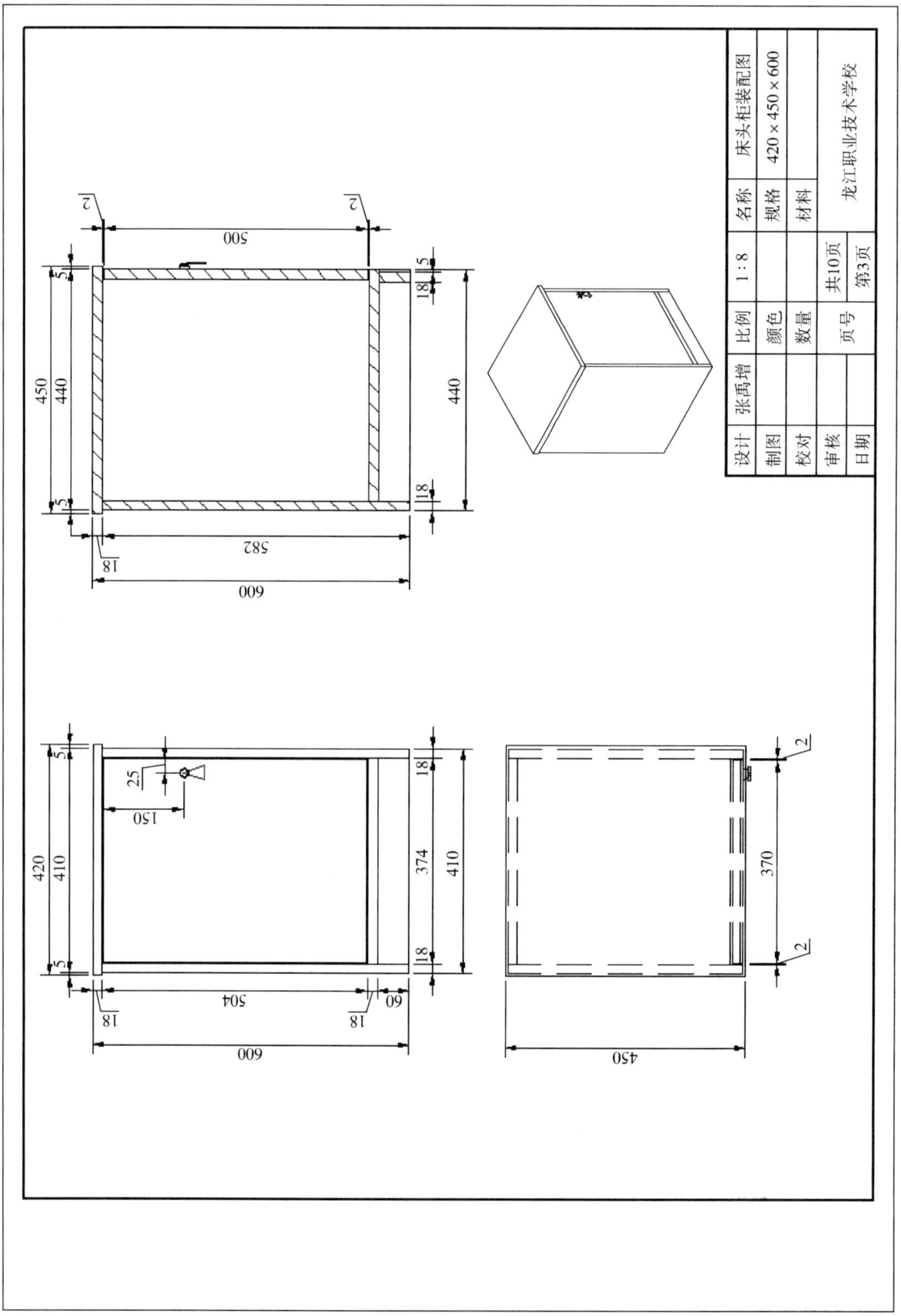
设计
张禹增
比例
1：8
名称
床头柜装配图
制图
颜色
规格
420×450×600
校对
数量
材料
审核
共10页
龙江职业技术学校
日期
页号
第3页
500
582
600
450
440
18
5
2
420
410
374
25
150
504
60
370

图12-31

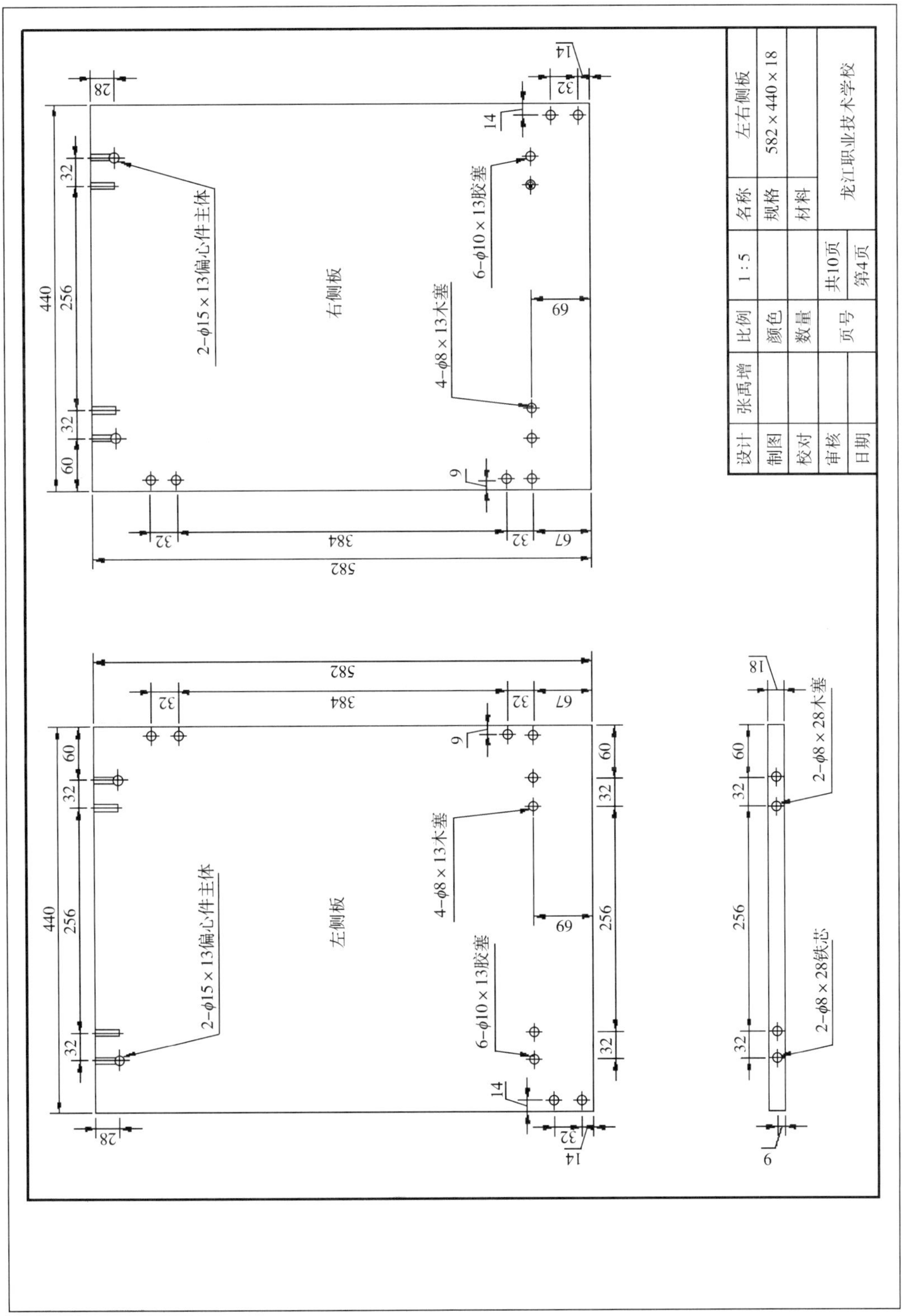
右侧板
左侧板
2-φ15×13偏心件主体
4-φ8×13木塞
6-φ10×13胶塞
2-φ8×28木塞
2-φ8×28铁芯
设计
张禹增
制图
校对
审核
日期
比例
1：5
颜色
数量
页号
共10页
第4页
名称
左右侧板
规格
582×440×18
材料
龙江职业技术学校

图12-32

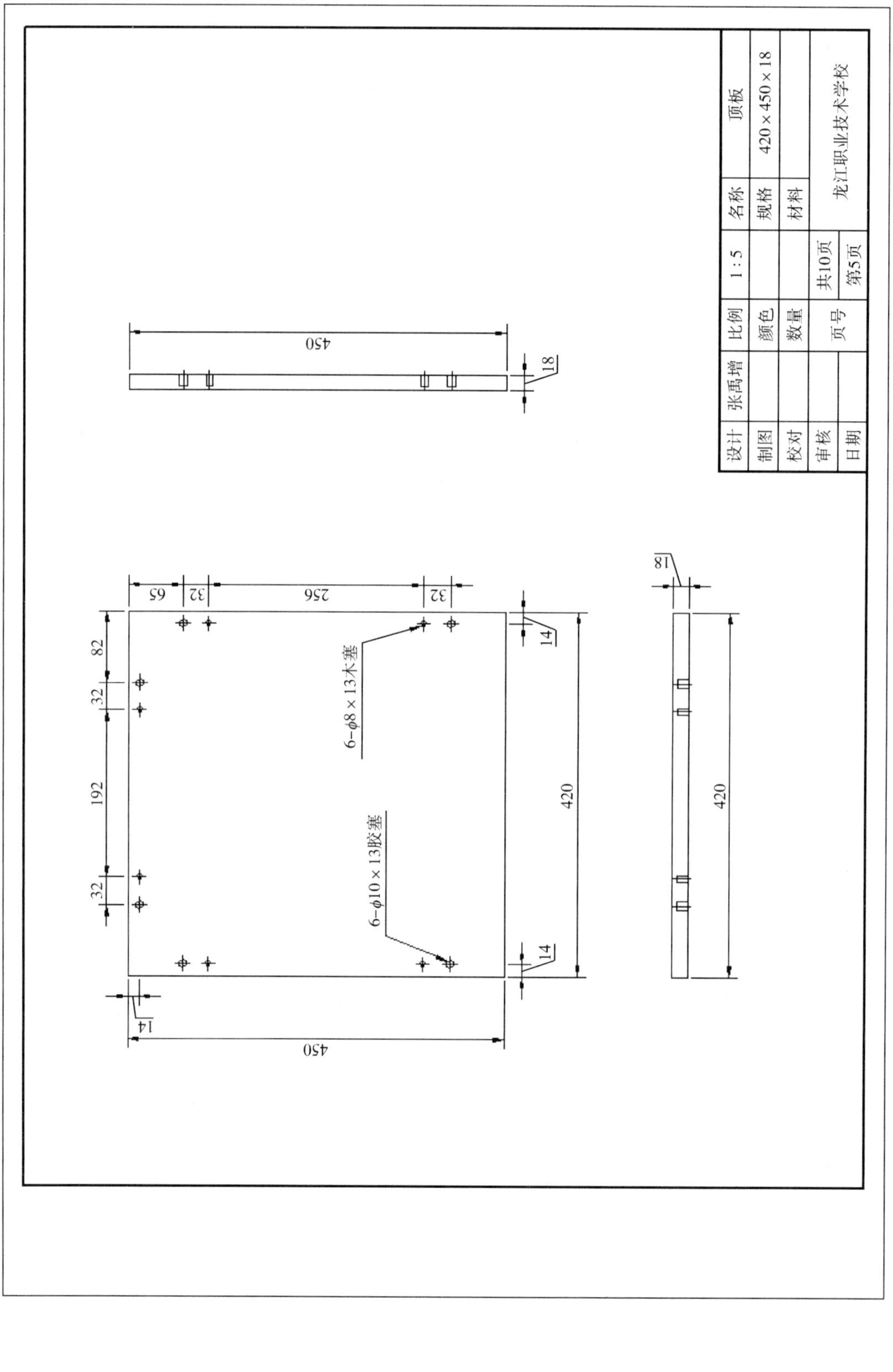
设计
张禹增
比例
1:5
名称
顶板
制图
颜色
规格
420×450×18
校对
数量
材料
审核
页号
共10页
第5页
龙江职业技术学校
日期
450
18
65
32
256
82
192
14
420
6-ϕ8×13木塞
6-ϕ10×13胶塞

图12-33

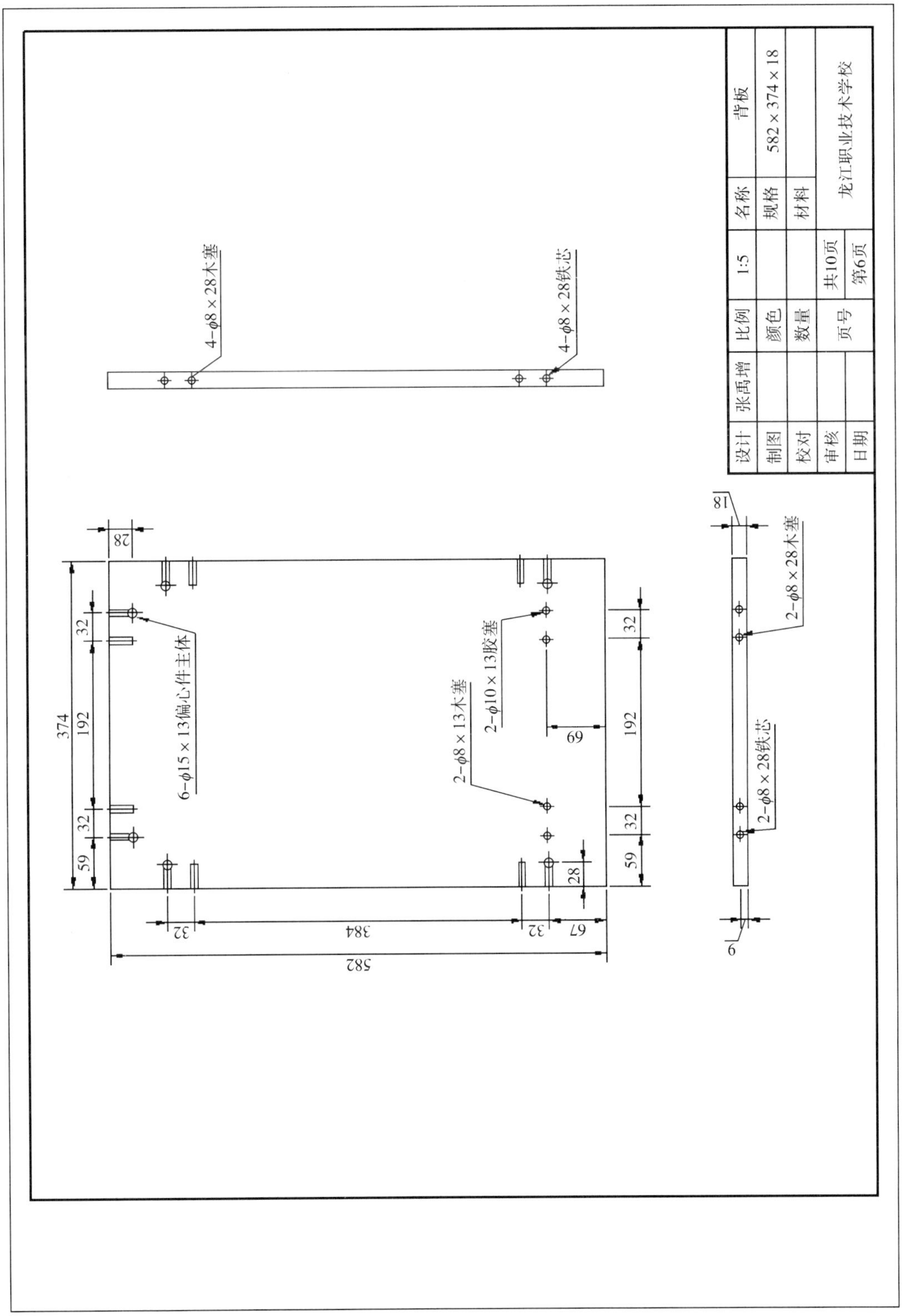
4-φ8×28木塞
4-φ8×28铁芯
6-φ15×13偏心件主体
2-φ10×13胶塞
2-φ8×13木塞
2-φ8×28木塞
2-φ8×28铁芯
设计
张禹增
比例
1:5
名称
背板
制图
颜色
规格
582×374×18
校对
数量
材料
审核
页号
共10页
第6页
日期
龙江职业技术学校

图12-34

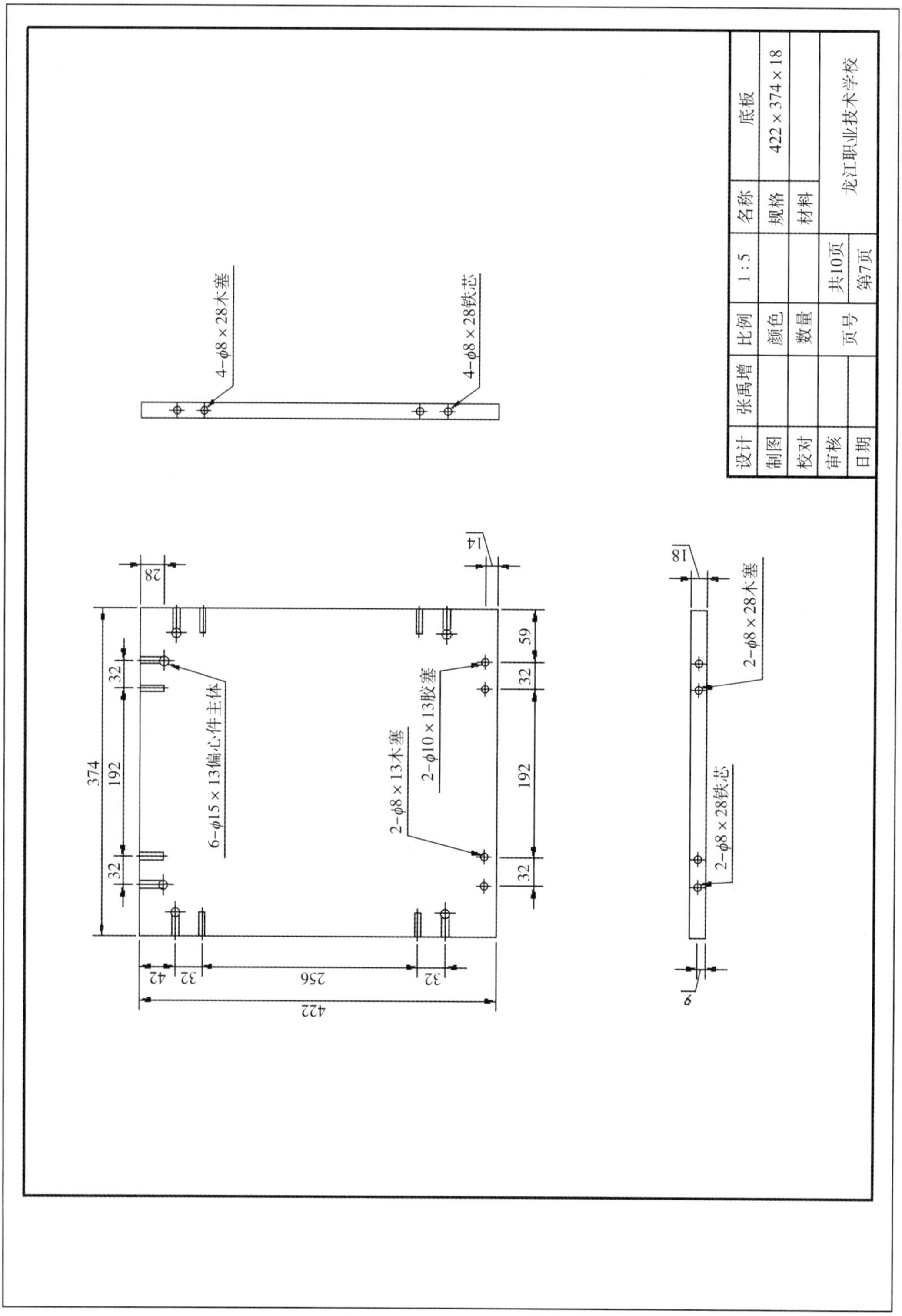
设计 张禹增 比例 1:5 名称 底板
制图 颜色 规格 422×374×18
校对 数量 材料
审核 页号 共10页 第7页 龙江职业技术学校
日期
4-φ8×28木塞
4-φ8×28铁芯
6-φ15×13偏心件主体
2-φ8×13木塞
2-φ10×13胶塞
2-φ8×28木塞
2-φ8×28铁芯
374
192
32
59
422
256
42
28
14
18

图12-35

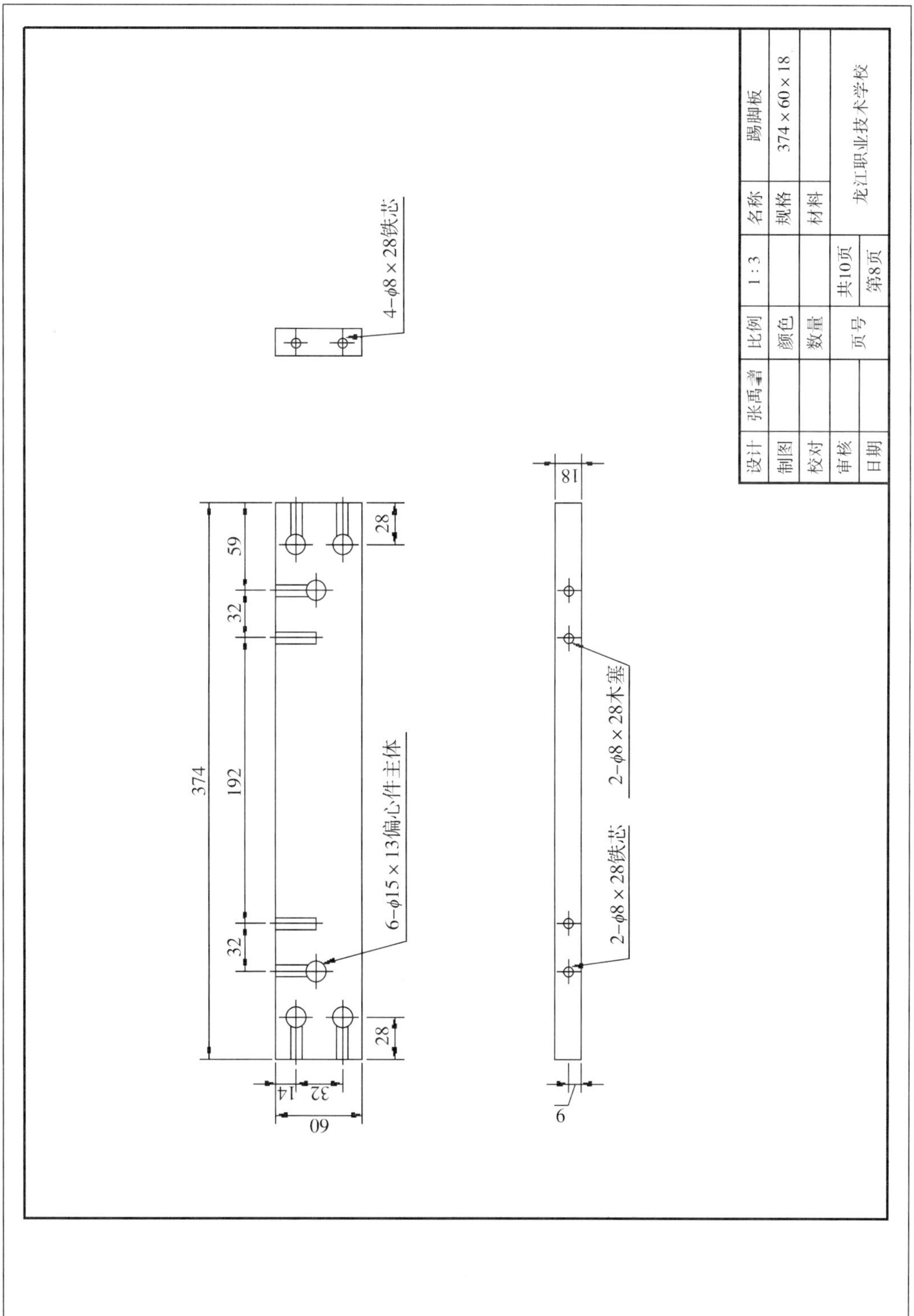
4−ϕ8×28铁芯
6−ϕ15×13偏心件主体
2−ϕ8×28木塞
2−ϕ8×28铁芯
374
192
59
32
32
28
28
14
32
60
18
9
设计
张禹鑫
比例
1∶3
名称
踢脚板
制图
颜色
规格
374×60×18
校对
数量
材料
审核
页号
共10页
第8页
日期
龙江职业技术学校

图12-36

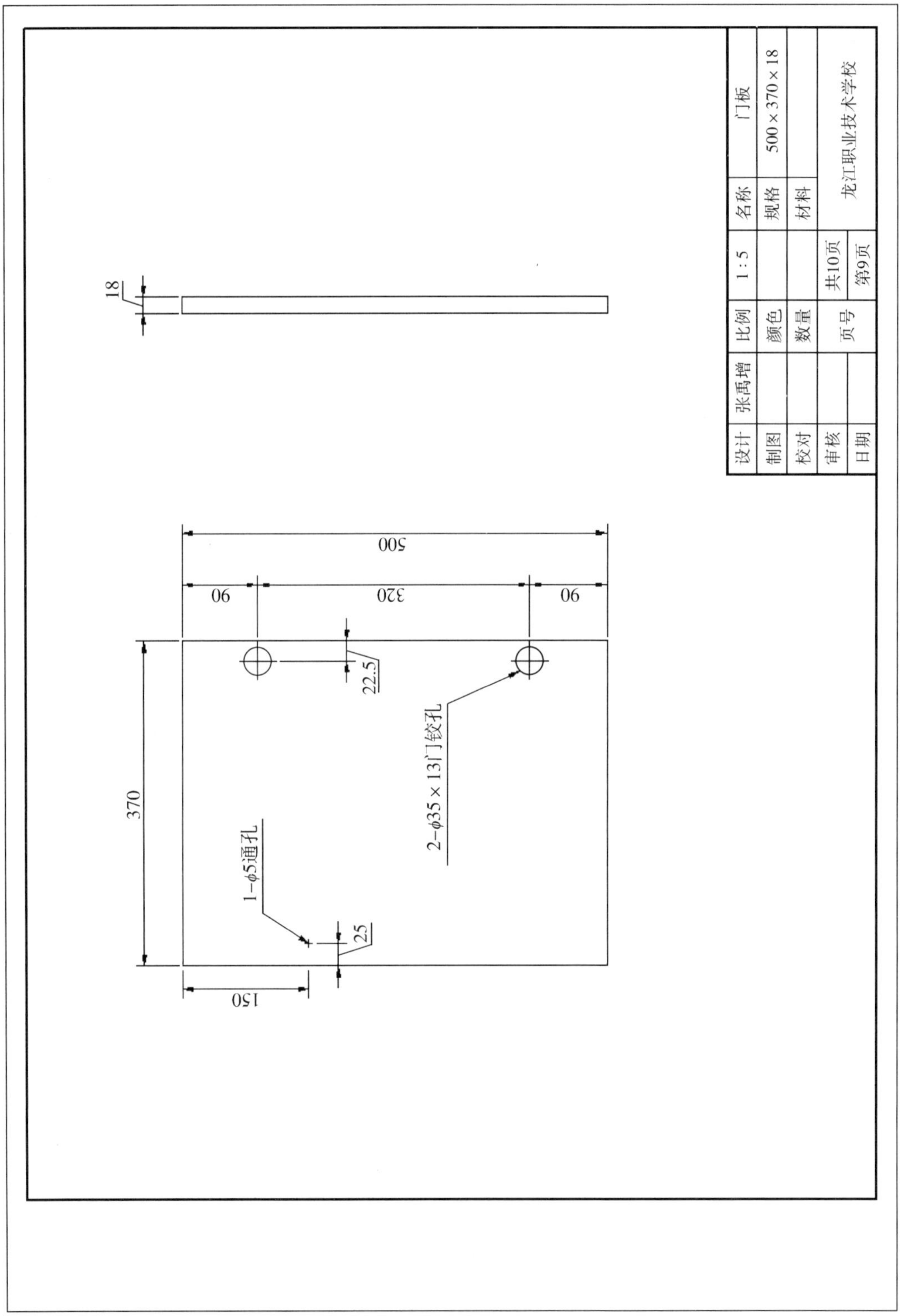
18
500
90
320
90
370
22.5
2-φ35×13门铰孔
1-φ5通孔
25
150
设计
张禹增
比例
1:5
名称
门板
制图
颜色
规格
500×370×18
校对
数量
材料
审核
页号
共10页
第9页
龙江职业技术学校
日期

图12-37

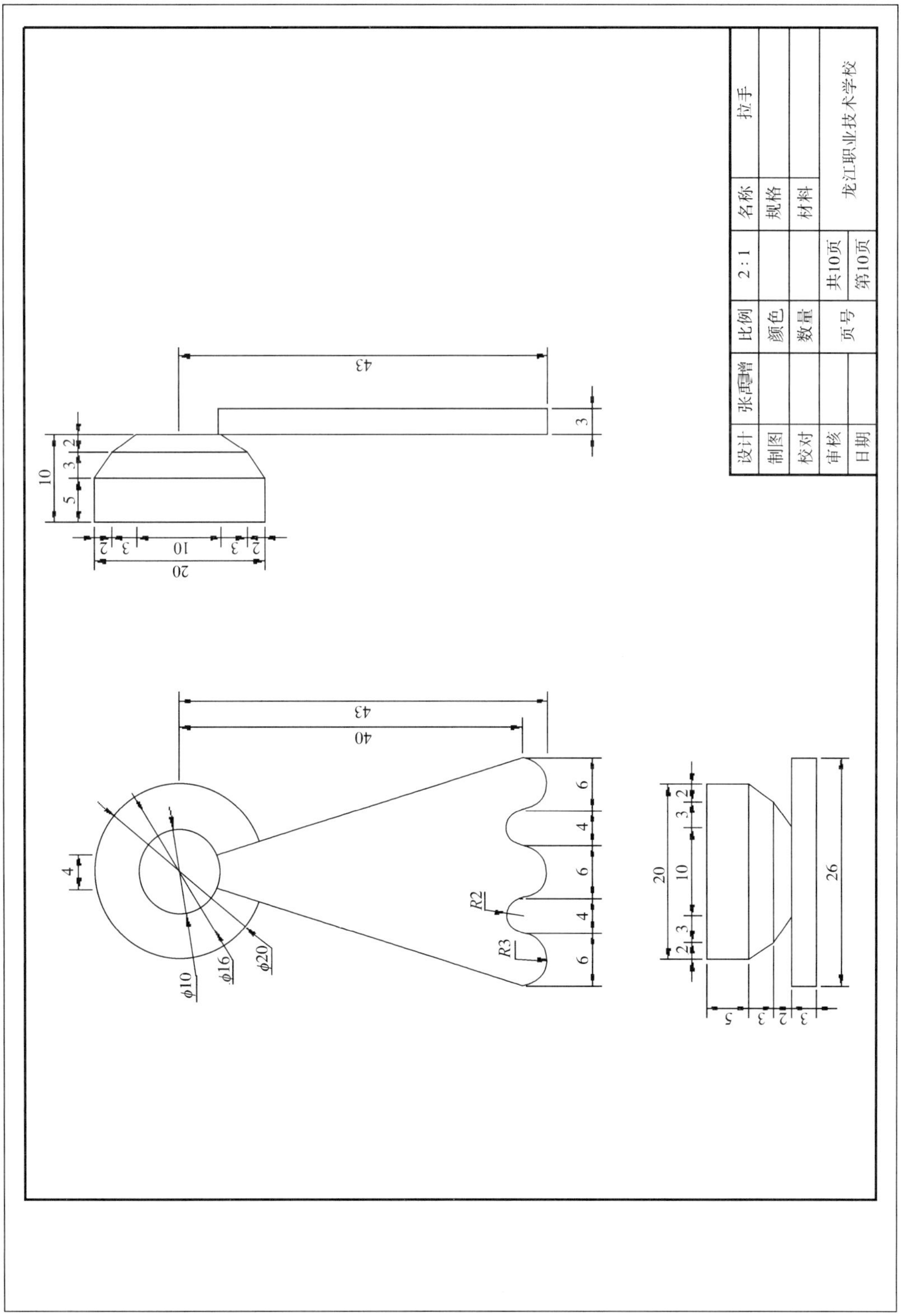

图12-38